Wolfgang Leiner

Wärmeübergang und Blas

Beeinflussung durch Heizflächeneigenschaften und durch Siedeverstärker

Wolfgang Leiner

Wärmeübergang und Blasenbildung beim Behältersieden

Beeinflussung durch Heizflächeneigenschaften und durch Siedeverstärker

DUV Springer Fachmedien Wiesbaden GmbH

CIP-Titelaufnahme der Deutschen Bibliothek

Leiner, Wolfgang:
Wärmeübergang und Blasenbildung beim Behältersieden : Beeinflussung durch Heizflächeneigenschaften und durch Siedeverstärker / Wolfgang Leiner.
(DUV : Technik)
Zugl.: Bochum, Univ., Habil.-Schr., 1990
ISBN 978-3-8244-2010-0 ISBN 978-3-663-14531-8 (eBook)
DOI 10.1007/978-3-663-14531-8

ISBN 978-3-8244-2010-0

Vorwort

Die vorliegende Arbeit ist in den Jahren 1981 bis 1989 am Institut für Thermo- und Fluiddynamik der Ruhr-Universität Bochum entstanden, sie wurde von der Fakultät für Maschinenbau als Habilitationsarbeit angenommen.

Mein besonderer Dank gilt Herrn Professor M. Fiebig, der diese Arbeit unterstützt und viel zu ihrer Diskussion beigetragen hat. Den beiden Gutachtern Herrn Professoren F. Kohler und Herrn Prof. K. Stephan danke ich für die kritische Anmerkungen und Hinweise auf Druckfehler, welche in der vorliegenden Fassung berücksichtigt sind.

Die Deutsche Forschungsgemeinschaft (DFG) hat durch die mir gewährleisteten Sachbeihilfen Le 444/1, /2 und /3 die experimentellen und numerischen Untersuchungen gefördert. Herr Dr.-Ing. Lösing hat im Rahmen einer DFG-Sachbeihilfe einen großen Teil der experimentellen Untersuchungen durchgeführt. Herr Dr.-Ing. D. Claes hat im Rahmen einer weiteren DFG-Sachbeihilfe die Strömungsfelder um sich ablösende Blasen und die Blasenkonturen berechnet.

In Studien- und Diplomarbeiten haben die Herren Boiting, Farmakis, Rieß, Grote und Schmitz Siedecharakteristiken gemessen, hat Herr Böhnisch Konturen und Maximalvolumina von statisch haftenden Blasen berechnet und haben die Herren Wiesner und Heselhaus Blasenkonturen kinematografisch ausgewertet.

Den Damen V. Seedorf und A. Holl danke ich für die sorgfältige Durchführung der Schreibarbeiten.

Bochum im Januar 1990

Wolfgang Leiner

Kurzdarstellung

Die Mechanismen der Blasenbildung und des Wärmetransportes beim Blasensieden sowie Berechnungsmodelle werden im Zusammenhang dargestellt. Möglichkeiten, den Wärmeübergang beim Sieden reiner Fluide durch Bearbeitung oder günstige Wahl der Heizflächen oder durch Anwendung von Siedeverstärkern zu erhöhen, werden untersucht.

Empirische Potenzgleichungen verschiedener Autoren für den Wärmeübergang werden hinsichtlich der Exponenten, für den Einfluß der Heizflächenrauhigkeit und für die Steigung der Siedekennlinie miteinander verglichen.

Die Blasenbildung als treibender Mechanismus des Wärmeübergangs beim Sieden wird durch die drei Aktivierungsschwellen der Blasenkeimbildung, des Keimblasenwachstums und der Blasenablösung gehemmt; die Überwindung dieser Schwellen erfordert Aktivierungsenergien, welche aus einer Betrachtung von Blasen in labilen thermischen oder statischen Gleichgewichten abgeleitet werden. Unvollständige oder schlechte Benetzung der Heizfläche setzt die Aktivierungsschwellen der Blasenkeimbildung und des beginnenden Blasenwachstums (der Keimblasenaktivierung) herab. Es wird gezeigt, daß Kontaktstellen schlecht benetzter Partikel oder Fasern besonders wirksame Keimstellen mit geringer oder verschwindender Aktivierungsenergie der Keimbildung sind. Schlechte Benetzbarkeit der Haftfläche erhöht andererseits die Aktivierungsenergie der Blasenablösung, reduziert die Blasenfrequenz und erhöht das Blasenabreißvolumen. Statt durch ihre Aktivierungsenergien werden die drei Aktivierungsschwellen meist durch die Keimbildungsrate, durch die Überhitzung bei beginnender Blasenbildung und durch das Blasenabreißvolumen beschrieben.

Aus den Konturen von statisch haftenden, achsensymmetrischen Blasen wurden für unterschiedliche Haftbedingungen unter Gravitation Maximalvolumina berechnet. Diese stimmen bei eingeprägtem Randwinkel $\gamma \leq 150^0$ mit dem durch die empirische Beziehung von Fritz für den Blasenabreißdurchmesser bzw. bei eingeprägtem Blasenfußradius $r_F \leq 2\ L$ mit dem durch die Näherungslösung von Chesters gegebenen Maximalvolumen mit Abweichungen von höchstens 20% überein.

Die flächenbezogene Rate der homogenen Keimbildung in überhitzten thermischen Grenzschichten wird berechnet. Es wird gezeigt, daß homogene Keimbildung, welche nicht durch Eigenschaften der Heizflächen beeinflußt wird, bei sehr hohen Heizwandtemperaturen oberhalb von 0,9 T_c der vorwiegende Blasenbildungsmechanismus ist. Bei niedrigeren Heizwandtemperaturen ist der Beitrag der homogenen Keimbildung zum stationären Sieden vernachlässigbar. Heterogene Keimbildung reduziert Siedeverzüge und die Hysterese der Siedecharakteristik bei Siedebeginn auch bei geringen Keimbildungsraten; zur Blasenbildung bei stationärem Sieden trägt sie nicht bei.

Empirische Gleichungen verschiedener Autoren für Blasenabreißdurchmesser und Blasenfrequenz sind widersprüchlich oder ihre Geltungsbereiche sind nicht definiert. Für das Sieden an horizontalen Heizflächen wird der größte der Werte des Blasenabreißdurchmessers nach Fritz, Chesters oder Cole als der jeweils brauchbarste angesehen. Zwischen Blasenfrequenz, Abreißdurchmesser und Jakobszahl wird aus kinematographischen Messungen eine Beziehung vom Typ

$$f\, D_{B,sep}^{\;2} = k\, Ja^2\, a_L$$

ermittelt, worin die Konstante k von Eigenschaften der Heizfläche abhängen kann.

Es wird gezeigt, daß auch für verfeinerte Berechnungsmodelle des Blasenwachstums und der dabei auftretenden Strömung oder für die vollständige Berechnung durch Lösung der Erhaltungsgleichungen mit freien Oberflächen folgende Vereinfachungen gelten:

- Die Blasenoberfläche ist in reinen Einstofffluiden isotherm, Marangonikonvektion tritt nicht auf.
- Druckdifferenzen innerhalb einer Blase sind vernachlässigbar.
- Die Randlinie des Blasenfußes verschiebt sich mit kleinen Werten der Kapillaritäts- und der molekularen Weberzahl; die Hysterese des mikroskopischen Randwinkels wird durch Unebenheiten und stoffliche Inhomogenitäten der Heizfläche bestimmt, nicht durch Reibungs- und Impulskräfte der Strömung.

Das Strömungsfeld um wachsende und sich ablösende Blasen und die Blasenkontur lassen sich durch Lösung der Kontinuitäts- und der Impulsgleichung unter Berücksichtigung der Randbedingungen an der freien Oberfläche und unter Verwendung von konturangepaßten Koordinaten berechnen. Solche Rechnungen ergeben eine verbesserte Beschreibung des Geschwindigkeitsfeldes der Driftströmung und sind Voraussetzung für eine genauere Bestimmung der mit einer abgelösten Blase konvektiv abgeführten fühlbaren Wärme.

Die Steigung der Siedecharakteristik einer Heizfläche wird auf die Größenverteilung ihrer Keimstellen zurückgeführt. Unterschiede der Siedecharakteristik verschieden rauher Heizflächen ergeben sich aus unterschiedlichen Größenverteilungen. Die Größenverteilungen der Keimstellen geometrisch ähnlicher Heizflächenstrukturen gleicher Benetzbarkeit lassen sich durch eine gemeinsame dimensionslose Größenverteilungsfunktion wiedergeben; als charakteristische Länge der Oberflächenstrukturen eignet sich hierfür offenbar die Glättungstiefe R_p. Mit Hilfe der dimensionslosen Größenverteilungsfunktion der Keimstellen wird einerseits die Steigung der Siedecharakteristik einer einzelnen Heizfläche, andererseits der Unterschied zwischen den Siedecharakteristiken von Heizflächen verschiedener Glättungstiefe aber ähnlicher Oberflächenstruktur erklärt.

Leichte Aktivierbarkeit von Keimblasen erfordert große Keimstellen; diese bestimmen den kleinstmöglichen Blasenabreißdurchmesser und die maximal wirksame Keimstellendichte und Blasenfrequenz. Für den Modellfall einer horizontalen Heizfläche mit Keimstellen gleicher Größe und maximaler Keimstellendichte wird die bei einer Heizwandüberhitzung ΔT höchstens übertragbare Wärmestromdichte als eine Grenze möglicher Wärmeübergangsverbesserung beim Sieden abgeleitet. Wärmeübergangsverbesserungen gegenüber technisch rauhen Heizflächen bei geringer Überhitzung und bei gegebenen Materialeigenschaften der Heizfläche werden durch Strukturen höherer Keimstellendichte erreicht. Es wird gezeigt, daß die Möglichkeiten, die Keimstellendichte und den Wärmeübergang gegenüber einer technisch rauhen Heizfläche zu erhöhen, mit steigenden Werten der Überhitzung bzw. der Wärmestromdichte abnehmen.

Schlechte Benetzbarkeit einer Heizfläche begünstigt einerseits die Bildung und Aktivierung von Keimblasen, andererseits hemmt sie die Blasenablösung. Durchmesser und Platzbedarf der Blasen nehmen mit dem Rückzugsrandwinkel zu, die Blasenfrequenz und die maximal wirksame Keimstellendichte nehmen ab. Schlechte Benetzung einer Heizfläche reduziert die bei gegebener Überhitzung maximal übertragbare Wärmestromdichte.

Auf eine Heizfläche aufgelegte dampfdurchlässige Strukturen mit hoher Dichte leicht aktivierbarer Keimstellen - Siedeverstärker - können die Blasenbildung und den Wärmeübergang beim Blasensieden stark erhöhen. Der Wärmeübergangskoeffizient an einem horizontalen Rohr wird durch die Anwendung eines solchen Siedeverstärkers am stärksten beim Sieden von Wasser erhöht; die Erhöhung des Wärmeübergangskoeffizienten durch den Siedeverstärker hängt dabei vom reduzierten Druck nur schwach ab. Beim Sieden von Kältemitteln R11 und R113 und von Ethanol ist die relative Wärmeübergangserhöhung durch einen Siedeverstärker geringer als bei Wasser; sie nimmt bei R11 und R113 mit abnehmendem Siededruck zu. Die relative Verbesserung des Wärmeübergangs durch Siedeverstärker wird meist mit steigender Wärmestromdichte geringer.

Die besondere Wirksamkeit feinfaseriger Gewebe und Gewirke als Siedeverstärker wird auf die elastische Verformung der die Keimblasen einschließenden Fasern durch Kapillarkräfte zurückgeführt. Infolge der Aufweitung einer Siedeverstärkerkeimstelle beginnt das Wachstum der Keimblase bei geringerer Überhitzung als an einer "starren" Keimstelle der Heizfläche, durch elastische Kontraktion der Fasern nach dem Austreten der Blase wird die Ablösung beschleunigt. Zwei mögliche Typen von Deformationen der Siedeverstärkerfasern werden betrachtet: Biegung als mehrfach unterstützter Träger und elastische Dehnung als biegeweiches Seil. Bei den untersuchten Siedeverstärkern bestimmt die Dehnung der Fasern als biegeweiches Seil die Deformation.

Das Fehlen von Hysterese bei beginnendem Sieden mit Siedeverstärkern auch in Fällen guter Benetzung wird auf örtliche Druckschwankungen infolge von Bewegungen der Fasern im Siedeverstärker, z.B. durch freie Konvektion, zurückgeführt. Das Ausbleiben weiterer Alterung nach kurzer Betriebszeit läßt auf eine Selbstreinigung der Siedeverstärker schließen.

Der Einfluß der Heizflächeneigenschaften - Rauhigkeit und Wärmeleitfähigkeit - auf die Siedecharakteristik wird durch Siedeverstärker reduziert.

Inhalt

Bezeichnungen physikalischer Größen

Abweichende Bezeichnungen anderer Autoren werden gelegentlich im Zusammenhang mit Literaturhinweisen verwendet.

		Einheit	Def.-Gl.
a	Temperaturleitfähigkeit	m^2/s	
A	Fläche, Heizfläche	m^2	
b	Schichtdicke, Molekülabstand, Breite	m	(3.09)
B	Frequenzfaktor	s^{-1}	(4.03)
c	spez. Wärmekapazität	J/(kg K)	
C	Koeffizient, Konstante		
d	Dichte	kg/m^3	
D	Durchmesser (der volumengleichen Kugel)	m	
e	spez. Exergie	J/kg	
E	Exergie ($E_V > 0$: Exergieverlust)	J	
E	Elastizitätsmodul (Kap. 7)	$N\ m^{-2}$	
f	Frequenz	s^{-1}	
F	Kraft	N	
g	Erdbeschleunigung	m/s^2	
g	spez. freie Enthalpie, spez. Gibbs-Energie	J/kg	(3.20)
G	freie Enthalpie, Gibbs-Energie	J	
h	spez. Enthalpie	J/kg	
H	Enthalpie	J	
i,j	laufende Indexnummern	-	
I	axiales Flächenträgheitsmoment (Kap. 7)	m^4	
I	stationäre Keimbildungsrate, volumenbezogen	$s^{-1}\ m^{-3}$	(4.06)
J	stationäre Keimbildungsrate, flächenbezogen	$s^{-1}\ m^{-2}$	
k	$\equiv \Re_{mol}/N_{mol}$ Boltzmannkonstante	J/K	
K	Koeffizient, Kennzahl	-	
L	Laplace-Länge	m	(2.05)
l	Grenzschichtdicke	m	(5.86)
m	Massenstromdichte	$kg/(m^2\ s)$	
M	Masse	kg	

		Einheit	Def.-Gl.
n	Exponent, i.a. mit Index	-	
n	Anzahl, bezogen auf das Volumen (Kap. 4.)	m^{-3}	
	Anzahl bezogen auf die Fläche (Keimstellendichte)	m^{-2}	
N	Anzahl, absolut	-	
N_{mol}	$\equiv \mathfrak{R}_{mol}/k$ Loschmidt-Zahl	$kmol^{-1}$	
p	Druck	Pa	
$\dot{q}$	Wärmestromdichte	W/m^2	
Q	Wärmemenge	J	
r	radiale Zylinderkoordinate, radiale Kugelkoordinate	m	
R	Radius, Krümmungsradius,	m	
$\mathfrak{R}$	Gaskonstante	J/(kg K)	
R_p	Glättungstiefe nach DIN 4742	m	
s	spez. Entropie	J/(kg K)	
S	Entropie	J/K	
t	Zeit	s	
T	Temperatur	K	
ΔT	$= T - T_{sat}$ Überhitzung	K	
u	spez. innere Energie	J/kg	
U	Innere Energie	J	
v	$\equiv 1/d$ spez. Volumen,	m^3/kg	
v	Geschwindigkeit	m/s	
V	Volumen	m^3	
W	Arbeit	J	
x	$= r/L$ dimensionslose Koordinate parallel zur Heizfläche, bei Symmetrie	-	
X	unabhängige Variable		
y	$= z/L$ dimensionslose Koordinate normal zur Heizfläche	-	
Y	abhängige Variable		
z	Koordinate, normal zur Heizfläche	m	
Z	Zahl der Fasern im Garn eines Siedeverstärkers	-	

		Einheit	Def.-Gl.
α	Wärmeübergangsbeiwert	$W/(m^2\ K)$	
β	Flankenwinkel einer konischen Vertiefung	Grad	Bild 3-18
γ	Benetzungsrandwinkel	Grad	Bild 3-18
Γ	$= \gamma + \beta$ Randneigungswinkel	Grad	Bild 3-18
δ	instationäre Abweichung vom Mittelwert	-	
ϵ	Exponent	-	
ζ	Koordinate normal zur Phasengrenze	m	
η	Koordinate parallel zur Phasengrenze	m	
Θ	$= 180^0 - \Gamma = 180^0 - \gamma - \beta$	Grad	
λ	Wärmeleitfähigkeit	$W/(m\ K)$	
Λ	Fadenteilung, Maschenweite des Siedeverstärkers	m	
μ	dyn. Viskosität	$N\ s/m^2$	
ν	kin. Viskosität	m^2/s	
ξ	Verhältnis der thermischen Widerstände	-	(5.32)
π	Kreiskonstante	-	
π	$\equiv p/p_c$ reduzierter Druck		
Π	Streckenlast	N/m	
ρ	dimensionsloser Radius, $\rho = R/R_p$	-	
σ	Grenzflächenspannung, Oberflächenspannung	J/m^2	
Σ	Oberflächenenthalpie	J/m^2	(3.05)
τ	$= T/T_c$ reduzierte Temperatur,	-	
ϕ	Zentriwinkel bei Zylinder- oder Kugelkoordinaten		
Φ	dimensionslose Funktion nach Gl. 4.23	-	(4.23)
ψ	Erniedrigung der Keimbildungsarbeit	-	(3.55)

Abweichend von den hier angegebenen Einheiten sind Größen mit dem Index 'mol' auf ein kmol statt auf ein kg bezogen.

Bei Wiedergabe fremder Quellen werden die dort verwendeten Bezeichnungen teilweise beibehalten.

Winkel werden gelegentlich statt in Grad auch als Bogenverhältnis (arc) angegeben.

Indizes

o unteres Temperaturniveau eines Kreisprozesses, Bezugsgröße
∞ in der Flüssigkeit, außerhalb des Einflusses einer Blase
A *)
B Blase
c bezogen auf den kritischen Zustand eines Stoffes
F Blasenfuß, Haftlinie
G Gas, schließt V = Dampf ein
h *); hydraulisch in d_h, r_h
i laufende Ordnungszahl, $1 \leq i \leq n$
K Keimstelle, gekennzeichnet durch Keimstellenvolumen V_K, Mündungsradius r_K und kleinsten Blasenradius R_K
L Flüssigkeit
m Mittelwert
p *)
r zurückweichende Flüssigkeit
S Festkörper, Heizfläche
T *)
v vorrückende Flüssigkeit
v Verlust (in Abschnitt 1.3.)
V Dampf
W Wand, Heizfläche
z in z-Richtung, normal zur Heizfläche

*) für konstanten Wert der physikalischen Größe, deren Symbol als Index dient.

LV an der Phasengrenze Flüssigkeit-Dampf
SLV an der Dreiphasenlinie Flüssigkeit-Festkörper-Dampf
SL an der Phasengrenze Festkörper-Flüssigkeit
SV an der Phasengrenze Festkörper-Dampf
SP Schwerpunkt

Indizes, Fortsetzung

act Aktivierung der Keimstelle
ap Blasenscheitel (Apex)
crit bei der kritischen maximalen Wärmestromdichte des Blasensiedens, s. Bild 1-01
dri Driftströmung
eq im vollständigen Gleichgewicht
eqF im statischen (Kräfte-)Gleichgewicht
eqT im Temperaturgleichgewicht, T = konstant.
exc Exzess, Abweichung vom idealen Mischungsverhalten
fib Faser eines Siedeverstärkers
irr irreversibel
max maximal
min minimal
mol bezogen auf 1 kmol, d.h. auf N_{mol} Moleküle (mit entsprechend modifizierten Einheiten)
nuc Blasenkeimbildung bei der Überhitzung ΔT_{nuc} mit der definierten Wahrscheinlichkeit I_{nuc}
ref Referenzzustand; Siedezustand, bei welchem Stoffeigenschaften und/oder Siedekennlinie bekannt sind
rev reversibel
sat Sättigung beim Druck p_L
jedoch: 'sat,T' Sättigung bei der Temperatur T
sep bei der Blasenablösung
sph für die äquivalente Kugel

Dimensionslose Kennzahlen

Bezeichnung	Symbol	Definitionsgleichung	
Archimedes-Zahl	Ar	$= \frac{g\ (d_L - d_V)\ L^3}{d_L\ \nu_L^2} = \frac{\sigma_{LV}\ L}{d_L\ \nu_L^2}$	(2.08)
Kapillaritätszahl	Ca	$= \frac{\mu_L\ v_{SLV}}{\sigma_{LV}}$	(5.78)
Jakob-Zahl	Ja	$= \frac{d_L\ c_{pL}\ \Delta T}{d_V\ \Delta h_{L,V}}$	(2.07)
Verhältnis der Temperaturleit-fähigkeiten	K_a	$= a_W/a_L$	(2.16)
Verhältnis der volum. Wärme-kapazitäten	K_C	$= \frac{d_W\ c_W}{d_L\ c_L}$	(2.17)
dimensionslose Temperaturabhängig-keit des Dampfdrucks	K_p	$= \Delta h_{L,V}/(\Re\ T)$ $\simeq (d\ln p/d\ln T)_{sat}$	(2.11)
Wärmestromkennzahl	K_q	$= \frac{\dot{q}\ L}{a_L\ d_V\ \Delta h_{L,V}}$	(2.06)
Verhältnis Ober-flächenenergie/ Latentwärme	K_σ	$= \frac{\sigma_{L,V}}{L\ d_V\ \Delta h_{L,V}}$	(2.14)
Marangonizahl	Ma	$= \frac{(d\sigma_{LV}/dT)\ \Delta T}{\nu_L\ a_L\ d_L}$	(2.09)
Prandtl-Zahl der Flüssigkeit	Pr_L	$= \nu_L/a_L$	(2.12)
Reynoldszahl der Blasenbildung	Re_B	$= \frac{D_{B,sep}^2\ f}{\nu_L}$	

Bezeichnung	Symbol	Definitionsgleichung	
bezogene Überhitzung	Te	$= \Delta T/T_{sat}$	(2.13)
molekulare Weberzahl	We_{mol}	$= \dfrac{d_L\, v_{SLV}^2\, b_{mol}}{\sigma_{LV}}$	
		$= Ca^2\ Ar\ (b_{mol}/L)$	(5.79)
bezogene Dichtedifferenz	ϵ	$= (d_L - d_V)/d_L$	
Dichteverhältnis	$1-\epsilon$	$= (d_V/d_L)$	(2.10)

Kennzahlen nach Stephan /201/:

$K_1 \ldots K_{10}$, K_2, K_9, Nu_{St} (Gl. 5.20)

Reynoldszahl der Marangonikonvektion nach Beer /511/:

$$Re_{B,\Delta\sigma} = \frac{2\, R_{sep}\, \Delta\sigma_{LV}}{d_L\, \nu_L^2} \qquad (5.41)$$

Zuordnung von zwei Variablen:
X wird als unabhängige, Y als abhängige Variable eines Variablenpaars (X; Y) bzw. einer Funktion aufgefaßt.

Bezeichnungen von Gleichungen, Bildern, Tabellen und Quellenhinweisen

Die Bezeichnungen enthalten im Normalfall 3 Ziffern. Die erste Ziffer bezeichnet das Kapitel, die zweite und dritte Ziffer die laufende Nummer innerhalb des Kapitels, z.B.:

(1.23) Gleichung 23 in Kapitel 1

Bild 2-03 Bild 3 in Kapitel 2

Tabelle 3/04 Tabelle 4 in Kapitel 3

/415/ Quellenangabe Nr. 15 in Kapitel 4

in Kapitel 5 erscheinen auch vierziffrige Gleichungsnummern:

(5.102) Gleichung 102 in Kapitel 5

1. Einführung

1.1. Siedevorgänge in der Energie- und Verfahrenstechnik

Sieden, d.h. der spontane Übergang eines Fluids aus dem flüssigen in den dampfförmigen Zustand setzt ein, wenn der Sättigungsdampfdruck des Fluids den auf ihm lastenden statischen Druck überschreitet. Sieden wird in der Energie- und Verfahrenstechnik häufig wegen folgender Merkmale angewendet:

- Das siedende Fluid kann ein große Wärmemenge isotherm aufnehmen (Latentwärme).
- Der Wärmeübergang an einer beheizten Fläche ist beim Sieden gegenüber dem Wärmeübergang in einer homogenen flüssigen oder dampfförmigen Phase stark erhöht.
- Das siedende Fluid erfährt eine Volumenvergrößerung auf das Vielfache bei praktisch konstantem Druck und konstanter Temperatur.
- Die Konzentrationsverhältnisse der Komponenten von Fluidgemischen sind in Dampf und Flüssigkeit häufig sehr verschieden (Stofftrennung).

Wegen dieser Merkmale werden Siedevorgänge bei vier Arten von Prozessen regelmäßig oder häufig genutzt:

- in Wärmekraftmaschinenprozessen,
- in Wärmepumpen- bzw. Kältemaschinenprozessen,
- zur Wärmekopplung in Wärmeübertragungssystemen, wie Dampfheizungen oder Wärmerohre,
- in thermischen Stofftrennverfahren, wie Destillation und Eindampfen von Lösungen und Dispersionen,

In dieser Arbeit wird untersucht, wie Siedevorgänge durch die Eigenschaften der wärmeübertragenden Heizfläche und durch Gegenstände (Keimbildner, Siedeverstärker) in deren nächster Umgebung beeinflußt werden können. Die beabsichtigte Beeinflussung des Siedevorganges hat meist die Erhöhung des damit verbundenen Wärme- und Stoffübergangs zum Ziel.

Sieden tritt in verschiedenen Erscheinungsformen auf:

- als stilles Sieden an der ausgedehnten freien Oberfläche einer überhitzten Flüssigkeit, insbesondere eines überhitzten Flüssigkeitsfilms,
- als Blasensieden einer Flüssigkeit an einer wärmezuführenden, festen Heizfläche, wobei Dampfblasen periodisch an der Heizfläche entstehen, sich von ihr ablösen und mit der Zeit zu einer ausgedehnten Dampfphase vereinigen, oder
- als Filmsieden, wobei der entstehende Dampf in der Form eines mehr oder weniger geschlossenen Dampffilms die siedende Flüssigkeit von der stark überhitzten Heizfläche trennt,
- im Innern einer Flüssigkeit ohne Mitwirkung einer Heizfläche nach adiabater Entspannung (unter dem Siededruck) oder bei Wärmezufuhr durch Absorption energiereicher Strahlung z.B. von Mikrowellenstrahlung.

Das Austreiben gelöster Gase aus Flüssigkeiten, wie es technisch z.B. zur Schaumerzeugung verwendet wird, und die Kavitation in Strömungen unter niedrigem Druck sind dem Sieden physikalisch verwandte Vorgänge.

Diese Arbeit befaßt sich mit dem Blasensieden an wärmezuführenden Flächen. Einflüsse erzwungener Konvektion auf den Siedevorgang werden nicht behandelt (Behältersieden).

1.2. Wärmeübergang beim Sieden

Experimentelle Untersuchungen des Wärmebergangs beim Sieden umfassen i.a. Messungen der mittleren, stationären Wärmestromdichte $\dot{q}$, der mittleren Heizwandoberflächentemperatur T_W und der Flüssigkeitstemperatur T_L in einiger Entfernung von der Heizwand bzw. der Sättigungstemperatur T_{sat} beim Druck der Flüssigkeit. Die Darstellung der Ergebnisse erfolgt entweder durch Auftragung von $\dot{q}$ über $\Delta T = T_W - T_L$ oder durch Auftragung des Wärmeübergangskoeffizienten $\alpha = \dot{q}/\Delta T$ über $\dot{q}$. Die Zuordnung (ΔT; $\dot{q}$), in der die meßbaren Größen ΔT und $\dot{q}$ unmittelbar verwendet werden, wird hier gegenüber der häufig verwendeten Zuordnung ($\dot{q}$; α) bevorzugt.

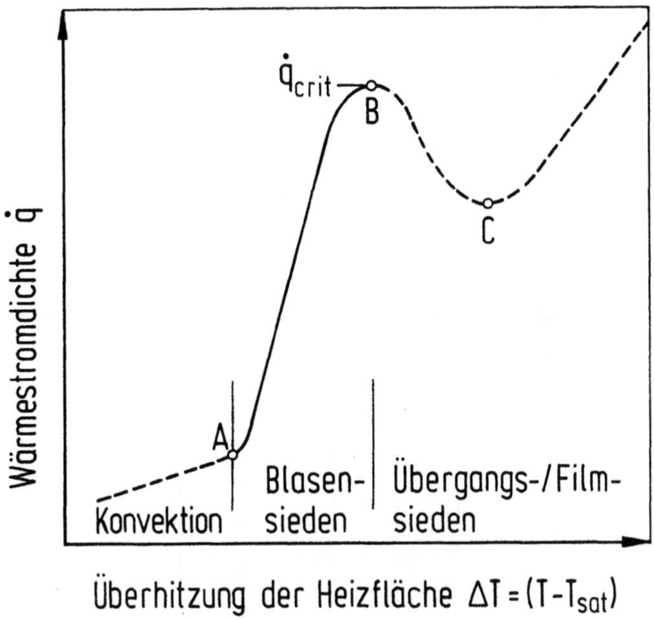

Bild 1-01 Stationäre Siedekennlinie (ΔT; $\dot{q}$), schematisch

Bei technischem Sieden ist die mittlere Temperatur T_L der Flüssigkeit u. U. während einer kurzen Anlaufzeit oder Anlaufstrecke geringer als die

Sättigungstemperatur T_{sat} bei dem herrschenden Druck p_L. Man nennt diesen Betriebszustand, bei dem an der überhitzten Heizfläche Dampfblasen entstehen, welche in der kälteren Flüssigkeit wieder kondensieren, unterkühltes Sieden. Die Flüssigkeit nimmt nach Eintritt in einen Verdampfer schnell Sättigungstemperatur an und beharrt bei dieser bis zur vollständigen Verdampfung bzw. bis zum Ende der Wärmezufuhr. In dieser Arbeit wird im allgemeinen der Wärmeübergang bei gesättigtem, stationärem Sieden, $T_L = T_{sat}$, in der Form $(\Delta T; \dot{q})$ untersucht und dargestellt, Abb. 1-01. Die treibende Temperaturdifferenz $\Delta T = T_W - T_{sat}$ wird Überhitzung der Heizfläche genannt.

Vier Bereiche der Siedekennlinie lassen sich in Bild 1-01 unterscheiden:

links von A — Konvektion und Wärmeleitung ohne Sieden bei geringer Überhitzung, gekennzeichnet durch relativ geringe Wärmestromdichte und geringe Zunahme mit der Überhitzung (geringe Steigung der Siedekennlinie in doppelt logarithmischer Auftragung):

$$1 \leq d(\ln \dot{q})/d(\ln \Delta T) \leq 1{,}5$$

A - B — Blasensieden bei größerer Überhitzung mit periodischer Blasenbildung an der Heizfläche und mit weit überproportionaler Zunahme der Wärmestromdichte mit der Überhitzung:

$$2 \leq d(\ln \dot{q})/d(\ln \Delta T) \leq 6$$

bis zu einer maximalen "kritischen" Wärmestromdichte $\dot{q}_{crit}$, bei der die Dampfblasen in so dichter Folge entstehen, daß sie zu Dampfpolstern zusammenwachsen und den Nachschub von Flüssigkeit an die Heizfläche hemmen.

B - C — Übergangssieden, gekennzeichnet durch den Abfall der Wärmestromdichte mit weiter zunehmender Überhitzung (negative Steigung) der Siedekennlinie infolge zunehmender Bildung von Dampfpolstern an der Heizfläche:

rechts von C — Filmsieden mit geschlossenem Dampffilm an der Heizfläche, wobei der Wärmeübergang an die Flüssigkeit überwiegend durch Strahlung von der Heizwand erfolgt, verbunden mit positiver Steigung der Siedekennlinie.

Jeder Punkt der Kurve der Abb. 1-01 stellt einen technisch möglichen Betriebszustand der Heizfläche dar. Wärmestrom und Überhitzung sind als Mittelwerte aufzufassen, die bei insgesamt stationärem Betrieb infolge der lokalen, periodischen Blasenbildung von örtlichen und zeitlichen Schwankungen überlagert sind.

Bei dem technisch häufigen Fall eingeprägten Wärmestroms ist das Übergangssieden mit negativer Steigung der Siedekennlinie ein labiler Betriebszustand, der bei geringen Schwankungen der Überhitzung in Blasen- oder in Filmsieden umschlägt.

Form und Lage der in Abb. 1-01 qualitativ dargestellten Siedekennlinie (Siedecharakteristik) werden durch folgende Einflüsse quantitativ bestimmt:

- Art bzw. Stoffeigenschaften des siedenden Fluids,
- Druck bzw. Sättigungstemperatur,
- Beschaffenheit der Heizfläche, Struktur ihrer Oberfläche, Wärmeleitfähigkeit, Benetzbarkeit für die siedende Flüssigkeit,
- Anwesenheit sonstiger Körper, welche Blasenbildung begünstigen (Keimbildner, Siedeverstärker), nahe der Heizfläche,
- Wirkung äußerer Kraftfelder, insbesondere der Schwerkraft, Orientierung der Heizflächen zur Richtung der Schwerkraft, irdische oder Weltraumbedingungen,
- Geometrische Verhältnisse, Behälter- oder Kanalform,
- Äußere, erzwungene oder freie Konvektion.

Das Blasensieden ist die technisch wichtigste Form des Siedens, da hierbei hohe Wärmestromdichten bei geringer Überhitzung der Heizwand übertragen werden.

Die Siedekennlinie kann bei beginnendem Blasensieden eine Hysterese aufweisen, wobei das Blasensieden bei zunehmendem Wärmestrom verzögert einsetzt, z.B. Verlauf A - A' - A'' in Bild 1-02.

Der Scheitelpunkt B der Siedekennlinie wird oft Burnout (etwa: Durchbrennpunkt) genannt, da eine geringe Schwankung von $\dot{q}$ über den Wert von $\dot{q}_{crit}$ hinaus das Umschlagen des Betriebspunktes nach B′ in den Bereich des Filmsiedens mit hoher Überhitzung der Heizwand bewirkt und damit oft deren Zerstörung. Beim Filmsieden führt andererseits eine geringe Senkung der Wärmestromdichte unter den Wert des Minimums C zum schnellen Absinken der Heizwandtemperatur auf den Wert des Punktes C′ im Bereich des Blasensiedens, so daß die Fläche B - B′ - C - C′ in Abb. 1-02 ein zweites Hysteresegebiet der Siedecharakteristik bildet.

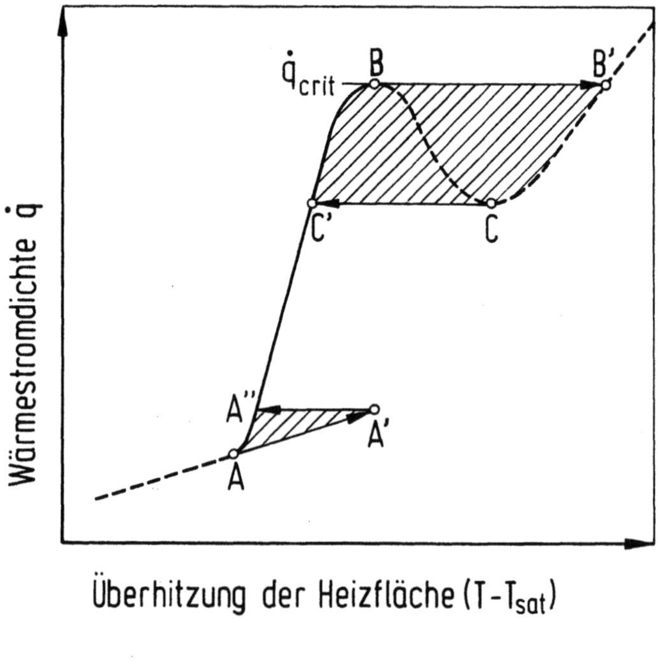

Bild 1-02 Hysterese-Gebiete der Siedekennlinie bei eingeprägtem Wärmestrom

Art und Zusammensetzung des Fluids sowie der dabei auftretende Druck bzw. die Siedetemperatur sind oft durch den angestrebten Prozeß in gewissen Grenzen festgelegt. Die übrigen Einflußparameter, außer der Erdbeschleunigung, insbesondere Struktur, Material und Gestalt der Heizfläche, können Gegenstand einer Apparateoptimierung sein. Keimbildner und Siedeverstärker, d.h. feste Körper, welche die Blasenbildung beim Sieden beeinflussen ohne Teile der Heizwand zu sein, wurden in der Vergangenheit kaum untersucht, jedoch wurde in /101/ gezeigt, daß Wärmeübergang und Blasenbildung durch auf die Heizfläche aufgelegte poröse Materialien, (Siedeverstärker), z.B. durch schlecht benetzte Gewebe aus feinfaserigem PTFE-Garn, stark erhöht werden können.

1.3. Technische und thermodynamische Bedeutung der Überhitzung beim Sieden und ihrer Verringerung

Ziel aller Maßnahmen zur Verbesserung des Wärmeübergangs ist die Verschiebung der Siedekennlinie in Richtung kleinerer Überhitzungen ΔT, wobei die kritische Wärmestromdichte $\dot{q}_{crit}$ des Burnout-Punktes erhöht oder mindestens erhalten bleiben soll (Bild 1-03).

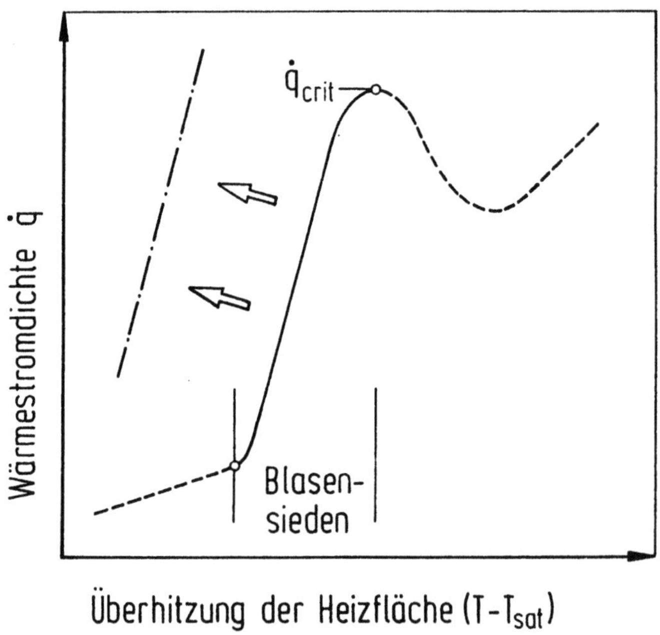

Bild 1-03 Zielsetzung der Wärmeübergangsverbesserung: Verschiebung der Siedekenlinie zu kleineren Werten von ΔT

Der Idealfall ist die reversible Verdampfung, d.h. das Zusammenfallen der Siedekennlinie mit der Ordinatenachse der Abbildung 1-01 bzw. 1-03: $\Delta T = T_W - T_{sat} \rightarrow 0$.

Die Wirkung der Heizwandüberhitzung auf die Arbeitsfähigkeit eines mit Verdampfung arbeitenden Kreisprozesses ist am Beispiel des Clausius-

Rankine-Prozesses ohne Überhitzung des Dampfes in Bild 1-04 als T-S-Diagramm dargestellt. Dieser Prozeß kann, im Uhrzeigersinn durchlaufen, als idealisierter Kreisprozeß einer mit Satt- bzw. Naßdampf arbeitenden Dampfmaschine oder Dampfturbine gelten. Die Wärmemenge Q wird dem Fluid als Verdampfungsenthalpie $\Delta H_{L,V}$ mit der Temperatur der Heizwand T_W zugeführt. Im Idealfall erfolgt die Wärmeübertragung isotherm mit T_W. Im T-S-Diagramm ist diese Zustandsänderung durch die Strecke B'C' dargestellt. Die Verdampfungsenthalpie wird durch die darunterliegende Fläche EB'C'F' veranschaulicht (Bild 1-04).

20

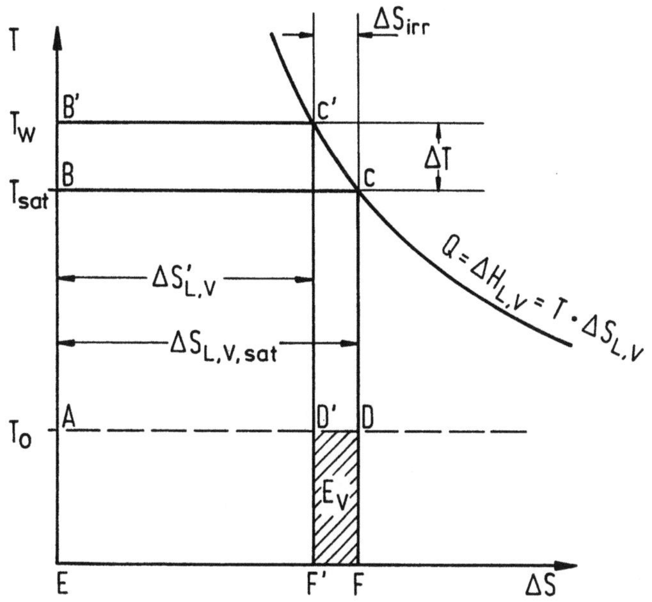

Bild 1-04 Einfluß der Heizwandüberhitzung auf die Arbeitsfähigkeit eines Kreisprozesses, dargestellt im T-S-Diagramm

Nimmt das Fluid die gleiche Wärmemenge wegen des thermischen Widerstands der Wärmeübertragung mit einer geringeren Temperatur $T_{sat} < T_W$ auf, so wird die Zustandsänderung durch die Strecke BC und die Wärmemenge bzw. Verdampfungsenthalpie durch die Fläche EBCF dargestellt.

$$Q = \Delta H_{L,V} \mathrel{\hat{=}} A_{EB'C'F'} = A_{EBCF}$$

Die Entropieerhöhung des Fluids bei isothermer Verdampfung mit T_W beträgt:

$$\Delta S_{L,V,T_W} = \Delta H_{L,V}/T_W \mathrel{\hat{=}} B'C' \tag{1.01}$$

bzw. bei Verdampfung bei der Sättigungstemperatur $T_{sat} < T_W$:

$$\Delta S_{L,V,T_{sat}} = \Delta H_{L,V}/T_{sat} \mathrel{\hat{=}} BC \tag{1.02}$$

Die Temperaturdifferenz $\Delta T = T_W - T_{sat}$ der Wärmeübertragung bewirkt demnach die irreversible Entropiezunahme:

$$\Delta S_{irr} = Q\left(\frac{1}{T_{sat}} - \frac{1}{T_W}\right) = \Delta H_{L,V}\left(\frac{1}{T_{sat}} - \frac{1}{T_W}\right) \tag{1.03}$$

Ein Carnot'scher Kreisprozeß mit der unteren (Kondensations-) Temperatur T_0 hat bei idealem Wärmeübergang d.h. bei Verdampfung des Fluids bei der Heizwandtemperatur T_W den Carnot'schen Wirkungsgrad

$$\eta_{Carnot,id} = (1 - T_0/T_W) \tag{1.04}$$

bzw. bei realem Sieden, d.h. bei Verdampfung mit $T_{sat} < T_W$:

$$\eta_{Carnot} = (1 - T_0/T_{sat}) \tag{1.05}$$

Der Exergieverlust, das ist der Verlust an Arbeitsfähigkeit infolge der Temperaturdifferenz ΔT, beträgt bei Übertragung derselben Wärmemenge $Q = \Delta H_{L,V}$:

$$E_{v,\Delta T} = Q\left(\frac{T_o}{T_{sat}} - \frac{T_o}{T_W}\right) = \Delta S_{irr}\, T_o \tag{1.06}$$

Die Arbeitsfähigkeit der Wärmemenge $Q = \Delta H_{L,V}$ wird durch die endliche Temperaturdifferenz ΔT im Verdampfer verringert um

$$E_{v,\Delta T} = Q\,\frac{T_o\,\Delta T}{T_W^2(1-\Delta T/T_W)} \tag{1.07}$$

bzw. für $\Delta T/T_W \ll 1$ in erster Näherung um

$$E_{v,\Delta T} = \frac{T_o\,\Delta T}{T_W^2} \tag{1.08}$$

Die Wandüberhitzung ΔT_W bzw. die durch sie bezeichnete Senkung von T_{sat} gegenüber T_W ist besonders schädlich bei Niedertemperaturkraftmaschinenprozessen sowie bei Kältemaschinen- und Wärmepumpenprozessen mit Werten von $T_o/T_{sat} \rightarrow 1$ bzw. $T_{sat} \rightarrow T_o$. Auch in Systemen, von denen keine erkennbare äußere Arbeit geleistet wird, hat die Temperaturdifferenz ΔT_W zur Übertragung der Wärme an das Fluid einen Exergieverlust, d.h. eine Minderung der Arbeitsfähigkeit oder eine Erhöhung des Exergiebedarfs zur Folge.

1.4. Wärmetransport beim Blasensieden

Blasenbildung und steiler Anstieg der Siedecharakteristik treten immer gemeinsam auf. Dies zeigt, daß die Blasenbildung spezielle Formen des Wärmetransports bewirkt. Das Zusammenwirken der Wärmetransportmechanismen ist in Abb. 1-05 für eine Blase und ihre Umgebung dargestellt.

Der wachsenden haftenden Blase wird Wärme mittels Wärmeleitung durch eine an der Heizwand haftende Flüssigkeitsschicht, die Mikroschicht /102/ hindurch sowie aus der die gewölbte Blasenoberfläche (Kalotte) umgebenden überhitzten Flüssigkeit zugeführt, ferner geringfügig durch direkte Wärmeleitung von der Heizwand durch den Blasenfuß an den Dampf. Diese Wärmemengen bewirken die Verdampfung von Flüssigkeit in die Blase; ein Teil der Wärme kann durch Kondensation an der Oberseite der Blase (Kuppel) an die Flüssigkeit zurückgeführt werden. Der Überschuß wird bei Ablösung der Blase als Verdampfungsenthalpie (Latentwärme) $Q_{B,lat}$ von der Heizfläche abtransportiert.

Die Blasenablösung ist begleitet von einer kurzfristigen örtlichen Strömung, der Driftströmung /103, 104/, durch welche eine fühlbare Wärmemenge Q_{drift} überhitzter Flüssigkeit im Nachlauf der sich ablösenden Blase konvektiv abgeführt wird. Darüber hinaus wird in den von Blasenbildung nicht beeinflußten Bereichen der Heizfläche Wärme durch freie oder erzwungene Konvektion abgeführt. Mit mittleren Werten von $Q_{B,lat}$, Q_{drift}, der Blasenablösefrequenz f und des Wärmeübergangskoeffizienten α_{conv} der freien oder erzwungenen Konvektion läßt sich für die Wärmestromdichte schreiben,

$$\dot{q} = n\, f\, (Q_{B,lat} + Q_{drift}) + (1 - n\, A_{drift}/A)\, \alpha_{conv} \Delta T \qquad (1.09)$$

wobei n die Dichte der gerade wirksamen Siedekeimstellen und A_{drift} die von der Blasenbildung an einer Keimstelle beeinflußte Fläche sind. Siedekeimstellen sind Stellen der Heizfläche oder einer anderen Oberfläche, z.B. Vertiefungen oder Poren, an denen im Kontakt mit einer überhitzten Flüssigkeit periodisch Dampfblasen entstehen können.

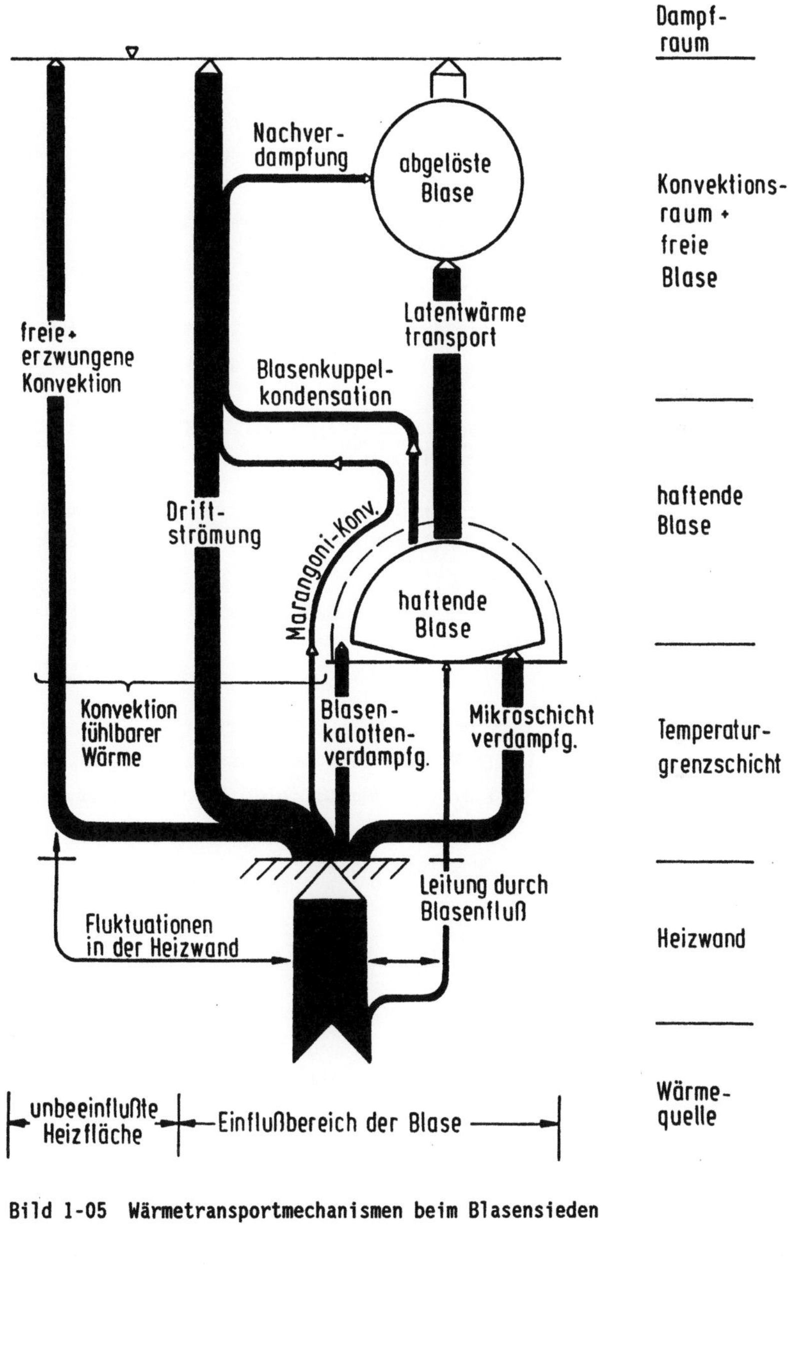

Bild 1-05 Wärmetransportmechanismen beim Blasensieden

Für eine Berechnung des Wärmeübergangs beim Sieden mittels Gl. 1.09 müssen außer der aktuellen Keimstellendichte n und dem Wärmeübergangskoeffizienten α_{conv} vor allem folgende Größen bekannt sein:

- die Latentwärme $Q_{B,lat}$ der sich ablösenden Blase,
- die konvektiv durch die Driftströmung im Nachlauf einer Blase abgeführte Wärmemenge Q_{drift},
- der Einflußbereich A_{drift} der Blasenbildung bzw. der Driftströmung und
- die Blasenfrequenz f.

Die Latentwärme der sich ablösenden Blase ist mit der Definition des Blasenabreißdurchmessers $D_{B,sep}$ (volumengleiche Kugel):

$$Q_{B,lat} = d_V \Delta h_{L,V} V_{B,sep} = \pi d_V \Delta h_{L,V} D_{B,sep}^3/6 \tag{1.10}$$

Für den Einflußbereich A_{drift} der Driftströmung wird von Han und Griffith /103/ angenommen, daß sein Durchmesser doppelt so groß sei, wie der Blasenabreißdurchmesseer, d.h.

$$A_{drift} = \pi D_{B,sep}^2 \tag{1.11}$$

Zur Berechnung der von der Driftströmung transportierten Wärme nehmen Han und Griffith instationäre Wärmeleitung der Flüssigkeit an der Fläche A_{drift} in dem Zeitintervall 1/f an, daraus folgt näherungsweise, unter Vernachlässigung einer kleineren Korrektur für die Verdrängung der thermischen Grenzschicht durch den Blasenfuß,

$$Q_{drift} \simeq 2 D_{B,sep}^2 d_L c_L \Delta T \sqrt{\pi a_L/f} \tag{1.12}$$

während Beer und Durst /104/ annehmen, daß das Volumen der Driftströmung gleich dem halben Blasenabreißvolumen und ihre mittlere Überhitzung gleich der halben Überhitzung ΔT der Heizfläche sei

$$\begin{aligned} Q_{drift} &= V_{B,sep} d_L c_L \Delta T/4 \\ &= \pi D_{B,sep}^3 d_L c_L \Delta T/24 = Q_{B,lat} Ja/4 \end{aligned} \tag{1.13}$$

Bei einer bestimmten Überhitzung ΔT tritt Blasenbildung nur an solchen Keimstellen auf, deren Radius einen von ΔT und den Eigenschaften des Fluids abhängigen Mindestwert überschreitet. Die Zahl N bzw. Flächendichte $n = N/A$ dieser aktiven Keimstellen bestimmt nach Gl. 1.09 die Wärmestromdichte $\dot{q}$. Eine Erhöhung von ΔT bewirkt eine Aktivierung weiterer, kleinerer Keimstellen, d.h. eine Erhöhung von n und $\dot{q}$. Umgekehrt bewirkt eine Senkung von ΔT eine Erniedrigung von n und $\dot{q}$. Die Wärmestromdichte $\dot{q}$ bei einer bestimmten Überhitzung ΔT und die Änderung von $\dot{q}$ mit ΔT an einer Heizfläche hängen deshalb von deren Oberflächenstruktur ab.

Für den konvektiven Wärmeübergang außerhalb der Einflußgebiete der Driftströmung geben Han und Griffith im turbulenten Fall die Beziehung an

$$Nu_{conv} = 0{,}14\ (Gr\ Pr)^{1/3} \quad , \qquad (1.14)$$

in welcher der Einfluß der charakteristischen Länge sich herauskürzt, so daß

$$\alpha_{conv} = 0{,}14\ \lambda_L \left(\frac{\beta_L\ \Delta T}{\nu_L^{\ 2}}\ Pr_L\right)^{1/3} \qquad (1.15)$$

Bei hohen Wärmestromdichten ist der konvektive Wärmeübergang, 2. Term, r.S., der Gl. 1.09 vernachlässigbar. Die Wärmemengen $Q_{B,lat}$ und Q_{drift} und die Fläche A_B werden vor allem durch das Volumen der sich ablösenden Blasen bestimmt /103, 104/.

Damit bestimmen vor allem drei Größen den Wärmeübergang beim Sieden:

- die Dichte n wirksamer Keimstellen bei der Überhitzung ΔT,
- das Volumen $V_{B,sep}$ bzw. der Durchmesser $D_{B,sep}$ der sich ablösenden Blasen und
- die Frequenz f der Blasenablösung.

Diese Größen hängen außer von der Überhitzung ΔT der Heizwand und der Art des siedenen Fluids von Materialeigenschaften der Heizwand ab, wie ihrer Oberflächenstruktur, ihrer Benetzbarkeit und ihrer Wärmeleitfähigkeit, sowie vom Verhandensein anderer Körper (Siedeverstärker, Keimbildner), welche wirksame Keimstellen bilden können, in der Nähe der Heizfläche.

Letzlich wird der bei gesättigtem Sieden an der Heizwand zugeführte Strom fühlbarer Wärme vollständig in Latentwärme des erzeugten Dampfstromes umgesetzt:

$$\dot{q} = m_V \, \Delta h_{L,V} \qquad (1.16)$$

Die Wärmestromdichte unterliegt zeitlichen und örtlichen Fluktuationen um ihren Mittelwert, welche aus der periodischen Wirkung der einzelnen Transportmechanismen folgen. Die Einzelvorgänge die in Bild 1-05 dargestellt sind, lassen sich in drei Gruppen gliedern:

- Wärmeleitung in der Heizwand,
- Wärmeleitung und konvektiver Transport fühlbarer Wärme in der Flüssigkeit,
- konvektiver Transport von Latentwärme in der Dampfphase.

Wärmestrahlung bleibt wegen ihres i.a. geringen Beitrags zum Wärmeübergang beim Blasensieden außer Betracht (Dies ändert sich beim Übergang zum Filmsieden).

1.5. Aktivierung der Blasenbildung

Ehe periodische Blasenbildung an einer Keimstelle einsetzt, müssen drei Voraussetzungen erfüllt sein:

- Die Keimstelle muß mit Dampf, der Keimblase, gefüllt werden; dies kann durch homogene oder heterogene Keimbildung oder auch durch von außen eindringenden Dampf, z.B. von Blasen anderer Keimstellen geschehen.
- Die Keimstelle und das umgebende Fluid müssen soweit überhitzt sein, daß die Keimblase aus der Keimstelle herauswächst.
- Die Blase muß so groß werden, daß sie sich unter den her - schenden Bedingungen von der Heizfläche ablöst, d.h. daß Auftriebkräfte, evtl. unterstützt durch Beschleunigungskräfte, groß genug sind, um die haltenden Oberflächenkräfte zu überwinden.

Jeder dieser Vorgänge kann als Überwindung einer Energieschwelle mit einer charakteristischen Aktivierungsenergie aufgefaßt werden. Die Herabsetzung dieser Aktivierungsenergien bewirkt potentiell verstärkte Blasenbildung und erhöhten Wärmeübergang.

1.6. Zielsetzung

Diese Arbeit soll die Mechanismen der Blasenbildung und des Wärmeübergangs beim Sieden konsistent darstellen und die Darstellung aufgrund eigener Untersuchungen erweitern. Dies geschieht mit dem Ziel mögliche Maßnahmen zur Verbesserung des Wärmeübergangs, d.h. zur Verminderung der irreversiblen Entropieerzeugung oder des Bedarfs an Übertragungsflächen beim Sieden, sowie die Grenzen solcher Maßnahmen aufzuzeigen. Als mögliche Maßnahmen werden die Auswahl, Gestaltung oder Oberflächenbehandlung von Heizflächen sowie die Verwendung von Siedeverstärkern angesehen.

Im folgenden zweiten Kapitel sollen die wirksamen Einflußgrößen und Kennzahlen des Wärmeübergangs beim Blasensieden betrachtet werden und empirische Potenzbeziehungen verschiedener Autoren für den Wärmeübergang beim Sieden hinsichtlich der darin auftretenden Exponenten für die Steigung der Siedecharakteristik und für den Einfluß der Rauhigkeit der Heizfläche verglichen werden.

Im 3. Kapitel sollen Blasen im thermischen und statischen Gleichgewicht untersucht und die Aktivierungsenergien der drei Aktivierungsschwellen der Blasenbildung

- der homogenen oder heterogenen Keimbildung,
- der Keimblasenaktivierung und
- der Blasenablösung

bestimmt oder abgeschätzt werden. Dabei sollen auch die besonderen Existenzbedingungen und die Bildungsarbeiten von Dampfkeimen und Keimblasen an den Kontaktstellen unvollständig benetzter Partikel und Fasern im Hinblick auf die Wirkung von Siedeverstärkern untersucht werden.

Ausgehend von bekannten Lösungen der Gauß-Laplace'schen Gleichung soll ein Verfahren dargestellt werden, mit dessen Hilfe Formen - Konturen - von Blasen im statischen Gleichgewicht mit gegebenem Volumen für typische Haftbedingungen - eingeprägter Randwinkel oder Blasenfußradius - berechnet wurden. Typische Folgen solcher Konturen, wie sie bei langsamem Blasenwachstum auftreten, sollen für idealisierte Haftbedingungen - konische Keimstelle, schlecht benetzter Fleck, homogene glatte Heizfläche - gezeigt werden. Das ermittelte Maximalvolumen von im Gleichgewicht haftenden Blasen soll mit einfachen empirischen oder analytischen Beziehungen anderer Autoren für den Blasenabreißdurchmesser verglichen werden.

Im 4. Kapitel soll die Rate der homogenen Keimbildung in thermischen Grenzschichten ermittelt und untersucht werden, unter welchen Bedingungen homogene und heterogene Keimbildung wesentlich zur Blasenbildung beim Sieden beitragen können.

Dynamisches Blasenwachstum, Blasenablösung und Driftströmung werden im 5. Kapitel behandelt. Die Möglichkeit des Auftretens von Temperaturgradienten an Blasenoberflächen und von Druckdifferenzen innerhalb von Blasen soll untersucht werden, um zu prüfen, unter welchen Umständen wesentliche Temperaturunterschiede an der Oberfläche einer Blase und somit Marangonikonvektion auftreten können. Empirische Beziehungen verschiedener Autoren für Blasenabreißdurchmesser und Blasenfrequenz sollen zusammengestellt und diskutiert werden. Das Problem einer geschlossenen Berechnung der Blasenkontur und des Strömungsfeldes während der Ablösung soll dargestellt und Ergebnisse solcher Rechnungen gezeigt werden.

Einflüsse der Heizflächeneigenschaften auf Blasenbildung und Wärmeübergang sind Gegenstand des 6. Kapitels. Dabei soll u.a. untersucht werden, welche Rückschlüsse auf die Größenverteilung wirksamer Keimstellen aus der Steigung der Siedecharakteristik und dem im zweiten Kapitel dargestellten, empirisch gefundenen Einfluß der Rauhigkeit auf den Wärmeübergang beim Sieden gezogen werden können. Für Familien von Heizflächen, deren Oberflächenstrukturen auf ähnliche Weise erzeugt wurden und die nur durch eine charakteristische Länge, z.B. die Glättungstiefe unterschieden sind, soll die Annahme einer Strukturähnlichkeit eingeführt werden. Die Möglichkeiten der Optimierung einer Heizfläche im Hinblick auf die Größe und Dichte ihrer Keimstellen und auf ihre Materialeigenschaften sollen untersucht werden.

Wärmeübergang und Blasenbildung an Siedeverstärkern sollen im 7. Kapitel dargestellt und eingehender analysiert werden. Die Deformation der Fasern bzw. Keimstellen in textilen Siedeverstärkern durch Kapillarkräfte soll untersucht und ihre Bedeutung für die Aktivierung von Keimblasen und auf die Blasenablösung beschrieben werden.

Die Untersuchungen sollen vorwiegend für reine (Einstoff-)Fluide erfolgen, da in energie- oder wärmetechnischen Kreisprozessen eine zweite Stoffkomponente im Fluid, falls sie den Wärmeübergang auf der Verdampfungsseite verbessert, wie z.B. ein gelöstes Inertgas, i.a. den Wärmeübergang auf der Kondensationsseite zugleich so verschlechtert, daß insgesamt die Arbeitsfähigkeit des Prozesses vermindert, bzw. sein Arbeitsbedarf oder der Bedarf an Übertragungsflächen erhöht wird. Fluidgemische, ausgenommen Azeotrope, zeigen außerdem Abhängigkeiten ihrer physikalischen Eigenschaften von Druck und Temperatur und ihrer stofflichen Zusammensetzung von Aggregatzustand, die eine einheitliche Beschreibung wesentlich komplizieren. Deshalb soll auf Gemische, bzw. auf den Einfluß gelöster Stoffe - insbesondere Tenside und Inertgase -, nur unter einzelnen Gesichtspunkten eingegangen werden.

2. Empirische Beschreibung des Wärmeübergangs beim Sieden

Ein Ziel von Messungen des Wärmeübergangs ist die Aufstellung von Korrelationsgleichungen, mit deren Hilfe die Siedecharakteristik, meist in der Form (α; $\dot{q}$) berechnet werden kann. Änderungen der Fluideigenschaften von Fluid zu Fluid und mit dem Siededruck p werden dabei auf eine der beiden folgend genannten Weisen berücksichtigt:

- Der Wärmeübergangskoeffizient α oder die Nußeltzahl Nu wird durch eine Korrelation dimensionsloser Kennzahlen beschrieben, welche aus den Betriebsgrößen p_L, $\dot{q}$ und ΔT sowie aus den Stoffeigenschaften von Flüssigkeit und Dampf beim Siedezustand gebildet werden /201/, /202/, oder
- Der Wärmeübergangskoeffizient α bzw. sein Verhältnis α/α_0 zu einem Bezugswert α_0 bei einem geeignet definierten Bezugszustand wird als Funktion der Wärmestromdichte $\dot{q}$ bzw. des Verhältnisses $\dot{q}/\dot{q}_0$ zu einem Bezugswert $\dot{q}_0$ und des (reduzierten) Siededrucks $\pi = p/p_c$ beschrieben /204, 206/.

In diesem Kapitel soll zunächst gezeigt werden, wie sich ein geeigneter Satz charakteristischer Kennzahlen für die erstere Methode gewinnen läßt. Dann sollen nach beiden Methoden gewonnene empirische Gleichungen verschiedener Autoren dargestellt und insbesondere hinsichtlich der Steigung der Siedecharakteristik (ΔT; $\dot{q}$) und des Einflusses der Rauhigkeit der Heizfläche verglichen werden. Vor- und Nachteile beider Typen von empirischen Funktionen sollen diskutiert werden.

Während beim Blasensieden die größten und kleinsten Werte von $\dot{q}$ einer Siedekennlinie zueinander ein Verhältnis der Größenordnung 1000:1 erreichen können, ändern sich die Werte der Wandüberhitzung ΔT äußerstenfalls im Verhältnis 3:1. Bei der Wiedergabe von Siedekennlinien durch die Zuordnung ($\dot{q}$; α) bzw. ($\dot{q}$; Nu) tritt die meßbare Größe $\dot{q}$ nicht nur als unabhängige Variable (Abszissenwert) auf, sondern geht auch linear in die abhängige Variable α bzw. Nu ein. Die Zuordnung ($\dot{q}$; α) gibt deshalb Meßwerte mit viel geringerer relativer Streuung durch eine Ausgleichsgerade wieder, als die Zuordnung der eigentlich meßbaren Werte (ΔT; $\dot{q}$). Die Zuordnung ($\dot{q}$; α) wird deshalb häufig bevorzugt, obwohl sie mit einem Informationsverlust gegenüber den Meßwerten einhergeht und obwohl der Wärmeübergangskoeffizient α bei Siedevorgängen nicht einmal näherungsweise einen Proportionalitätsfaktor zwischen Wärmestromdichte und Temperaturdifferenz darstellt. Eine Beziehung ($\dot{q}$; α) vom Typ

$$\alpha = \frac{\dot{q}}{\Delta T} \sim \dot{q}^{n} \qquad (2.01)$$

läßt sich leicht zurückführen auf eine Beziehung (ΔT; $\dot{q}$) der Form

$$\dot{q} \sim \Delta T^{\epsilon_{\Delta T}} \; R_p^{\epsilon_R} \qquad (2.02)$$

mit $$\epsilon_{\Delta T} = \frac{1}{1-n} \qquad (2.03)$$

Für den Exponenten n der Beziehung (2.01) werden meist Werte $0{,}67 \leq n \leq 0{,}8$ angegeben. Hieraus folgt, daß der Exponent $\epsilon_{\Delta T}$ in Gl. 2.02 Werte $3{,}33 \leq \epsilon_{\Delta T} \leq 5$ annimmt.

2.1. Charakteristische Kennzahlen

Die Siedecharakteristik d.h. die Funktion (ΔT; $\dot{q}$) ist bestimmt durch Eigenschaften des siedenen Fluids, durch Eigenschaften der Heizfläche, bzw. durch Wechselwirkungen zwischen Heizfläche und Fluid, durch die Gestalt des Behälters oder Strömungskanals und ggf. durch äußere Kraftfelder.

Die bestimmenden Eigenschaften des siedenden Fluids sind Transportkoeffizienten und Zustandsgrößen der Flüssigkeit, des Dampfes und der Phasengrenzfläche bzw. deren Änderungen beim Phasenübergang. Sie hängen von den Absolutwerten der Siedetemperatur und des Drucks ab; damit sind auch die Zustandsgrößen Temperatur und Druck Einflußgrößen. Die Änderung von Stoffwerten mit Temperatur und Druck an der Heizfläche im Intervall $T_{sat} \leq T \leq T_W$, $p_L \leq p \leq p_{sat}$ wird hier nur berücksichtigt, soweit sie spezielle Wirkungen wie Keimbildung, Keimblasenaktivierung oder Marangoni-Konvektion verursachen kann. Dies gilt für die Temperaturabhängigkeit des Dampfdruckes $p_{sat,T}$, der Oberflächenspannung σ_{LV} und der Dampfdichte d_V.

Wirksame Stoffeigenschaften der Heizfläche sind ihre Temperaturleitfähigkeit a_W und ihre volumetrische Wärmekapazität (c_W d_W). Die Wechselwirkung zwischen Fluid und Heizfläche wird durch den (dimensionslosen) Randwinkel und dessen Hysterese vereinfacht beschrieben. Die Gestalt des Behälters oder Kanals und der Heizfläche kann durch eine charakteristische Länge und durch eine bestimmte Anzahl geometrischer Verhältniszahlen beschrieben werden.

Das Schwerefeld ist gekennzeichnet durch die Gravitationsbeschleunigung g und ihre Richtung relativ zur Heizfläche.

Die spezifischen Enthalpien h_L und h_V der fluiden Phasen haben keinen getrennten Einfluß; deshalb wird nur ihre Differenz bei Sättigung, die Verdampfungsenthalpie, berücksichigt. Die Temperaturabhängigkeit des Dampfdrucks wird mittels der Gleichung von Clausius und Clapeyron durch $\Delta h_{L,V}$ beschrieben. In genügendem Abstand vom Kritischen Punkt sind die Zustandsgrößen T, p und d_V näherungsweise durch das ideale Gasgesetz verknüpft, so daß eine dieser drei variablen Größen durch die stoffspezifische Gaskonstante $\mathfrak{R}$ ersetzt werden kann.

Damit läßt sich folgende Tabelle 2/01 von 16 relevanten dimensionsbehafteten Größen und der Exponenten der in ihren Einheiten enthaltenen Grundeinheiten aufstellen:

Tabelle 2/01 Einflußgrößen des Wärmübergangs beim Sieden, Exponenten der Grundeinheiten

Größe	Masse	Länge	Zeit	Temperatur
ΔT	0	0	0	1
T_{sat}	0	0	0	1
$\dot{q}$	1	0	-3	0
d_L	1	-3	0	0
c_L	0	2	-2	-1
ν_L	0	2	-1	0
a_L	0	2	-1	0
$\mathfrak{R}$	0	2	-2	-1
d_V	1	-3	0	0
σ_{LV}	1	0	-2	0
$d\sigma_{LV}/dT$	1	0	-2	-1
$\Delta h_{L,V}$	0	2	-2	0
R_p	0	1	0	0
$(c_W\ d_W)$	1	-1	-2	-1
a_W	0	2	-1	0
g	0	1	-2	0

Die Einheiten dieser Größen enthalten insgesamt vier Grundeinheiten. Zur vollständigen dimensionslosen Beschreibung sind aus diesen Größen nach dem Buckingham-Theorem 12 voneinander unabhängige dimensionslose Kennzahlen zu bilden.

Mindestens drei charakterisische Längen sind außer den Heizflächen- und Behälterabmessungen von Bedeutung:

- eine Länge zur Charakterisierung der Heizflächenstruktur bzw. der Rauhigkeit, z.B. die Glättungstiefe R_p,

- der Gleichgewichtsblasenradius bei der herrschenden Wandüberhitzung

$$R_{B,eq} = \frac{2\sigma_{LV}}{(dp/dT)_{sat}\ \Delta T}\ , \qquad (2.04)$$

- die Laplace-Länge als charakteristische Länge des Blasenabreißdurchmessers

$$L = \left[\frac{\sigma_{LV}}{g\ (d_L - d_V)}\right]^{1/2}\ . \qquad (2.05)$$

Diese Längen sind aus Größen der Tabelle 2/01 abgeleitet oder in ihr enthalten. Hier wird die Laplace-Länge L bevorzugt als Bezugslänge verwendet, da sie für einen bestimmten Siededruck nahezu unabhängig von der Überhitzung ist und sich in einiger Entfernung vom kritischen Punkt für eine Flüssigkeit nur wenig mit dem Druck bzw. mit T_{sat} ändert.

Bei Sieden unter Schwerelosigkeit ist statt der Gravitationsbeschleunigung eine andere charakteristische Beschleunigung, bzw. statt der Laplace-Länge eine andere charakteristische Größe für den Abreißdurchmesser anzunehmen. Hierüber besteht noch keine Klarheit. Die Zahl der Einflußgrößen verringert sich dabei um 1.

Aus den dimensionsbehafteten Größen der Tabelle 2/01 können z.B. folgende 12 voneinander unabhängigen Kennzahlen definiert werden:

Tabelle 2/02 Dimensionslose Kennzahlen

Bezeichnung	Symbol	Definitionsgleichung	Gl. Nr.
Wärmestromkennzahl	K_q	$= \frac{\dot{q}\, L}{a_L\, d_V\, \Delta h_{L,V}}$	(2.06)
Jakob-Zahl	Ja	$= \frac{d_L\, c_{pL}\, \Delta T}{d_V\, \Delta h_{L,V}}$	(2.07)
Archimedeszahl	Ar	$= \frac{g\, L^3}{\nu_L^2} = \frac{\sigma_{LV}\, L}{d_L\, \nu_L^2\, \epsilon}$	(2.08)
Marangonizahl	Ma	$= \frac{(d\sigma_{LV}/dT)\, \Delta T}{\nu_L\, a_L\, d_L}$	(2.09)
bezogene Dichtedifferenz	ϵ	$= (d_L - d_V)/d_L$	(2.10)
dimensionslose Temperaturabhängigkeit des Dampfdrucks	K_p	$= \Delta h_{L,V}/(\Re\, T)$ $\simeq (d\ln p/d\ln T)_{sat}$	(2.11)
Prandtlzahl	Pr_L	$= \nu_L/a_L$	(2.12)
bezogene Überhitzung	Te	$= \Delta T/T_{sat}$	(2.13)
Verhältnis freie Oberflächenenergie/ Latentwärme	K_σ	$= \frac{\sigma_{LV}}{L\, d_V\, \Delta h_{L,V}}$	(2.14)
bezogene Glättungstiefe	R_p/L		(2.15)
Verhältnis der Temperaturleitfähigkeiten	K_a	$= a_W/a_L$	(2.16)
Verhältnis der volum. Wärmekapazitäten	K_C	$= \frac{d_W\, c_W}{d_L\, c_{pL}}$	(2.17)

Diese Kennzahlen können aus meßbaren Größen, den Betriebsdaten ΔT und $\dot{q}$, den Zustandsgrößen und Stoffeigenschaften des Fluids und der Gravitationsbeschleunigung, ohne Annahmen über den Mechanismus der Blasenbildung bestimmt werden.

Daneben können folgende dimensionslosen Größen bzw. Winkel Einfluß haben:

- der Benetzungsrandwinkel zur Kennzeichnung der Wechselwirkung zwischen der Heizfläche und dem Fluid,
- der Neigungswinkel der Heizfläche gegenüber der Horizontalen,
- die geometrischen Proportionen des Behälters und der Heizfläche.

Letztere sind oft von geringem Einfluß und bleiben hier außer Betracht.

2.2. Beschreibung des Wärmeübergangs durch Korrelationen dimensionsloser Kennzahlen

Zur Beschreibung des Wärmetransports beim Blasensieden wurden oft Potenzprodukte von dimensionslosen Kennzahlen zur Wiedergabe der Nusseltzahl Nu vorgeschlagen, z. B. /201/, /202/,:

$$Nu = K_0 \, K_1^{\,n_1} \, K_2^{\,n_2} \, K_3^{\,n_3} \ldots \qquad (2.18)$$

Als charakteristische Länge der Nusseltzahl wird dabei entweder die Laplacelänge nach Gl. 2.05 oder der aus ihr halbempirisch abgeleitete Blasenabreißdurchmesser D_{sep} nach Fritz /203/ bestimmt, der den Einfluß des Randwinkels γ (in Grad) berücksichtigt, mit L nach Gl. 2.05:

$$D_{B,sep} = 0{,}0146 \; \gamma \sqrt{\frac{2\sigma_{LV}}{g(d_L - d_V)}} = 0{,}0206 \; \gamma \; L \qquad (2.19)$$

Die Kennzahlen K_1, K_2 usw. sind hierbei aus der Wärmestromdichte q, aus geometrischen Parametern, aus einer charakteristischen Länge, L oder D_{sep}, und aus Stoffeigenschaften der fluiden Phasen gebildet; K_0 ist eine Konstante. Das Problem solcher Potenzansätze ist, daß zu ihrer Aufstellung und Benutzung neben der richtigen Wahl der Kennzahlen auch die Kenntnis der wirksamen Stoffeigenschaften der fluiden Phasen bei dem jeweils herrschenden Zustand - Siededruck bzw. Siedetemperatur - nötig ist. Vor allem lassen sich die Stoffeigenschaften des Fluids und damit die Kennzahlen im Experiment nicht unabhängig voneinander variieren und die Zahl der notwendigen Meßwerte zur Aufstellung einer vollständigen empirischen Korrelation aller in 2.1 genannten Einflußgrößen bzw. aller vorgeschlagenen Kennzahlen wäre außerordentlich groß.

So geht Stephan /201/ zunächst von einer Abhängigkeit der Nußeltzahl von 9 weiteren Kennzahlen K_1 bis K_9 aus. Aufgrund einer umfangreichen Untersuchung des Wärmeübergangs beim Sieden von Kältemittel R11 und von Wasser an ebenen Platten und horizontalen Rohren unterschiedlicher Rauhigkeit reduziert er die Zahl der wirksamen Kennzahlen auf drei (außer Nu) und gibt empirische Gleichungen der Form an:

$$\mathrm{Nu} \equiv \frac{\dot{q}\, D_{B,sep}}{(T_W - T_{sat})\, \lambda_L} = \mathrm{konst.}\, K_1^{\,n_1}\, \overline{K}_2^{\,n_2}\, \overline{K}_9^{\,n_9} \tag{2.20}$$

für die ebene Platte mit $D_{B,sep}$ nach Gl. 2.19;

$$\mathrm{Nu} = 0{,}013\, K_1^{0,8}\, \overline{K}_2^{0,4}\, \overline{K}_9^{0,133} \tag{2.21}$$

bzw. für das horizontale Rohr

$$\mathrm{Nu} = 0{,}071\, K_1^{0,7}\, \overline{K}_2^{0,3}\, \overline{K}_9^{0,133} \tag{2.22}$$

wobei

$$K_1 = \frac{\dot{q}\, D_{B,\,sep}}{\lambda_L\, T_{sat}} \tag{2.23}$$

$$\overline{K}_2 = \frac{D_{B,sep}\, T_{sat}\, \lambda_L}{\sigma_{LV}\, \nu_L} \tag{2.24}$$

$$\overline{K}_9 = \frac{\Delta h_{L,V}\, d_V\, R_p}{(f\, D_{B,sep})^2} \tag{2.25}$$

bedeuten, d.h. K_1 ist der Wärmestromdichte $\dot{q}$, $\overline{K}_9$ der Glättungstiefe R_p DIN 4762 proportional. $D_{B,sep}$ ist der Blasenabreißdurchmesser nach Fritz, Gl. 2.19, der durch Stoffeigenschaften bestimmt ist. Die von Stephan /201/ als bestimmend angesehenen Kennzahlen K_1, $\overline{K}_2$ und $\overline{K}_9$ lassen sich unter Verwendung einer (vereinfachten) Beziehung von Mc. Fadden und Graßmann /20/ für die Blasenablösefrequenz (vgl. Kap. 5, Gl. 5.94),

$$f = 0{,}56\, \sqrt{g/D_{B,sep}} \tag{2.26}$$

mit Kennzahlen nach Gl. 2.06 bis 2.17 folgendermaßen identifizieren:

$$\mathrm{Nu} = 0{,}0206\, \gamma\, K_q\, \mathrm{Ja}^{-1} \tag{2.27}$$

$$K_1 = 0{,}0206\ \gamma\ K_q\ Te\ Ja^{-1} \tag{2.28}$$

$$\overline{K}_2 = 0{,}0206\ \gamma\ Ja\ (K_\sigma\ Pr\ Te)^{-1} \tag{2.29}$$

$$\overline{K}_9 = 1{,}8\epsilon\ (R_p/L)\ K_\sigma^{-1}(0{,}0206\ \gamma)^{-2} \tag{2.30}$$

Der Faktor 0,0206 γ entstammt der Gl. 2.19 von Fritz und nimmt nach Stephan Werte zwischen 0,72 und 0,83 an, d.h. er ändert sich relativ wenig. Die Kennzahlen Ma, K_p, K_a und K_C der Tabelle 2/02 haben keine Entsprechungen in dem Kennzahlsatz von Stephan.

Die Reduzierung der Anzahl der Kennzahlen entweder durch Vernachlässigung ihres Einflusses oder durch Zusammenfassung von Kennzahlen mit angenähert gleichen Exponenten beschränkt die Gültigkeit der gewonnenen Korrelationen auf die untersuchten Fluide und auf den untersuchten Druckbereich.

2.3. Beschreibung der Siedecharakteristik mit Hilfe reduzierter Zustandsgrößen

Vor allem in neueren Arbeiten wird die Siedekennlinie von Flüssigkeiten in großen Temperatur-, bzw. Druckbereichen nicht durch mit den Stoffeigenschaften des Fluids gebildete Kenngrößen sondern durch Funktionen der reduzierten Zustandsgrößen beschrieben /204/,/205/,/206/.

$$\tau = T/T_c; \quad \pi = p/p_c$$

So wird von Gorenflo für den Wärmeübergangskoeffizienten beim Blasensieden im VDI-Wärmeatlas 1984 /204/ die Gleichung angegeben:

$$\frac{\alpha}{\alpha_0} = \left(\frac{\dot{q}}{\dot{q}_0}\right)^{n(\pi)} F'(\pi) \left(\frac{R_p}{R_{p0}}\right)^{0,133} \tag{2.31}$$

Dabei sind q_0, p_0 und R_{p0} Bezugswerte der Wärmestromdichte des Siededrucks und der Glättungstiefe für die ein Bezugswert α_0 des Wärmeübergangskoeffizienten ermittelt und tabelliert wird; z.B. wird in /204/ der Wärmeübergangskoeffizient α_0 bei der festgelegten Wärmestromdichte $\dot{q}_0$ = 20000 W/m² und beim Druck p_0 = 0,03 p_c für die Glättungstiefe R_{p0} = 1 µm bestimmt und tabelliert. Der Exponent $n(\pi)$ und der Faktor $F'(\pi)$ sind Funktionen des reduzierten Drucks π. Für jede dieser Funktionen werden verschiedene empirische Gleichungen angegeben, die jeweils nur für bestimmte Gruppen von Fluiden gelten. Offenbar liegt diesem Vorgehen die Annahme zugrunde, daß wesentliche Fluideigenschaften dem Korrespondenzprinzip folgen, d.h. sich für verschiedene Fluide (einer Gruppe thermodynamisch ähnlicher Fluide) mit dem reduzierten Druck π ähnlich ändern, während die Eigenschaften der Heizwand näherungsweise druck- und temperaturunabhängig sind.

Für "organische Flüssigkeiten, SF_6 und Ammoniak" gilt nach /204/:

$$n = 0,9 - 0,3\, \pi^{0,3} \tag{2.32a}$$

$$F'(\pi) = 2,1\, \pi^{0,27} + \left(4,4 + \frac{1,8}{1 - \pi}\right) \pi \tag{2.33a}$$

Für "Wasser und tiefsiedende Flüssigkeiten" wie N_2, O_2 und Edelgase gilt nach /204/ entsprechend:

$$n = 0{,}9 - 0{,}3\ \pi^{0{,}15} \qquad (2.32b)$$

$$F'(\pi) = 2{,}55\ \pi^{0{,}27} + \left(9 + \frac{1}{1 - \pi^2}\right) \pi^2 \qquad (2.33b)$$

Das Vorgehen in /204/ ist unter dem Gesichtspunkt korrespondierender Zustände (und Stoffeigenschaften) nicht konsistent, da z.B. der Bezugswert der Wärmestromdichte

$$q_0 = 20000\ W/m^2$$

für alle Flüssigkeiten absolut gleich fixiert ist, statt durch einen Eigenmaßstab, der aus Stoffwerten bei einem bestimmten reduzierten Druck π_0 oder aus kritischen Daten der betrachteten Flüssigkeiten gebildet ist. Ein solcher Eigenmaßstab könnte z.B. sein

$$\dot{q}_{00} = \frac{\lambda_L\ T_{sat}}{L}, \qquad (2.34)$$

wobei λ_L, T_{sat} und L z.B. auch für $\pi_0 = 0{,}03$ bestimmt werden, oder aus kritischen Daten zu ermitteln:

$$\dot{q}_{01} = d_c\ (\Re T_c)^{3/2} \qquad (2.35)$$

Entsprechendes gilt für den Bezugswert R_{p0} der Glättungstiefe. Hier wäre eine geeigneter Bezugswert z.B. aus dem Gleichgewichtsblasenradius nach Gl. 2.04 abzuleiten, z.B.

$$R_{p00} = R_{eq} \quad \text{für } \pi = 0{,}03;\ \Delta T/T_c = 0{,}01$$

Vergleicht man die beiden in /204/ unterschiedenen Stoffgruppen hinsichtlich der Abhängigkeit des Dampfdrucks von der Temperatur, wie sie z.B. durch den dimensionslosen Azentrischen Faktor

$$\omega = -\lg (10\, \pi_{\tau=0,7})$$

$$= \lg \frac{p_c}{10\, p_{sat,\tau=0,7}} \qquad (2.36)$$

beschrieben wird, so zeigt sich, daß für die tiefsiedenen Fluide, nicht jedoch für Wasser, $\omega \leq 0,05$ und teilweise negativ ist, während für NH_3, SF_6 und organische Flüssigkeiten, außer für Methan, $\omega \geq 0,1$ ist. In seiner Bedeutung klarer als der Azentrische Faktor ω ist die dimensionslose Kennzahl

$$K_h = -\frac{\tau \ln \pi}{1-\tau} = -\frac{T \ln (p/pc)}{T_c - T} \simeq \frac{\Delta h_{L,V}}{\Re\, T_c} = \tau\, K_p \qquad (2.37)$$

(mit $\Delta h_{L,V}$ für tiefe Siedetemperaturen) die die logarithmische Abhängigkeit des Dampfdrucks von der Temperatur beschreibt und die sich für viele Fluide nur wenig mit π bzw. τ ändert. Näherungsweise ist mit der Definition von ω für eine bestimmte Flüssigkeit:

$$K_{h,\tau=0,7} = -\left[\frac{\tau \ln \pi}{1-\tau}\right]_{\tau=0,7} = 5,37\,(1+\omega) \simeq \text{konstant} \qquad (2.38)$$

Für die erste Fluidgruppe der Tabelle 2/01 ist der Durchschnittswert $K_h = 5,3$, für die zweite Fluidgruppe $K_h = 6,6$, mit jeweils deutlich abweichenden Werten für Wasser bzw. für Methan. Der Unterschied von ca. 25% ist deshalb besonders beachtlich, weil K_h die Temperaturabhängigkeit des Dampfdrucks exponentiell bestimmt.

Tabelle 2/03 Kennwerte ω, K_H, $\dot{q}_0/\dot{q}_{01}$ verschiedener Flüssigkeiten

Flüssigkeit	azentr. Faktor ω	$K_h = \frac{\tau \ln \pi}{1 - \pi}$ für $\tau = 0,7$	$10^{-6} q_0/q_{01}$
Gruppe H_2O und tiefsiedende Flüssigkeiten:			
H_2O	0,344	7,22	0,04
H_2	-0,22	4,79	12,73
O_2	0,021	5,48	5,69
N_2	0,040	5,58	8,81
He (4)	-0,387	3,29	254
Ar	-0,004	5,37	59,3
Mittelwert für H_2O und tiefsiedene Flüssigkeiten	-0,034	5,3	8,5*
Gruppe NH_3, SF_6, und organische Flüssigkeiten:			
NH_3	0,250	6,71	0,97
SF_6	0,286	6,91	11,09
CH_4 (Methan)	0,008	5,41	3,98
C_2H_6 (Ethan)	0,098	5,94	4,01
$CHClF_2$	0,202	6,45	5,71
CH_3F	0,190	6,39	3,37
CCl_2F_2	0,176	6,31	8,40
CCl_3F (R11)	0,188	6,38	7,50
CCl_4	0,194	6,41	6,88
C_2H_6O (Ethanol)	0,635	8,78	17,6
Mittelwert für NH_3, SF_6 und organische Flüssigkeiten	0,222	6,6	5,5*

* geometrischer Mittelwert

Aufgrund zahlreicher Messungen des Wärmeübergangs beim Sieden beschreiben Nishikawa et al. /206/ ähnlich wie Gorenflo Wärmeübergangskoeffizienten als Funktion des reduzierten Drucks.

Die in /206/ angegebene Gleichung für Kältemittel

$$\alpha/\tilde{\alpha} = G(R_p;\ \pi)\ F(\pi)\ q^{4/5} \tag{2.39}$$

mit

$$\tilde{\alpha} = 31{,}4\ p_c^{1/5}\ M_{mol}^{-1/10}\ T_c^{-9/10} \tag{2.40}$$

$$G(Rp;\ \pi) = (8\ R_p)^{(1-\pi)/5} \tag{2.41}$$

$$F(\pi) = \pi^{0{,}23}/(1 - 0{,}99\ \pi)^{0{,}9} \tag{2.42}$$

(α, $\dot{q}$, T, p in Internationalen Einheiten, R_p in μm) ist nicht dimensionsneutral. Hier wird vorgeschlagen, Gl. 2.40 durch Einfügen der universellen Gaskonstanten $\Re_{mol}$ = 8314 Joule/(kmol K) und Gl. 2.41 mit einem Bezugswert der Glättungstiefe R_{p0} = 1 μm dimensionsneutral zu machen.

$$\tilde{\alpha} \simeq 12{,}7 \left[\frac{p_c^2\ \Re_{mol}\ T_c}{M_{mol}}\right]^{1/10} T_c^{-1}$$

$$G(R_p;\ \pi) = (8\ R_p/R_{p0})^{(1-\pi)/5}\ ;\quad R_{p0} = 1\ \mu m$$

$$\alpha = 12{,}7 \left[\frac{p_c^2\ \Re_{mol}\ T_c}{M_{mol}}\right]^{1/10} \dot{q}^{4/5}\ \frac{\pi^{0{,}23}}{(1-0{,}99\pi)^{0{,}9}} \left[\frac{8\ R_p}{R_{p0}}\right]^{(1-\pi)/5} T_c^{-1} \tag{2.43}$$

Der Ausdruck

$$\dot{q}_{02} = p_c\ \sqrt{\frac{\Re_{mol}\ T_c}{M_{mol}}} = p_c\ \sqrt{\Re T_c} = \dot{q}_{01}\ Z_c \tag{2.44}$$

kann als Eigenmaßstab der Wärmestromdichte ähnlich $\dot{q}_{01}$ nach Gl. 2.35 aufgefaßt werden, wobei Z_c der Kritische Realgasfaktor ist:

$$Z_c = \frac{p_c}{d_c \, \Re T_c}$$

Gl 2.39 läßt sich dann dimensionslos schreiben:

$$\frac{\alpha \, T_c}{\dot{q}_{02}} = 12{,}7 \left(\frac{\dot{q}}{\dot{q}_{02}}\right)^{4/5} \frac{\pi^{0,23}}{(1-0{,}99\,\pi)^{0,9}} \left(8 \frac{R_p}{R_{p0}}\right)^{(1-\pi)/5} \qquad (2.45)$$

Hierbei fügt sich der willkürliche und starre Bezugswert $R_{p0} = 1\ \mu m$ anstelle eines Eigenmaßstabs der Glättungsteife noch nicht in eine erweiterte Anwendung des Korrespondenzprinzips, sein Einfluß ist jedoch relativ schwach.

Zur empirischen Beschreibung des Wärmeübergangs beim Sieden sind dimensionslose Funktionen reduzierter Zustandsgrößen, insbesondere des reduzierten Drucks π, besser geeignet als Funktionen stoffwertabhängiger Kennzahlen, weil die Änderung nur einer Zustandsgröße, des Siededrucks, statt vieler Fluideigenschaften, mit dem Siedezustand zu erfassen ist. Stoffwertabhängige Kenngrößen sind andererseits hilfreicher für das physikalische Verständnis von komplexen Wärmetransportmechanismen.

Für die Weiterentwicklung der in /204/ und /206/ angegebenen Funktionen und ihre Ausdehnung auf weitere Fluide scheint die Beachtung folgender Bedingungen erfolgversprechend:

- Die meßbaren Größen $\dot{q}$, ΔT bzw. α und R_p sollten auf geeignete "Eigenmaßstäbe" des Fluids, d.h. auf Größen gleicher Einheit bezogen werden, welche entweder aus kritischen Daten oder aus Stoffwerten bei einem bestimmten reduzierten Druck (z.B. $\pi_0 = 0{,}03$) für alle betrachteten Fluide gebildet werden, z.B:
- Bei der Definition von "Fluidfamilien" mit gemeinsamer Wärmeübergangskorrelation sollte die Dampfdruckabhängigkeit von der Temperatur, gekennzeichnet durch den azentrischen Faktor ω oder die Kenngröße K_h nach Gl. 2.37 und der Kritische Realfaktor Z_c berücksichtigt werden.

Meßgröße	$\dot{q}$		ΔT	α	R_p
mögliche Eigenmaßstäbe	$\dot{q}_{00}$	(Gl. 2.34)	T_c	$\dot{q}_{00}/T_c$	$(\sigma_{LV}/p)_{\pi=0,03}$
oder	$\dot{q}_{01}$	(Gl. 2.35)		$\dot{q}_{01}/T_c$	$b_{mol} = \sqrt{\frac{M_{mol}}{d_c N_{mol}}}$
oder	$\dot{q}_{02}$	(Gl. 2.38)		$\dot{q}_{02}\ T_c$	

Die vorgeschlagenen Eigenmaßstäbe für R_p können als charakteristische Länge für den Keimblasenradius bei $\pi = 0{,}03$, bzw. als mittlerer Molekülabstand im kritischen Zustand verstanden werden.

In der Neuauflage 1988 des VDI-Wärmeatlas /212/ ändert Gorenflo die in /204/ gewählte Einteilung in Fluidgruppen. Nach /212/ gilt Gl. 2.23a für "die in einem größeren Druckbereich untersuchten Flüssigkeiten ... mit Ausnahme von Wasser und Helium". Wasser und Helium sind die beiden Flüssigkeiten in Tabelle 2/03 mit dem - außer Ethanol - höchsten bzw. dem niedrigsten Wert des azentrischen Faktors und der Konstanten K_h. Dies bestärkt die Annahme, daß die Abhängigkeit des Dampfdrucks von der Temperatur, welche durch diese Größen charakterisiert wird, in einer universellen Beziehung für den Wärmübergang beim Sieden berücksichtigt werden muß. Für Wasser gilt GL. 2.32b auch nach /212/. Die Abgrenzung der Fälle in /212/ gilt entsprechend für die Gln. 2.33a und 2.33b, wobei jedoch in /212/ als Bezugszustand $p/p_c = 0{,}1$ statt 0,03 gewählt und die Konstanten der Gln. 2.33a,b entsprechend geändert wurden.

2.4. Einfluß der Rauhigkeit

Jakob und Fritz /207/ hatten gefunden, daß der Wärmeübergang beim Sieden durch erhöhte Rauhigkeit der Heizfläche verbessert wird. Die Rauhigkeit, meist gekennzeichnet durch die Glättungstiefe R_p nach DIN 4762 ist diejenige Heizflächeneigenschaft, deren Einfluß auf den Wärmeübergang beim Sieden bisher am umfassendsten untersucht worden ist, und die einzige Eigenschaft der Heizfläche, die bisher in allgemein anwendbaren Beziehungen für den Wärmeübergang berücksichtigt worden ist.

Stephan /201/ hat den Einfluß der Rauhigkeit der Heizfläche auf den Wärmeübergang beim Sieden systematisch untersucht und aufgrund von Messungen mit Wasser und Kältemittel R113 die Wärmeübergangsbeziehungen 2.21 bzw. 2.22 für platten- bzw. rohrförmige Heizflächen angegeben, vgl. Abschnitt 2.2). Für eine bestimmte Flüssigkeit bei einer bestimmten Siedetemperatur liegen die Stoffeigenschaften fest; aus einer Beziehung der Form (2.20) erhält man damit bei Annahme nur von p_L bzw. T_{sat} abhängiger Stoffgrößen:

$$\alpha \equiv \frac{\dot{q}}{\Delta T} \sim \dot{q}^{n_q} R_p^{n_R} \tag{2.46}$$

$$n_1 \equiv n_q \; ; \quad n_9 \equiv n_R$$

Die Exponenten n_q bzw. n_R sind nach /201/ für Wärmeübergangsmessungen am Rohr bzw. an der Platte geringfügig verschieden. Für den Fall des Siedens an einer ebenen Heizfläche gibt Stephan den Wert $n_1 = n_q = 0{,}8$, für das Sieden am horizontalen Rohr $n_1 = n_q = 0{,}7$ an. Der Exponent n_9 hat nach Stephan in beiden Fällen den Wert

$$n_9 = n_R = 2/15 = 0{,}133 \; .$$

Für ein gegebenes Stoffsystem bei gegebenem Siededruck p_L erhält man aus Gl. 2.46 durch Umformen die Beziehung

$$\dot{q} \sim \Delta T^{\epsilon_{\Delta T}} R_p^{\epsilon_R} \tag{2.47}$$

mit $\epsilon_{\Delta T} = \frac{1}{1 - n_q}$; $\epsilon_R = \frac{n_R}{1 - n_q}$ (2.48)

Die Exponenten n_R bzw. ϵ_R beschreiben die Unterschiede der Siedecharakteristiken ($\dot{q}$, α) oder (ΔT, $\dot{q}$) von Heizflächen unterschiedlicher Glättungstiefe, welche sich vor allem aus den unterschiedlichen Dichten aktiver Keimstellen dieser Heizflächen (bei gleichem ΔT) ergeben. Die Exponenten n_q bzw $\epsilon_{\Delta T}$ beschreiben demgegenüber die Steigung der Siedecharakteristik einer bestimmten Heizfläche; diese Steigung wird vor allem durch die Änderung der Dichte aktiver Keimstellen mit ΔT bestimmt, d.h. durch die Größenverteilung der potentiellen Keimstellen dieser Heizfläche (siehe hierzu Abschnitt 6.1). Mit den Exponentenwerten von Stephan, Gl. 2.21 bzw. 2.22, erhält man durch Umformen die Exponenten für Gl. 2.47:

für die ebene Heizfläche:	für das horizontale Rohr:
$\epsilon_{\Delta T} = 5$	$\epsilon_{\Delta T} = 3{,}33$
$\epsilon_R = 0{,}667$	$\epsilon_R = 0{,}444$

Fedders /208/ bestätigt für relativ geringe Wärmestromdichten bis 5×10^4 W/m² und bei reduzierten Drücken $p \leq 19{,}6$ bar beim Sieden von Wasser an Rohren mit unterschiedlich behandelten Oberflächen den von Stephan gefundenen Exponenten $n_R = 0{,}133$ für den Einfluß der Glättungstiefe. Bei hoher Wärmestromdichte, $\dot{q} = 10^6$ W/(m²K), findet er für den Einfluß der Glättungstiefe kleinere Exponenten $n_R = 0{,}10$ bis $0{,}12$. Die Erhöhung des Wärmeübergangskoeffizienten mit der Glättungstiefe nimmt demnach mit steigender Wärmestromdichte ab, d.h. die Siedekennlinien unterschiedlich rauher Oberflächen liegen bei hohen Wärmestromdichten enger zusammen als bei niedrigen und die Steigung der Siedekennlinien ist bei rauhen Heizflächen mit relativ gutem Wärmeübergang geringer als bei glatten. Diese Tendenz, daß die Steigung der Siedekennlinie bei verbessertem Wärmeübergang geringer ist, bzw. daß den Wärmeübergang verbessernde Maßnahmen bei geringen Wärmestromdichten die Überhitzung ΔT der Heizfläche stärker verringern als bei hohen Wärmestromdichten, wird bei sehr verschiedenartigen Maßnahmen zur Wärmeübergangsverbesserung beobachtet.

Danilowa /205/ erhält aus Siedeversuchen mit Kältemitteln R12 und R113 an unterschiedlich rauhen Rohren sowie aus der Auswertung fremder Meßergebnisse die Werte $n_q = 0{,}75$ und $n_R = 0{,}2$. Sie verwendet als Maß der Rauhigkeit nicht die Glättungstiefe, sondern die mittlere Rauhtiefe R_z.

Tanes /209/ findet beim Sieden von Kältemitteln an unterschiedlich rauhen Platten, daß der Einfluß der Glättungstiefe auf den Wärmeübergang bei sehr geringen reduzierten Siededrücken $\pi \rightarrow \pi_{tri}$ verschwindet.

Im Gegensatz zu Tanes beobachten Nishikawa et al. /206/ beim Sieden von Kältemitteln an geschmirgelten ebenen Heizflächen, daß der Einfluß der Rauhigkeit auf den Wärmeübergang mit zunehmenden reduzierten Druck monoton abnimmt. Für eine große Zahl von Messungen geben sie eine Gleichung der Form an:

$$\alpha \sim \dot{q}^{4/5} \, R_p^{\;(1-\pi)/5} \quad ; \quad n_R = (1-\pi)/5 \qquad (2.49)$$

Für den von Stephan untersuchten Druckbereich ist der Exponent n_R des Rauhigkeitseinflusses auf α nach Nishikawa /Gl. 2.49/ etwa um die Hälfte höher als der von Stephan vorgeschlagene Wert $n_R = 0{,}133$.

Abdelsalam /202/ hat aus ca. 5000 Meßpunkten verschiedener Autoren in weiten Bereichen des reduzierten Drucks durch Regressionsanalysen empirische Beziehungen für den Wärmeübergang beim Blasensieden ermittelt. Ähnlich wie Stephan /201/ geht er dabei von einen Satz von (zunächst 13) Kennzahlen aus, welche unter Verwendung von Stoffdaten gebildet sind. Für verschiedene Fluidgruppen - Wasser, Kohlenwasserstoffe, tiefsiedende Flüssigkeiten, - Kältemittel -, erhält er vier verschiedene dimensionslose Korrelationen für die Nußeltzahl. Dabei findet er keinen deutlichen Einfluß der Rauhigkeit. Er erklärt dies damit, daß die Glättungstiefe in vielen Fällen nicht bekannt war und dann von ihm einheitlich zu $R_p = 1 \mu m$ angenommen wurde. Bemerkenswert ist, daß er verschiedene Heizflächengeometrien - horizontale Platten, horizontale Rohre ($D > D_{B,sep}$) und Drähte ($D < D_{B;sep}$) - zusammenfaßt und auch Unterschiede des Heizflächenmaterials außer Betracht läßt. Für den Exponenten der Siedecharakteristik findet er einen mittleren Wert n = 0,674 (entsprechend $\epsilon_{\Delta T}$ = 3,07). Dieser Wert liegt noch unter dem von Stephan für das horizontale Rohr gefundenen. Die Abweichung kann, wie in Abschnitt 6.1 gezeigt wird, auf im Durchschnitt andere Keimstellenverteilungen bzw. Rauhigkeitsstrukturen hinweisen.

Aus den Beziehungen von Gorenflo in /204/, Ha 5, für den Exponenten $n(\pi) = n_q$, s. Gln. 2.31 und 2.32a, b, lassen sich $\epsilon_{\Delta T}$ bzw. ϵ_R als Funktionen von π ableiten:

organische Flüssigkeiten, SF_6; NH_4:	Wasser, tiefsiedende Flüssigkeiten:	aus Gl.
$n_q = 0{,}9 - 0{,}3\ \pi^{0,3}$	$n_q = 0{,}9 - 0{,}3\ \pi^{0,15}$	(2.32a,b)
$n_R = 0{,}133$	$n_R = 0{,}133$	(2.31)
$\epsilon_{\Delta T} = \dfrac{1}{0{,}1 + 0{,}3\ \pi^{0,3}}$	$\epsilon_{\Delta T} = \dfrac{1}{0{,}1 + 0{,}3\ \epsilon^{0,15}}$	(2.32a,b)
$\epsilon_R = \dfrac{0{,}133}{0{,}1 + 0{,}3\ \pi^{0,3}}$	$\epsilon_R = \dfrac{0{,}133}{0{,}1 + 0{,}3\ \pi^{0,15}}$	(2.31)+ (2.32a,b)

Die Abgrenzung der beiden Gruppen von Flüssigkeiten gegeneinander scheint nicht eindeutig. Kältemittel (Halogenkohlenwasserstoffe) werden den organischen Flüssigkeiten zugeordnet.

Gorenflo /204/ bestätigt den von Stephan gefundenen Unterschied der Werte von n_q für das Sieden an Platten bzw. an Rohren nicht. Er übernimmt jedoch den von Stephan angegebenen Exponenten n_R = 0,133 für den Einfluß der Rauhigkeit.

Tabelle 2/03 Exponenten der Siedecharakteristik nach Angaben verschiedener Autoren

Quelle, Autor	Heizfläche, Material	Fluide	red. Druck π	n_q, n_R	$\epsilon_{\Delta T}$; ϵ_R
/201/ Stephan 1964	Platten, Rohre, Cu	H_2O, R11	$0{,}006 \leq \pi \leq 0{,}07$	Platten: $n_q = 0{,}8$ $n_R = 0{,}133$ Rohre: $n_q = 0{,}7$ $n_R = 0{,}133$	$\epsilon_{\Delta T} = 5$ $\epsilon_R = 0{,}667$ $\epsilon_{\Delta t} = 3{,}333$ $\epsilon_R = 0{,}444$
/202/ Abdelsalam 1977	Platten, Rohre, Drähte div. Metalle	div. Fluide	$\pi_{tri} \leq \pi \leq 1$	$n_q = 0{,}674$, Mittelwert n_R nicht eindeutig	$\epsilon_{\Delta T} = 3{,}07$ —
/204/ Gorenflo in VDI-W.A. 1984	Platten, Rohre	org. Fluide, SF_6, NH_3 tiefsiedende Fl., H_2O	$\pi_{tri} \leq \pi \leq 1$	$n_q = 0{,}9 - 0{,}3\,\pi^{0,3}$ $n_R = 0{,}133$ $n_q = 0{,}9 - 0{,}3\,\pi^{0,15}$ $n_R = 0{,}133$	$\epsilon_{\Delta T} = \frac{1}{0{,}1 + 0{,}3\,\pi^{0,3}}$ $\epsilon_R = \frac{0{,}133}{0{,}1 + 0{,}3\,\pi^{0,3}}$ $\epsilon_{\Delta T} = \frac{1}{0{,}1 + 0{,}3\,\pi^{0,15}}$ $\epsilon_R = \frac{0{,}133}{0{,}1 + 0{,}3\,\pi^{0,15}}$
/205/ Danilowa 1973	Rohre, Cu	Kältemittel	$0{,}25 \leq \pi \leq 0{,}5$	$n_q = 0{,}75$ $n_R = 0{,}2$	$\epsilon_{\Delta T} = 4$ $\epsilon_R = 0{,}8$
/206/ Nishikawa 1982	Platten. Cu	Kältemittel	$0{,}03 \leq \pi \leq 0{,}98$	$n_q = 0{,}8$ $n_R = 0{,}2(1 - \pi)$	$\epsilon_{\Delta T} = 5$ $\epsilon_R = (1 - \pi)$
/208/ Fedders 1971	Rohre, rostfreier Stahl	H_2O	$0{,}007 \leq \pi \leq 0{,}67$	$0{,}76 \geq n_q \geq 0{,}63$ $0{,}133 \leq n_R \leq 0{,}10$	$4{,}2 \geq \epsilon_{\Delta T} \geq 2{,}7$ $0{,}55 \geq \epsilon_R \geq 0{,}36$
/209/ Tanes • 1974	Platten,	Kältemittel	$0{,}003 \leq \pi \leq 0{,}9$	$0{,}6 \leq n_q \leq 0{,}8$ $\lim_{\pi \to \pi_{tri}} n_R = 0$	$2{,}5 \leq \epsilon_{\Delta T} \leq 5$

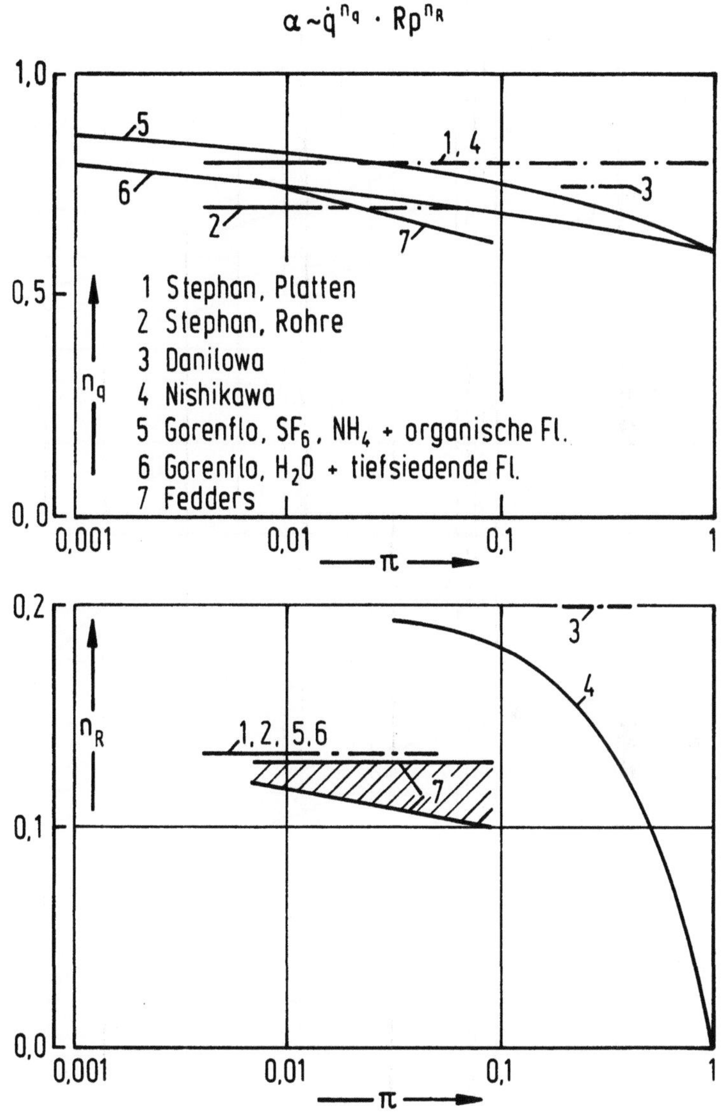

Bild 2-01 Exponenten n_q, n_R der Gleichung 2.46 nach Untersuchungen verschiedener Autoren

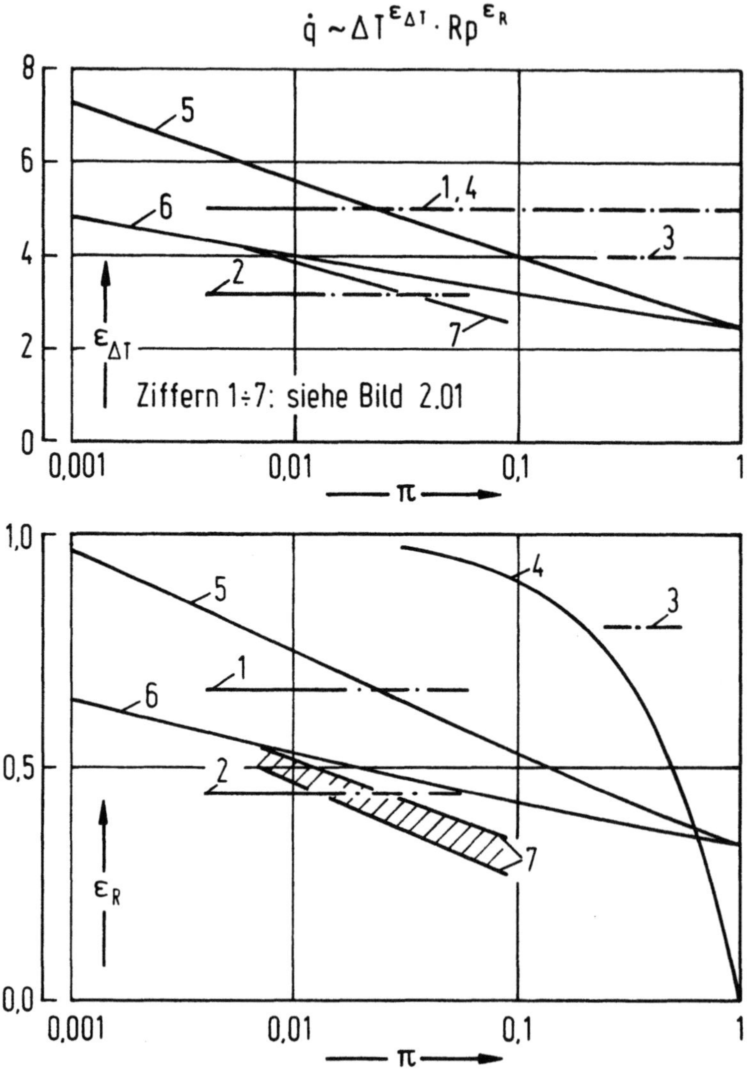

Bild 2-02 Exponenten $\epsilon_{\Delta T}$, ϵ_R der Siedekennlinie (ΔT; $\dot{q}$), nach Gl. 2.48 berechnet aus den Exponenten n_q, n_R verschiedener Autoren; Ziffern 1 bis 7 wie in Bild 2-01!

Bemerkenswert ist, daß die beiden neueren, etwa gleichzeitig publizierten Untersuchungen von Gorenflo /204/ und Nishikawa /206/ für Halogenkohlenwasserstoffe zu verschiedenen Ergebnissen kommen. Nishikawa findet für n_q den konstanten Wert $n_q = 0{,}8$ bis zum Kritischen Druck, Gorenflo eine Abnahme von n_q mit steigendem reduziertem Druck (Gl. 2.50a,b). Hinsichtlich n_R hat Gorenflo den konstanten Wert $n_R = 0{,}133$ von Stephan als brauchbar übernommen, während Nishihawa in speziellen Meßreihen die Funktion findet:

$$n_R = 0{,}2\ (1 - p/p_c)\ , \tag{2.50}$$

welche von $n_R \simeq 0{,}2$ bei kleinen reduzierten Drücken zum Kritischen Punkt hin abnimmt.

Die von verschiedenen Autoren angegebenen Exponenten n_q und n_R, beziehungsweise die hieraus nach Gl. 2.48 bestimmten Exponenten $\epsilon_{\Delta T}$ und ϵ_R, sind in Tabelle 2/03 zusammengestellt und in Bild 2-01 und 2-02 über dem reduzierten Siededruck $\pi = p_L/p_c$ aufgetragen. Es erscheint plausibel, daß in der Nähe des Kritischen Punktes der Einfluß der Wandrauhigkeit verschwindet, da hier die Keimbildungsenergie sehr gering wird und, im Gegensatz zum überwiegenden Teil des unterkritischen Bereichs, homogene Keimbildung sowie Dichtefluktuationen in der Flüssigkeit einen wesentlichen Beitrag zum Sieden leisten können.

Die Unterschiede der angegebenen Werte der Exponenten sind sicher auch darauf zurückzuführen, daß gleiche Werte der Glättungstiefe geschmirgelter Oberflächen noch keineswegs gleiche Oberflächenstruktur, vor allem nicht gleiche Dichte aktiver Keimstellen gewährleisten, vgl. hierzu Abschnitt 6.1..

Die nach den empirischen Gleichungen der genannten Autoren /201/ bis /206/ für verschiedene Flüssigkeiten (H_2O, NH_3, R12) berechneten Siedecharakteristiken liegen teilweise weit auseinander. Eine relativ gute Übereinstimmung ergibt sich zwischen den Gleichungen von Gorenflo im VDI Wärmeatlas /204/ und von Nishikawa /206/, obwohl die Siedekennlinien nach Nishikawa i.a. steiler verlaufen, (größerer Wert von $\epsilon_{\Delta T}$). Diese relativ gute Übereinstimmung gilt auch für Wasser und bei hohem reduzierten Druck, obwohl Nishikawa seine Gleichung nur aus Messungen an Kältemitteln gewonnen hat. Der niedrigere Wert des Exponenten n_R des Rauhigkeitseinflusses nach Stephan /201/ ist für niedrige reduzierte Drücke möglicherweise experimentell besser belegt als der Wert nach /206/. Die Abnahme zum Kritischen Druck hin, wie von Nishikawa vorgeschlagen, erscheint plausibel, da einerseits der Benetzungsrandwinkel γ zum Kritischen Punkt hin gegen Null geht, andererseits auch die homogene Keimbildungsarbeit. Damit ist die von Heizflächeneigenschaften unabhängige Rate der homogenen Keimbildung nahe dem Kritischen Punkt sehr groß und bestimmt den Wärmeübergang.

Die Gleichungen von Stephan /201/ wurden aus Messungen bei niedrigen Drücken gewonnen. Ihre Anwendung für sehr hohe Werte des reduzierten Drucks liefert viel geringere Wärmeübergangskoeffizienten als die Gleichungen von Gorenflo in /204/ und von Nishikawa /206/. Da die Gültigkeit einer Korrelation eines vollständigen Satzes stoffwertabhängiger Kennzahlen nicht auf einen relativ kleinen Druckbereich begrenzt ist, ist anzunehmen, daß vor allem die Verringerung der Zahl der relevanten Kennzahlen in /201/ nicht für Zustände weit außerhalb des untersuchten Bereichs übernommen werden kann.

Bier und Mitarbeiter haben aus Tastschnittmessungen von Oberflächenprofilen Größenverteilungen von Vertiefungen und mit der aus Wärmeübergangsmessungen ermittelten Keimstelldichten verglichen /111/, /112/. Auf diese Weise wird der Einfluß der Oberflächenstruktur auf den Wärmeübergang beim Sieden differenzierter beschrieben, als durch den Einfluß der Glättungstiefe allein. Bei Rauhigkeitsstrukturen mit kraterförmigen Vertiefungen ohne Vorzugsrichtung läßt sich aus einer Tastschnittmessung evtl. auf die Flächendichte bzw. Größenverteilung der Vertiefungen schließen. Bei linienförmigen oder geordneten Vertiefungen wie Gewinderillen, Hobelriefen, etc. sind hierfür mindestens zwei zueinander senkrechte Tastschnitte erforderlich, vgl. auch Abschnitt 6.1.. Bisher sind keine empirischen Beziehungen oder Berechnungsmodelle bekannt, um aus differenzierten Beschreibungen des Oberflächenprofils die Siedecharakteristik genauer zu berechnen als aus dem Wert R_p der Glättungstiefe.

3. Blasen im Gleichgewicht

Eine Blase ist ein Dampf- oder Gasvolumen, das von einer oder mehr kondensierten Phasen, davon mindestens einer Flüssigkeit, eingeschlossen ist. Verschiedene Erscheinungsformen von Blasen zeigt Bild 3-01; beim Sieden treten freie (a), haftende (b), und gefangene (trapped) (d, e) Dampfblasen auf. Blasen sind durch die Eigenschaften der in ihnen enthaltenen Dampf- oder Gasphase, der sie begrenzenden flüssigen und ggf. festen Phasen, der dabei auftretenden Phasengrenzflächen, durch ihr Volumen und durch ihre Gestalt gekennzeichnet.

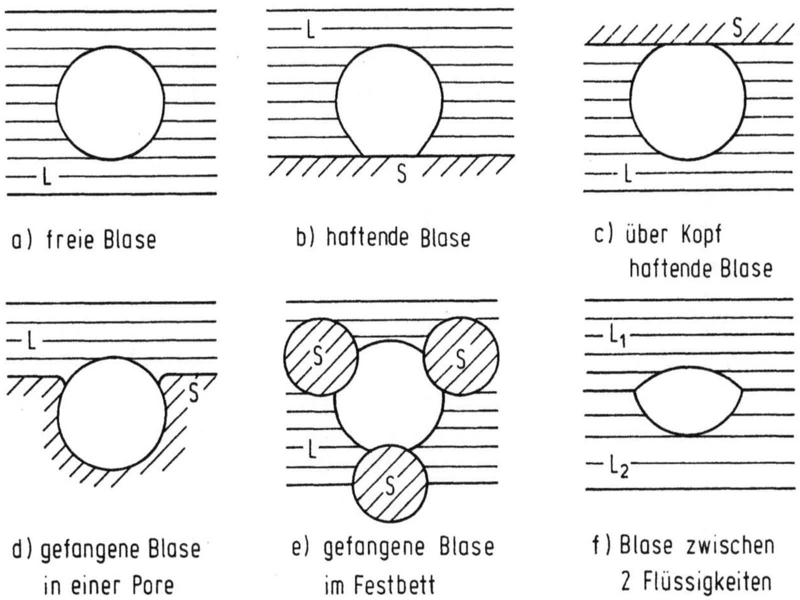

Bild 3-01 Erscheinungsformen von Blasen

Bildung, Wachstum und Ablösung von Dampfblasen beim Sieden sind einerseits durch den Siedezustand, d.h. durch die Nähe zum Phasengleichgewicht zwischen Dampf und Flüssigkeit mit den dabei auftretenden stochastischen Fluktuationen von Energie und Masse, andererseits durch makroskopische Transportvorgänge, Konvektion und Wärmeleitung, bestimmt.

Die drei Schwellen der Blasenbildung,

- die Neubildung überkritischer, d.h. spontan weiter wachsender Dampfvolumina oder Dampfkeime,
- das Herauswachsen von Keimblasen aus ihren Keimstellen (Aktivierung von Keimblasen) und
- die Ablösung von Blasen von einer Heizfläche, bzw. die Teilung haftender Blasen in je eine abgelöste, freie Blase und einen haftenden Dampfrest,

sind durch labile Gleichgewichtszustände der Blasenkeime oder Blasen bzw. durch ensprechende Maxima der freien Energie gekennzeichnet. Deshalb werden in diesem 3. Kapitel Bedingungen und Grenzen der Existenz von Dampfblasen in - teilweise labilen - thermodynamischen und mechanischen Gleichgewichten und die daraus folgenden Voraussetzungen für die Entstehung von Keimen, für spontanes Wachstum von Keimblasen in überhitzten Flüssigkeiten sowie für die Ablösung haftender Blasen betrachtet.

Ausgehend von der reversiblen Arbeit zur Bildung von Dampfblasen und -keimen wird im folgenden 4. Kapitel die Wahrscheinlichkeit der Bildung von Blasenkeimen in überhitzten Temperaturgrenzschichten und an Heizflächen, bzw. an energetisch begünstigten Keimstellen, beschrieben. Blasenwachstum und -ablösung unter der Mitwirkung der Transportmechanismen Konvektion und Wärmeleitung werden im 5. Kapitel behandelt.

3.1. Phasengrenzflächen

Die exakte Definition der Lage und Eigenschaften einer Phasengrenze wird dadurch erschwert, daß die Phasengrenze keine eindeutig lokalisierte Fläche ist, sondern eine Schicht von der Dicke einiger Moleküldurchmesser, innerhalb deren die makroskopischen Eigenschaften wie Dichte, Konzentration und Viskosität von denjenigen einer Phase in die der anderen übergehen. Phasengrenzen werden häufig durch "Exzesseigenschaften" gekennzeichnet, welche man mit der Annahme erhält, daß eine Grenzfläche zwei Phasen mit jeweils homogenen Eigenschaften, insbesondere homogenen Dichten, scharf trennt und daß diese Fläche spezifische Eigenschaften aufweist, welche zusammen mit den Eigenschaften der Phasenvolumina die Eigenschaften eines Zwei- oder Mehrphasensystems bestimmen. Der Phasengrenze wird dabei kein eigenes Volumen und bei Einstofffluiden keine eigene Masse zugeordnet.

Abweichungen von der Annahme einer die Phasen eindeutig und scharf trennenden Phasengrenze, insbesondere die Unterscheidung der zwei Phasen jeweils homogener Dichte trennenden Grenzfläche von der Wirkungsfläche der Grenzflächenspannung, bleiben hier außer Betracht, da sie nur bei sehr starker Krümmung der Phasengrenze, d.h. bei sehr kleinen Krümmungsradien oder in nächster Nähe des kritischen Punktes in Erscheinung treten. Ebenso bleiben hier die Deformation und die Vergrößerung der Phasengrenze durch Kapillarwellen unberücksichtigt, sowie die Abhängigkeit der Grenzflächen- bzw. der Oberflächenspannung vom Krümmungsradius, welche nur bei sehr kleinen Krümmungsradien in der Größenordnung weniger Moleküldurchmesser relevant ist.

3.1.1. Flüssigkeitsoberflächen

Grenzflächen zwischen einer Flüssigkeit und einer gasförmigen Phase zeigen das Bestreben, sich zu verkleinern. Dies wird durch die Grenzflächenspannung σ_{LV} der Grenzfläche zwischen Flüssigkeit und Dampf- bzw. Gasphase, die Oberflächenspannung der Flüssigkeit, gekennzeichnet. Sie ist die Arbeit zur isothermen, reversiblen Bildung der Phasengrenzfläche A_{LV} bzw. deren freie Energie bezogen auf die Flächeneinheit; sie ist eine thermodynamische Zustandsgröße der Phasengrenze /301, Vol. 1, S. 10 ff/.

$$\sigma_{LV} = (\partial W/\partial A_{LV})_{T,p,v} \tag{3.01}$$

Zur Erzeugung der Phasengrenzfläche A_{LV} bei konstanten Werten von Druck, Volumen, Temperatur und stofflicher Zusammensetzung der Phasen ist die Arbeit

$$W_A = A_{LV}\, \sigma_{LV} \tag{3.02}$$

erforderlich. Die Oberflächenspannung σ_{LV} ist wegen der geringen Kompressibilität von Flüssigkeiten gegen Änderungen des Druckes und gegen die Wirkung von Inertgasen, wie Edelgase, Stickstoff etc., i.a. relativ unempfindlich. Soweit nicht anders gesagt, ist hier σ_{LV} der Wert bei Sättigung, d.h. im Phasengleichgewicht zwischen der Flüssigkeit und ihrem Dampf bei der herrschenden Temperatur und bei vernachlässigbarer Krümmung der Phasengrenze. Meßwerte, die bei gleicher Temperatur unter einer Inertgasatmosphäre und bei schwach gekrümmten Grenzflächen gewonnen wurden, sind oft in guter Näherung für σ_{LV} bei Sättigung verwendbar; Inertgase sind hier Stoffkomponenten, deren Anteil in der flüssigen Phase sich physikalisch und chemisch nicht bemerkbar macht und die an der Phasengrenze nicht angereichert (adsorbiert) werden, die jedoch in der Dampf- bzw. Gasphase einen merklichen Partialdruck aufweisen können.

Die Temperaturabhängigkeit der Oberflächenspannung bei konstantem Druck kann nur mit Hilfe einer Inertgasatmosphäre gemessen werden, d.h. in einem Zweistoffsystem. Messungen in Zweiphasen-Einstoffsystemen sind praktisch nur bei Sättigung möglich, d.h. bei mit der Temperatur variablem Druck.

Die Annahme

$$(\partial\sigma_{LV}/\partial p)_T < (d\sigma_{LV}/dT)_{sat}/(dp/dT)_{sat} \qquad (3.03)$$

erscheint wegen der geringen Kompressibilität von Flüssigkeiten in einigem Abstand vom kritischen Punkt berechtigt; eine experimentelle Prüfung ist nicht bekannt.

Adsorption an der Grenzfläche und nichtideales Verhalten von Mehrstoffsystemen werden zunächst nicht berücksichtigt; damit gilt:

$$(\partial\sigma_{LV}/\partial A)_{p,T} = 0$$

Folgende thermodynamischen Zustandsgrößen der Flüssigkeitsoberfläche, bezogen auf die Flächeneinheit, lassen sich experimentell bestimmen:

Die Gibbs-Energie (freie Enthalpie) der Oberfläche

$$\sigma_{LV} = G_{LV}/A_{LV} = (\partial G_{LV}/\partial A_{LV})_{p,T} \qquad (3.04)$$

die Oberflächenenthalpie

$$\Sigma_{LV} = \sigma_{LV} - T\,(\partial\sigma_{LV}/\partial T)_p = H_{LV}/A_{LV} = (\partial H_{LV}/\partial A_{LV})_{p,T} \qquad (3.05)$$

und die Oberflächenentropie

$$s_{LV} = S_{LV}/A_{LV} = \partial S_{LV}/\partial A_{LV} = -\,(\partial\sigma_{LV}/\partial T)_p \qquad (3.06)$$

Falls die Oberflächenspannung nur für Phasengleichgewicht bzw. Sättigung bekannt ist, kann statt des Temperaturkoeffizienten $(\partial\sigma_{LV}/\partial T)_p$ der Isobaren, bzw. $(\partial\sigma_{LV}/\partial T)_{v',v''}$ der Isochoren, hilfsweise der Temperaturkoeffizient bei Sättigung $(\partial\sigma_{LV}/\partial T)_{sat}$ verwendet werden, vgl. Gl. 3.03. Dann gilt näherungsweise statt der Gleichungen 3.05 und 3.06:

$$\Sigma_{LV} \simeq \sigma_{LV} - T(d\sigma_{LV}/dT)_{sat} \qquad (3.07)$$

$$s_{LV} \simeq -\,(d\sigma_{LV}/dT)_{sat} \qquad (3.08)$$

Da die Grenzfläche als solche definitionsgemäß kein Volumen besitzt und keine Volumenänderung erfährt, sind die innere Energie und die Enthalpie der Phasengrenzfläche identisch. Die Zustandsgrößen der Oberflächen können als Exzessgrössen gegenüber dem Inneren der flüssigen Phase verstanden werden.

Für eine Betrachtung nach der Theorie der übereinstimmenden Zustände läßt sich unter Annahme kubischer Packung der Moleküle in der Flüssigkeit eine molare Oberfläche a_{mol} definieren, die ein kmol Moleküle in einer monomolekularen Oberflächenschicht von der Dicke des mittleren Molekülabstandes b enthält, vgl. /301/:

$$b = \left(\frac{M_{mol}}{d_L \, N_{mol}}\right)^{1/3} \tag{3.09}$$

$$a_{mol} = \frac{M_{mol}}{d_L \, b} \tag{3.10}$$

Hierin ist M_{mol} die Molmasse des Stoffes, N_{mol} die Loschmidt-Zahl und d_L die Dichte der Flüssigkeit. Die "molare" Oberflächenspannung ist definiert durch:

$$\sigma_{LV,mol} = \sigma_{LV} \, a_{mol} \tag{3.11}$$

Die Oberflächenspannung σ_{LV} eines Fluids fällt mit steigender Temperatur monoton und verschwindet am Kritischen Punkt.

$$\lim_{T \to T_c} \sigma_{LV} = 0$$

Der Einfluß des Krümmungsradius R der Phasengrenze auf die Werte von σ_{LV}, Σ_{LV} und s_{LV} ist vernachlässigbar, wenn $b/R \ll 1$ ist.

3.1.2. Verhältnisse an der Dreiphasenlinie

Beim Sieden an Heizflächen und bei der Blasenbildung an festen Oberflächen sind außer Grenzflächen Flüssigkeit-Dampf auch Grenzflächen Festkörper-Flüssigkeit und Festkörper-Dampf beteiligt. Diese Grenzflächen weisen spezifische freie Energien auf, welche als ihre Grenzflächenspannungen σ_{SL} und σ_{SV} analog zu σ_{LV} bezeichnet werden; σ_{SL} und σ_{SV} lassen sich getrennt nicht ohne weiteres experimentell bestimmen.

Unvollständig benetzende Flüssigkeiten bilden auf homogenen, glatten Oberflächen an der Dreiphasenlinie Festkörper-Flüssigkeit-Dampf (bzw. -Gas) im Ruhezustand einen Gleichgewichts-Randwinkel $\gamma = \gamma_{eq}$ der Flüssigkeit aus. Dieser kennzeichnet das Verhältnis zwischen σ_{LV}, σ_{SL} und σ_{SV} nach Art eines Kräftegleichgewichtes tangential zur Festkörperoberfläche, welches durch die Gleichung von Young beschrieben wird, Bild 3-02:

$$\sigma_{SV} - \sigma_{SL} = \sigma_{LV} \cos\gamma \qquad (3.12)$$

Die Benetzungsspannung ($\sigma_{SV} - \sigma_{SL}$) läßt sich nach Gl. 3.12 aus den statisch meßbaren Größen σ_{LV} und γ bestimmen.

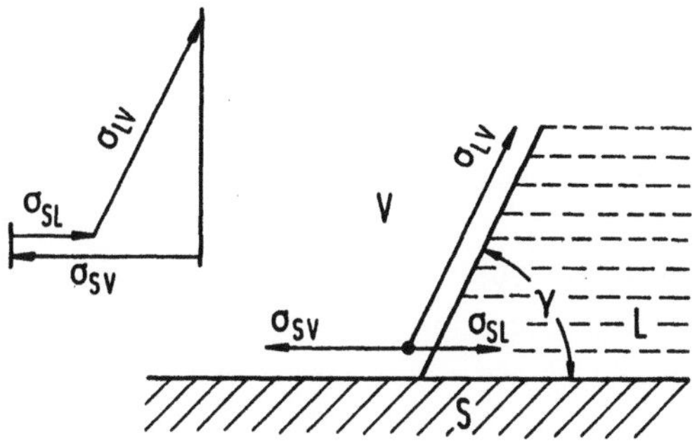

Bild 3-02 Darstellung der Young'schen Gleichung durch ein tangentiales Kräftegleichgewicht an der Dreiphasenlinie.

Eine Flüssigkeit benetzt einen bestimmten Festkörper vollständig, d.h. sie spreitet spontan über die Festkörperoberfläche, wenn sie den Randwinkel $\gamma = 0$ bildet; der Festkörper heißt "vollständig benetzt". Entsprechend spricht man in Fällen von $0 < \gamma < 90°$ von unvollständiger Benetzung und in Fällen von $90° \leq \gamma < 180°$ von Nichtbenetzung, oder man nennt die Festkörper in Fällen von $90° < \gamma$ lyophob.

Ein Beispiel für den beobachteten Zusammenhang (σ_{LV}; γ) ist in Abb. 3-03 für Polytetrafluorethylen (PTFE) und verschiedene reine (Einstoff-) Flüssigkeiten gegeben (nach /304/). Wenn der Zusammenhang (σ_{LV}; γ) sich wie in Bild 3-03 durch eine Kurve oder Funktion beschreiben läßt, liefert die Young'sche Gleichung 3.12 die Möglichkeit, eine kritische Oberflächenspannung der Benetzung aus Randwinkelmessungen mit verschiedenen, reinen, unvollständig benetzenden Flüssigkeiten bekannter Oberflächenspannung σ_{LV} durch Extrapolation der erhaltenen Kurve (γ; σ_{LV}), der Isotensosoliden, auf den Fall $\gamma \geq 0$, $\gamma \rightarrow 0$, zu bestimmen /303/.
Für den Grenzfall $\gamma \rightarrow 0$ wird angenommen:

$$\lim_{\gamma \to 0} \sigma_{SL} = 0; \quad \lim_{\gamma \to 0} \sigma_{LV} = \sigma_{SV} = \sigma_S \qquad (3.13)$$

D.h. die kritische Oberflächenspannung der Benetzung $\lim_{\gamma \to 0} \sigma_{LV}$ eines Festkörpers wird als seine Festkörperoberflächenspannung σ_{SV} interpretiert; sie eignet sich als Maßgröße seiner Benetzbarkeit. Soweit Messungen an Luft oder unter Inertgas durchgführt werden, wird dabei angenommen, daß σ_{SV} von der Art der Dampf- oder Gasphase nicht beeinflußt wird; zwischen Dispersions- und polaren Anteilen der Wechselwirkungskräfte wird in /303/ nicht unterschieden.

Die Untersuchungen in /303/ und /304/ wurden überwiegend in Luft bei Umgebungsdruck, d.h. unter einem Inertgas, durchgeführt, doch wird angenommen, daß der Einfluß der Atmosphäre vernachlässigbar sei, so daß:

$$\sigma_S \cong \sigma_{SV}; \quad \sigma_L \cong \sigma_{LV}$$

nur Eigenschaften des Festkörpers bzw. der Flüssigkeit sind.

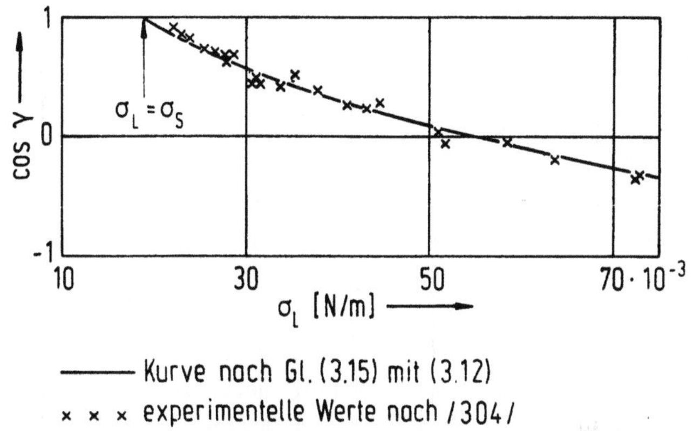

Bild 3-03 Isotensosolide von PTFE zur Bestimmung der kritischen Oberflächenspannung der Benetzung nach /304/, Meßwerte an Luft bei Umgebungsdruck und bei T = 20°C

Aus einer Vielzahl von Randwinkel- und Oberflächenspannungsmessungen fanden Driedger, Neumann und Sell /304/ für niedrige Festkörperoberflächenspannungen σ_{SV}, $\sqrt{\sigma_{SV}\,\sigma_{LV}} < 0{,}067$ N/m, und für unvollständige Benetzung $\sigma_{SL} > \sigma_{SV}$, daß die Grenzflächenspannung zwischen Festkörper und Flüssigkeit, weitgehend unabhängig von der speziellen Art der zwischenmolekularen Kräfte, einer "grenzflächenenergetischen Zustandsgleichung", gehorcht. Diese lautet in der hier verwendeten Schreibweise:

$$\sigma_{SL} = \frac{(\sqrt{\sigma_{SV}} - \sqrt{\sigma_{LV}})^2}{1 - 15\;10^{-3}\;(\mathrm{m/N})\sqrt{\sigma_{SV}\;\sigma_{LV}}} \tag{3.14}$$

In Gl. 3.14 ist die Einheit des Faktors des 2. Gliedes im Nenner

$$\mathrm{cm/dyn} = 10^{-3}\ \mathrm{m/N} = 10^{-3}\ \mathrm{s^2/kg}$$

mit Rücksicht auf die Dimensionsgerechtigkeit gegenüber /304/ ergänzt. Gleichung 3.14 läßt sich auch in der Form schreiben:

$$\sigma_{SL} = \frac{(\sqrt{\sigma_{SV}} - \sqrt{\sigma_{LV}})^2}{1 - \sqrt{\sigma_{SV}\;\sigma_{SL}}/(0{,}0667\ \mathrm{N/m})} \tag{3.15}$$

Für große Werte $\sqrt{\sigma_{LV}\,\sigma_{SV}}$ > 0,067 N/m und $\sigma_{LV} > \sigma_{SV}$ gilt nach /304/ die Antonow'sche Regel.

$$\sigma_{SL} = \sigma_{LV} - \sigma_{SV} \tag{3.16}$$

Zur Veranschaulichung und vereinfachten Handhabung des Zusammenhanges zwischen σ_{LV}, σ_{SV} und γ wurde in /305/ ein Nomogramm vorgestellt; es erlaubt in einfacher Weise, aus zwei der drei genannten Größen die dritte zu ermitteln und auch die aus der kapillaren Steighöhe einer Flüssigkeit einfach zu bestimmende Benetzungsspannung (σ_{SV} - σ_{SL}) nach Gl. 3.12 mit heranzuziehen, siehe Bild 3-04. Dabei werden die Kurvenäste der Isotensosoliden (σ_{LV}; σ_{SL}) für σ_{SV} = konstant nach den Gln 3.14 bzw. 3.16 nach dem Vorschlag der Autoren in der Umgebung der Unstetigkeit von Gl. 3.14 bei $\sqrt{\sigma_{SV}\,\sigma_{LV}} = 66{,}7\ 10^{-3}$ N/m knickfrei miteinander verbunden.

Die Geltung von Gl. 3.14 ist nicht für Systeme gesichert, in denen spezifische Wechselwirkungen zwischen der Gas- bzw. Dampfphase und den Oberflächen von Flüssigkeit und Festkörper wie chemischen Reaktionen, Lösen, Quellen oder Adsorption auftreten. Die Grenzflächenspannungen werden als Eigenschaften der kondensierten Phasen aufgefaßt und die Indizes SV und LV durch S bzw. L ersetzt, vgl. Bild 3-04.

Die grenzflächenenergetische Zustandsgleichung soll unabhängig von der Temperatur gelten, doch scheint dies nicht gesichert, da die zu ihrer Aufstellung verwendeten Messungen überwiegend bei Umgebungstemperatur durchgeführt wurden. Zwar haben Meßergebnisse bei anderen Temperaturen nicht auf Widerprüche geführt, jedoch fehlt eine geschlossene Prüfung. Die unbekannte Natur der Konstanten $66{,}7\ 10^{-3}$ N/m in Gl. (3.16) mit der Einheit einer Oberflächenspannung und von der Größenordnung der Oberflächenspannung von Wasser ($\sigma_{LV} = 72{,}8\ 10^{-3}$ N/m bei Raumtemperatur) legt eine solche Prüfung nahe.

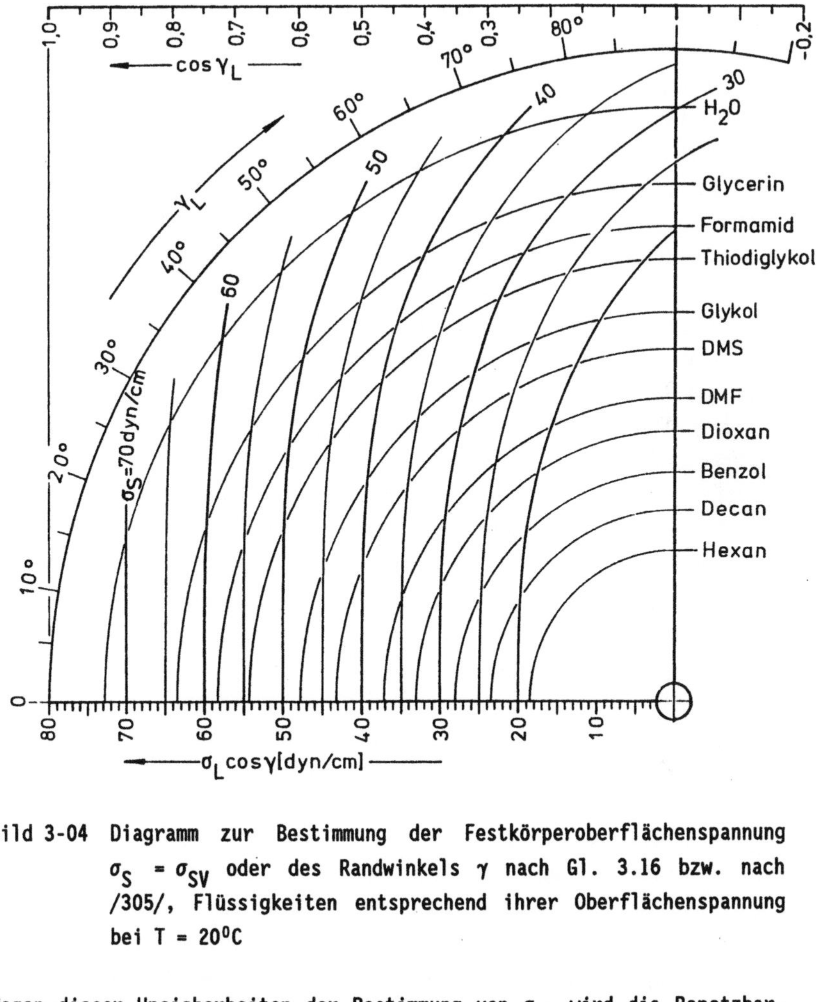

Bild 3-04 Diagramm zur Bestimmung der Festkörperoberflächenspannung $\sigma_S = \sigma_{SV}$ oder des Randwinkels γ nach Gl. 3.16 bzw. nach /305/, Flüssigkeiten entsprechend ihrer Oberflächenspannung bei T = 20°C

Wegen dieser Unsicherheiten der Bestimmung von σ_{SV} wird die Benetzbarkeit des Festkörpers im folgenden durch den meßbaren Randwinkel γ einer Flüssigkeit der Oberflächenspannung σ_{LV} statt durch die Festkörperoberflächenspannung σ_{SV} bzw. durch die kritische Oberflächenspannung der Benetzung gekennzeichnet. Die Gln. 3.15 und 3.16 gelten überdies nicht für Mischungen von Flüsssigkeiten und insbesondere nicht für Lösungen adsorbierbarer (grenzflächenaktiver) Stoffe.

An rauhen sowie an chemisch oder physikalisch inhomogenen, z.B. polykristallinen, festen Oberflächen weist der Randwinkel eine Hysterese auf, d.h. er nimmt beim Vorrücken einer Flüssigkeit auf der festen Oberfläche einen größeren Wert (Vorrückwinkel γ_v) an als beim Rückzug (Rückzugswinkel γ_r). Die Grenzwerte γ_v und γ_r des Randwinkels sind bei langsamer Bewegung der Dreiphasenlinie oft nahezu unabhängig von der Geschwindigkeit und ändern sich bei anschließendem Stillstand kaum (quasistatische Hysterese). Man schreibt der Festkörperoberfläche dann entweder eine mikroskopisch inhomogene Festkörperoberflächenspannung σ_{SV} bzw. eine inhomogene Benetzbarkeit zu, wobei der Vorrückwinkel durch die schlechter, der Rückzugswinkel durch die besser benetzbaren Flächenelemente bestimmt wird (Bild 3-05 a), oder man nimmt an, daß der Unterschied der beobachteten Randneigungswinkel dadurch zustande kommt, daß das Vorrücken und das Zurückweichen der Randlinie jeweils durch die in Bewegungsrichtung "fallenden" Flanken der Oberflächenstruktur bestimmt wird, Bild 3-05 b. Eine gute Möglichkeit zur Messung der quasistatischen Randwinkelhysterese bietet die Beobachtung eines liegenden Tropfens bei zunehmender Neigung der Auflagefläche bis zum Augenblick des Ablaufens, Bild 3-05 c.

Schnelle Verschiebungen der Dreiphasenlinie führen zu zusätzlichen Abweichungen des beobachteten Randwinkels vom Gleichgewichtsrandwinkel infolge der Trägheit und Viskosität der Flüssigkeit. Dabei stimmen u.U. der beobachtete, makroskopische und der physikalische, "mikroskopische" Randwinkel nicht überein. Dies gilt z.B. bei der Bildung einer Flüssigkeits-Mikroschicht unter schnell wachsenden Blasen, vgl. Abschnitt 4.2.1. An schnell wachsenden Dampfblasen beim Sieden von Wasser wurde beobachtet, daß der Randwinkel sich während des Wachstums ständig ändert und seinen geringsten Wert erreicht, wenn der Durchmesser des Blasenfusses am größten ist /306/, siehe hierzu Abschnitt 4.5..

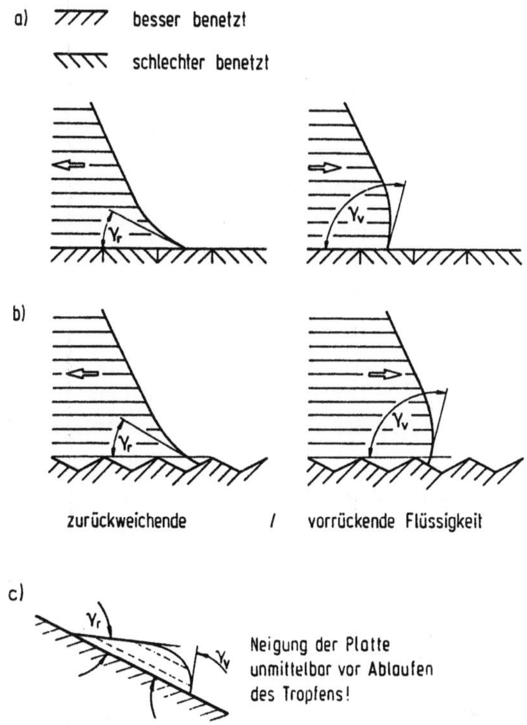

Bild 3-05 Randwinkelhysterese, dargestellt an einem Flüssigkeitstropfen,

a) an glatten inhomogenen Oberflächen,

b) an rauhen Oberflächen,

c) Beobachtung am ablaufenden Tropfen

Für reine Flüssigkeiten und Festkörper, die als technische Werkstoffe in Frage kommen, nimmt die Flüssigkeitsoberflächenspannung zum kritischen Punkt hin i.a. schneller ab, als die kritische Oberflächenspannung der Benetzung des Festkörpers, so daß mit steigender Temperatur der Gleichgewichtswinkel γ kleiner und die Benetzung besser wird. Deshalb verschwindet der Randwinkel vor Erreichen des Kritischen Punktes der Flüssigkeit , wenn $\sigma_{LV} \leq \sigma_{SV}$ wird.

$$\lim_{T \to T_c} \gamma = 0; \quad \lim_{T \to T_c} \partial\gamma/\partial T = 0$$

3.1.3 Phasengleichgewicht an gekrümmten Phasengrenzen

Das vollständige Gleichgewicht eines Zwei-Phasen-Systems ist gekennzeichnet durch

- das Gleichgewicht der Kräfte (statisches Gleichgewicht),
- homogene Temperatur und,
- Übereinstimmung des chemischen Potentials jeder Stoffkomponente in allen auftretenden Phasen, d.h.
- in Mehrstoffsystemen: Gleichgewichtsverteilung der Konzentrationen.

Die Transportvorgänge, die zum Gleichgewichtszustand führen, verlaufen unterschiedlich schnell, so daß oft eines der partiellen Gleichgewichte eher als die anderen ereicht ist. In fluiden Zweiphasensystemen stellt sich ein statisches Gleichgewicht oft vor dem thermischen und dem Konzentrationsgleichgewicht ein; die Phasengrenze zwischen Flüssigkeit und Dampf nimmt dann für die aktuellen Phasenvolumina die durch das Kräftegleichgewicht bestimmte Form an, bevor Wärmeleitung und ggf. Diffusion abgeschlossen sind.

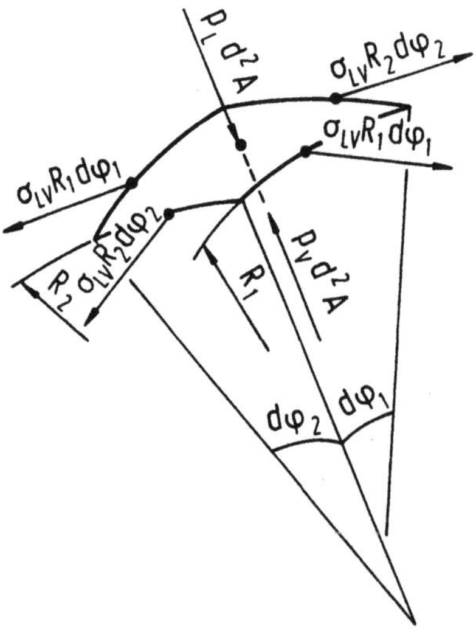

Flächenelement:

$$d^2A = R_1 R_2 d\varphi_1 d\varphi_2$$

Kräftebilanz normal:

$$p_V - p_L - \sigma_{LV}\left(\frac{1}{R_1} + \frac{1}{R_2}\right) = 0$$

Bild 3-06 Kräftegleichgewicht an einer gekrümmten Blasenoberfläche, ohne Gradienten der Oberflächenspannung

Im Kräftegleichgewicht wirkt auf die gekrümmte Phasengrenze eine Druckdifferenz, der Krümmungsdruck (vgl. Bild 3-06),

$$\Delta p_{L,V} = \sigma_{LV} (1/R_1 + 1/R_2) \tag{3.17}$$

wobei R_1 und R_2 die Hauptkrümmungsradien der Phasengrenze sind. Die Krümmung der Phasengrenze läßt sich durch den Krümmungsradius R der Kugelfläche gleicher Krümmung beschreiben:

$$2/R = 1/R_1 + 1/R_2 \tag{3.18}$$

$$\Delta p_{L,V} = 2\sigma_{LV}/R \tag{3.19}$$

Die Vorzeichen der Radien R_1, R_2 und R sind hier so definiert, daß positive Werte konvexe Oberflächen des Dampfvolumens, z.B. von Kugelblasen, und negative Werte konkave Oberflächen des Dampfvolumens bzw. konvexe Oberflächen der Flüssigkeit, wie bei Kugeltropfen oder bei Kapillardepression, kennzeichnen.

Im statischen Gleichgewicht an einer gekrümmten Phasengrenze sind nach Gl. 3.19 die Drücke in beiden Phasen verschieden. Bei Änderung der Krümmung bleibt das Gleichgewicht erhalten, solange für die spezifischen Gibbs-Energien beider Phasen gilt:

$$dg_V = dg_L \quad \text{mit} \quad dg = v\,dp - s\,dT \tag{3.20}$$

$$v_L\,dp_L - s_L\,dT_L = v_V\,dp_V - s_V\,dT_V \tag{3.21}$$

Für konstante Fluidtemperatur $T_L = T_V = T$ ist dann:

$$v_L\,dp_L = v_V\,dp_V \tag{3.22}$$

mit Gl. 3.20 und 3.21 folgt für isotherme Änderung des Blasenradius unter Phasengleichgewicht

$$\begin{aligned} d\Delta p_{L,V} &= d(2\sigma_{LV}/R) = dp_V - dp_L \\ &= (1 - v_V/v_L)\,dp_V \end{aligned} \tag{3.23}$$

Vernachlässigt man Dichteänderungen der Flüssigkeit und betrachtet den Dampf als ideales Gas, so gilt bei Änderung der Krümmung:

$$d\Delta p_{L,V} = 2\, d(\sigma_{LV}/R) = (1 - d_L\, \Re T/p_V)\, dp_V \qquad (3.24)$$

Die Integration ergibt, ausgehend vom Fall des Phasengleichgewichts (Sättigung) bei T_L an der ebenen Phasengrenze ($1/R = 0$),

$$\Delta p_{L,V} = 2\, \sigma_{LV}/R = p_V - p_{sat,T} - d_L\, \Re T \ln (p_V/p_{sat,T}) \qquad (3.25)$$

bzw. für kleine Druckdifferenzen $p_V - p_{sat} \ll p_{sat}$ näherungsweise mit dem ersten Glied der Reihenentwicklung für den Logarithmus

$$\Delta p_{L,V} = 2\, \sigma_{LV}/R = (1 - d_L/d_{V,sat,T})\, (p_V - p_{sat,T}) \qquad (3.26)$$

$$p_V - p_{sat,T} = - \Delta p_{L,V} \frac{d_{V,sat}}{d_L - d_{V,sat}} = - \frac{2\sigma_{LV}}{R} \frac{d_{V,sat}}{d_L - d_{V,sat}} \qquad (3.27)$$

und entsprechend für den Druck p_L der Flüssigkeit mit Gl. 3.22:

$$p_L - p_{sat,T} = - \Delta p_{L,V} \frac{d_L}{d_L - d_{V,sat}} = - \frac{2\sigma_{LV}}{R} \frac{d_L}{d_L - d_{V,sat}} \qquad (3.28)$$

Bei einem Dampfvolumen mit konvexer Oberfläche, z.B. einer kleinen Blase, sind demnach im Gleichgewicht sowohl p_L als auch p_V niedriger als bei Sättigung an der ebenen Phasengrenze bei gleicher Temperatur, jedoch weicht der Dampfdruck in einiger Entfernung vom Kritischen Punkt vom Sättigungssdruck sehr wenig ab, während der Flüssigkeitsdruck um nahezu den Wert des Krümmungsdrucks geringer ist. Für $d_V \ll d_L$, gilt:

$$p_V \simeq p_{sat,T} \qquad (3.29)$$

$$p_L \simeq p_{sat,T} - 2\sigma_{LV}/R \qquad (3.30)$$

Die Gleichungen 3.27 und 3.28 sind zwei spezielle Formen der Kelvin-Gleichung. Die Verhältnisse sind in Abb. 3-07 in einem p-v-Zustandsdiagramm dargestellt.

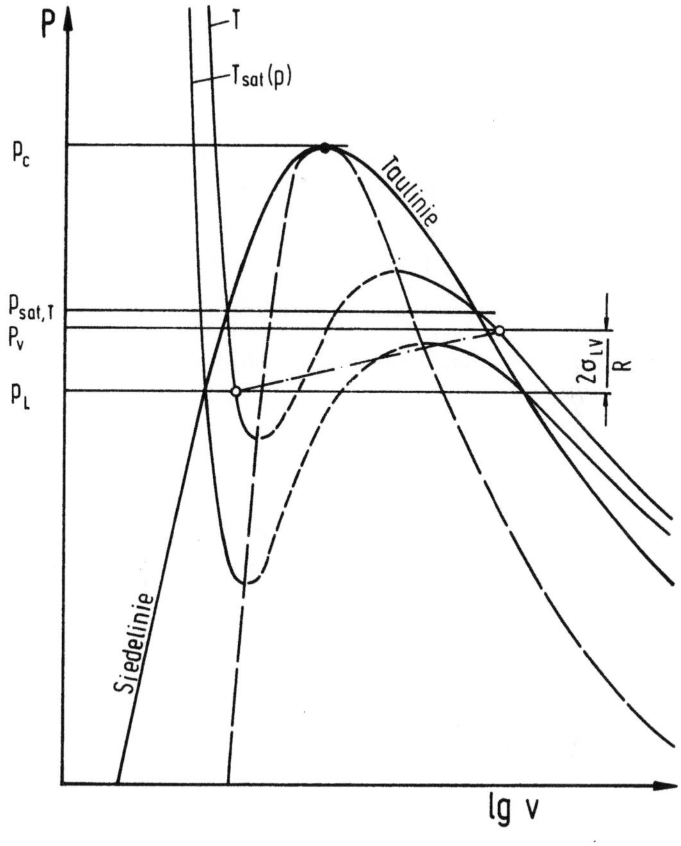

Bild 3-07 Darstellung des Phasengleichgewichts Dampf-Flüssigkeit an der gekrümmten Phasengrenze (Blasenoberfläche)

Da die Punkte (T; $p_{sat,T}$) und (T_{sat}; p_L) beide auf der Sättigungskurve (Siedelinie) des Fluids liegen, lassen sich die Temperaturdifferenz (Überhitzung)

$$\Delta T = T - T_{sat} \tag{3.31}$$

und die Druckdifferenz

$$2\sigma_{L,V}/R = \Delta p_{L,V} \simeq p_{sat,T} - p_L \quad (3.32)$$

einander zuordnen, am einfachsten durch einen linearen Ansatz mit der Steigung der Sättigungskurve der Flüssigkeit:

$$p_{sat,T} - p_L = \Delta T \, (dp/dT)_{sat} \simeq \Delta p_{L,V} \quad (3.33)$$

Dabei kann $(dp/dT)_{sat}$ als Steigung aus der Dampfdruckkurve entnommen oder nach der Gleichung von Clausius und Clapeyron bestimmt werden:

$$(dp/dT)_{sat} = \frac{\Delta h_{L,V}}{T\,(v_V - v_L)} \quad (3.34)$$

Mit Gl. 3.34 kann $(dp/dT)_{sat}$ z.B. für Sättigung bei p_L aus Stoffwerten ermittelt werden. Der lineare Ansatz, Gl. 3.33, liefert bereits bei technisch üblichen Überhitzungen erhebliche Fehler in der Bestimmung von p_V; so ergibt Gl. 3.33 für Wasser bei einer Überhitzung von 30°C bei p_L = 1 bar

$$\Delta p_{L,V} = 1{,}07 \text{ bar},$$

gegenüber dem Wert aus der Dampfdruckkurve (-tafel):

$$\Delta p_{L,V} = p_{sat,T} - p_L = 1{,}69 \text{ bar}$$

D.h. der lineare Ansatz liefert wesentlich zu geringe Werte von Δp bzw. zu hohe Werte von ΔT und ist für beim Sieden auftretende Überhitzungen oft zu ungenau. Leistungsfähiger, aber umständlicher zu handhaben, ist ein Ansatz auf der Basis der Clausius-Capeyron'schen Gleichung für ideales Verhalten des Dampfes bei Vernachlässigung des Volumens der Flüssigkeit,

$$[d(\ln p)/d(1/T)]_{sat} = K_h \, T_c = \text{konst.} \simeq - \Delta h_{L,V}/\Re T \quad (3.35)$$

$$\Delta p_{L,V} = p_L \left\{ \exp\left[\frac{\Delta h_{LV} \, \Delta T}{\Re T_{sat} (T_{sat} + \Delta T)} \right] - 1 \right\} \quad (3.36)$$

bzw.

$$\Delta T = T_{sat} \left[1 - \frac{\Re T_{sat}}{\Delta h_{L,V}} \ln (1 + \Delta p/p_L) \right]^{-1} \tag{3.37}$$

Dabei ist $\Re$ die Gaskonstante und K_h eine dimensionslose Stoffkenngröße nach Gl. 2.37. Für $\Delta h_{L,V}$ ist der Wert für tiefe Temperaturen nahe dem Tripelpunkt einzusetzen. Gl. 3.35 liefert für das obige Beispiel

$$\Delta p = 1{,}67 \text{ bar},$$

d.h. nahezu den Wert nach der Dampfdrucktafel. Da $[d(\ln p)/d(1/T)]_{sat}$ sich meist nur wenig mit der Temperatur des Fluids ändert, ist mit Gl. 3.35 näherungsweise:

$$\left[\frac{d(\ln p)}{d(1/T)}\right]_{sat} \simeq \frac{\ln(p/p_c)}{(1/T - 1/T_c)} = T_c \frac{\ln \pi}{(1/\tau - 1)} = K_h T_c \tag{3.38}$$

wobei τ, π die reduzierten Werte von Temperatur und Druck bei einem Sättigungszustand sind.

Bei bekanntem Krümmungsradius R ist $\Delta p_{L,V}$ durch Gl. 3.20 bzw. 3.32 bestimmt, jedoch kann der Wert der temperaturabhängigen Oberflächenspannung σ_{LV} zur Lösung von Gl. 3.37 mit Gl. 3.32 für einen gegebenen Blasenradius R nur iterativ ermittelt werden.

3.2. Freie Kugelblasen

Sehr kleine freie Blasen, $R_B \ll L$, haben nahezu Kugelform. Für eine Kugelblase sind beide Hauptkrümmungsradien einander gleich :

$$R_B = R_1 = R_2 = R$$

Der Druck in der Kugelblase ist damit nach Gl. 3.19 im statischen Gleichgewicht um

$$\Delta p_{L,V} = 2\sigma_{LV}/R_B$$

höher als in der angrenzenden Flüssigkeit, wobei die Oberflächenspannung näherungsweise den gleichen Wert wie bei Sättigung bei der herrschenden Temperatur T hat.

Die Umstellung von Gl. 3.28 gestattet zusammen mit den Gln. 3.33 oder 3.36, den Gleichgewichtsblasenradius $R = R_{B,eq}$ für bekannte Werte von p_L und T bzw. ΔT explizit zu bestimmen, jedoch nicht umgekehrt ΔT für bestimmte Werte von p_L und R_B, da die Oberflächenspannung σ_{LV} temperaturabhängig ist; diese Einschränkung ist für größere Werte der Überhitzung ΔT, insbesondere nahe dem Kritischen Punkt, von Bedeutung. Für kleine ΔT bzw. große R_B liefert eine Umstellung von Gl. 3.28 mit Gl. 3.33 für den Gleichgewichtsradius:

$$R_{B,eq} = \frac{2\sigma_{LV}}{\Delta T(dp/dT)_{sat}} \left[\frac{d_L}{d_L - d_V}\right]_{sat} \simeq \frac{2\,\sigma_{LV}}{\Delta T\,(dp/dT)_{sat}} \tag{3.39}$$

Mit der Clausius-Clapeyron'schen Gleichung 3.34 erhält man die Laplace-Gleichung (mit $d_L = 1/v_L$; $d_V = 1/v_V$):

$$R_{B,eq} = \frac{2\sigma_{LV}\,T\,v_V}{\Delta T\,\Delta h_{L,V}} = \frac{2\sigma_{LV}\,T}{\Delta T\,\Delta h_{L,V}\,d_V} \tag{3.40}$$

Sie liefert für die Blase im Gleichgewicht eine einfache reziproke Zuordnung von $R_{B.eq}$ und ΔT mit einem Faktor, der aus Stoffgrößen des Fluids beim Sättigungsstand (T_{sat}; p_L) gebildet ist.

Die lineare Näherung ist für mittlere und größere Überhitzungen bzw. für sehr kleine Blasenradien unzulänglich, ebenso die Bestimmung der Stoffwerte bei T_{sat}, insbesondere für Probleme der homogenen Blasenkeimbildung; dennoch wird sie für theoretische Untersuchungen oft herangezogen. Leistungsfähiger ist eine Näherung, welche die näherungsweise exponentielle Temperaturabhängigkeit des Sättigungsdampfdrucks nach Gl. 3.35 bzw. 3.36 berücksichtigt:

$$R_{B,eq} = \frac{2\sigma_{LV}}{p_L \left\{ \exp \frac{\Delta h_{LV}\, \Delta T}{\Re T_{sat}\,(T_{sat} + \Delta T)} - 1 \right\}} \qquad (3.41)$$

Der Differentialquotient $[d(\ln p)/d(1/T)]_{sat}$ kann oft als Stoffkonstante angesehen werden. Seine Substitution nach Gl. 3.35 ist hilfreich, wenn sein Wert, bzw. die Steigung der Sättigungskurve $(dp/dT)_{sat}$, nicht anders bestimmt werden kann.

Bild 3-08 zeigt die mit temperaturabhängigen Stoffwerten berechnete Abhängigkeit (ΔT; $R_{B,eq}$) für Wasser bei 1 bar, die lineare Näherung nach Gl. 3.39 und die exponentielle Näherung nach Gl. 3.41 sowie die mit Gl. 3.34 bzw. 3.36 errechneten Abhängigkeiten (ΔT; $\Delta p_{L,V}$) der Druckdifferenz von der Überhitzung. Gl. 3.41 ist im Bereich des technischen Siedens eine sehr gute Näherung für die Beziehung (ΔT; $R_{B,eq}$) bei Gleichgewicht.

Die Vernachlässigung der Abhängigkeit der Oberflächenspannung σ_{LV} von der Temperatur bzw. von der Überhitzung ist bei Überhitzungen ΔT, wie sie beim Sieden auftreten, i.a. weniger problematisch als die Linearisierung der Dampfdruckkurve nach den Gln. 3.33 und 3.34.

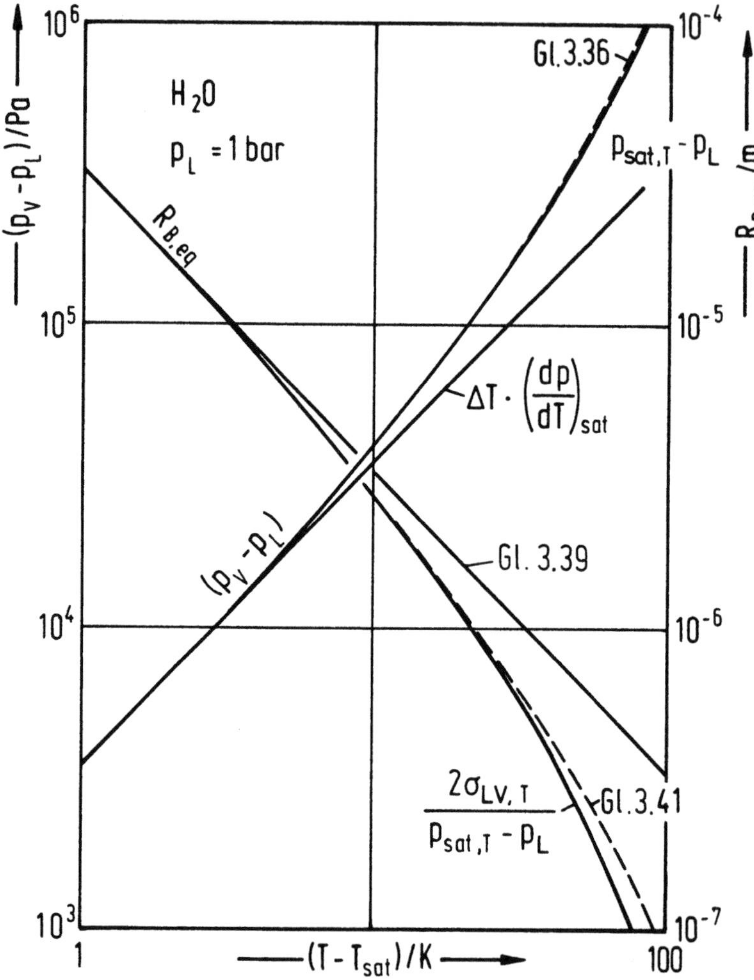

Bild 3-08 Druckdifferenz $\Delta p_{L,V} = p_V - p_L$ aus tabellierten Stoffwerten, bzw. in linearer Näherung nach Gl. 3.33 und in exponentieller Näherung nach Gl. 3.36 und Gleichgewichtsradius $R_{B,eq}$, berechnet aus tabellierten Werten des Dampfdruckes bei $T + \Delta T$, bzw. nach Gl. 3.39 und nach Gl. 3.41, aufgetragen über ΔT für siedendes Wasser bei 1 bar

Die Bildung einer Dampfblase in einer überhitzten Flüssigkeit ($p_L < p_{sat,T}$) erfordert die Arbeit, s. /405, Gl. 4/:

$$W_B = A_{LV}\,\sigma_{LV} + M_V\,(g_V - g_L) - M_V\,v_V\,(p_V - p_L) \qquad (3.42)$$

Mit der Annahme, der Dampf verhalte sich als ideales Gas, gilt für den Fall konstanter Temperatur $T_V = T_L = T$:

$$g_V - g_L = \Re T\,\ln(p_V/p_{sat,T}) - v_L\,(p_L - p_{sat,T}) \qquad (3.43)$$

bzw. für kleine Differenzen $p_V - p_{sat,T} \ll p_L$ näherungsweise

$$g_V - g_L \simeq v_V\,(p_V - p_{sat,T}) - v_L\,(p_L - p_{sat,T})$$

$$W_B = A_{LV}\,\sigma_{LV} + M_V(v_V - v_L)\,(p_L - p_{sat,T})$$

mit $v_L = 1/d_L$, $v_V = 1/d_V$:

$$W_B = A_{LV}\,\sigma_{LV} - M_V\,(p_{sat,T} - p_L)\,\left(\frac{1}{d_V} - \frac{1}{d_L}\right) \qquad (3.44)$$

Vernachlässigt man die Abweichung der Dampfdichte d_V von ihrem Wert $d_{V,sat,T}$ bei Sättigung und führt den Gleichgewichtsradius $R = R_{B,eq}$ ein, für den Gl. 3.26 mit dem Zustand (T; p_L) der überhitzten Flüssigkeit erfüllt ist,

$$R_{B,eq} = \frac{d_L}{d_L - d_V}\,\frac{2\sigma_{LV}}{p_{sat,T} - p_L} = \frac{2\sigma_{LV}}{p_V - p_L} \qquad (3.45)$$

mit der Dampfdruckdifferenz der überhitzten Flüssigkeit nach Gl. 3.26,

$$p_V - p_L = (p_{sat,T} - p_L)(1 - d_V/d_L) = 2\,\sigma_{LV}/R_{B,eq} \qquad (3.26a)$$

so erhält man für die Bildungsarbeit einer Blase:

$$W_B = A_{LV}\,\sigma_{LV} - M_V\,(p_V - p_L)/d_V$$

$$W_B = A_{LV}\,\sigma_{LV} - V_V\,(p_V - p_L) \tag{3.46}$$

Mit $\quad A_{LV} = 4\pi\, R_B^{\,2}; \quad V_V = 4\pi\, R_B^{\,3}/3$

ist die Bildungsarbeit einer Kugelblase vom aktuellen Radius R_B:

$$W_B = 4\pi\, R_B^{\,2}\,\sigma_{LV} - \frac{8}{3}\,\pi\, R_B^{\,3}\,\sigma_{LV}/R_{B,eq} \tag{3.47}$$

Gl. 3.47 ist in dimensionsloser Form in Abb. 3-09 wiedergegeben. Die Bildungsarbeit hat ihr Maximum bei $R_B/R_{B,eq} = 1$, wobei $R_{B,eq}$ nur von der Art und vom Zustand $(T;\ p_L)$, $T > T_{sat}$, der überhitzten Flüssigkeit abhängt.

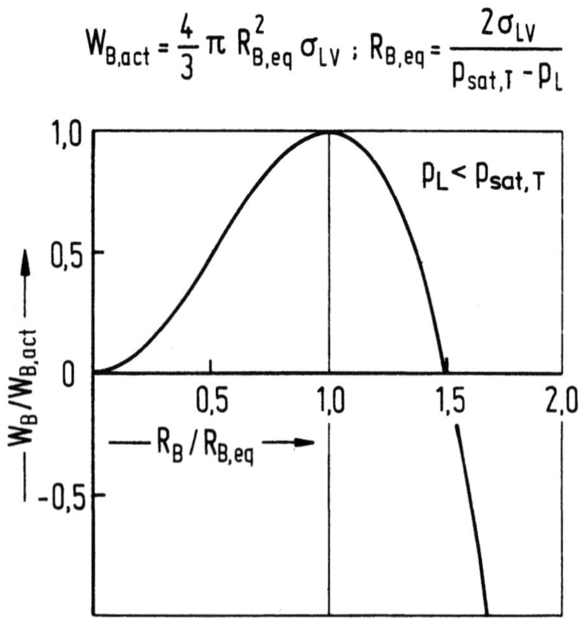

Bild 3-09 Blasenbildungsarbeit in Abhängigkeit vom Blasenradius in normierter Darstellung

Die Bildungsarbeit einer Blase vom Radius $R_{B,eq}$ in einer ausgedehnten überhitzten Flüssigkeit ist die Aktivierungsenergie der Blasenbildung

$$W_{B,act} = \frac{4\pi}{3} R_{B,eq}^{2} \sigma_{LV} = \frac{16\pi\, \sigma_{LV}^{3}}{3(p_V - p_L)^2} \tag{3.48}$$

mit $p_V \simeq p_{sat,T}$ für $d_V < d_L$, s. Gl. 3.32.

$W_{B,act}$ nimmt, ebenso wie der Gleichgewichtsradius $R_{B,eq}$, mit abnehmender Überhitzung ΔT bzw. mit abnehmender Druckdifferenz $(p_{sat,T} - p_L)$ des Fluids zu. Durch $W_{B,act}$ werden die Aktivierungsschwellen der Bildung von Dampfkeimen sowie des Wachstums von Dampfresten (Keimblasen) in Keimstellen einer Oberfläche charakterisiert; $W_{B,act}$ nimmt mit steigendem Siededruck p_L (steigender Sättigungstemperatur T_{sat}) und mit steigender Überhitzung ab und verschwindet am Kritischen Punkt.

Bei einer Temperatur $T > T_{sat}$ befindet sich eine Blase vom entsprechenden Radius $R_{B,eq}$ in einem labilen Gleichgewicht. Die Größe einer Blase ändert sich spontan, d.h. ohne Arbeitsleistung oder Wärmezufuhr von außen nur so , daß

$$dW_B/dt < 0, \tag{3.49}$$

Aus Bild 3-09 folgt: Größere Blasen mit Radien $R_B > R_{B,eq}$ wachsen spontan unter Wärmeentzug aus der überhitzten Flüssigkeit; kleinere Blasen mit Radien $R_B < R_{B,eq}$ kondensieren (kollabieren) und setzen Wärme frei.

In stark überhitzten Flüssigkeiten wird die Aktivierungsarbeit zur Neubildung von Dampfvolumina - Blasenkeimen - durch Energiefluktuationen innerhalb des Fluids aufgebracht. Bei existierenden (Keim-) Blasen erfolgen über- und Unterschreitungen von $R_{B,eq}$ durch Änderung der Temperatur oder des Drucks der Flüssigkeit, beim Sieden insbesondere durch instationäre Wärmeleitung von der Heizfläche.

3.3. Haftende Kugelblasen

Blasen können infolge von Grenzflächenkräften an Festkörpern haften; zu ihrer Ablösung ist in diesem Fall eine Arbeit erforderlich, die unter irdischen Bedingungen von der Schwerkraft geleistet wird (Auftrieb). Bei sehr kleinen Blasen, $R_B \ll L$ kann oft die Wirkung von Gravitation vernachlässigt und näherungsweise gleiche Krümmung $2/R_B$ der ganzen Blasenoberfläche angenommen werden. Eine an einer glatten, unvollständig benetzten Fläche haftende, sehr kleine Blase nimmt im statischen Gleichgewicht die Form eines Kugelabschnitts an, vgl. Bild 3-10 oben. Sehr kleine haftende Blasen können entweder durch heterogene Keimbildung spontan entstehen (Blasenkeime) oder als Dampfrest an einer Siedekeimstelle nach Ablösung einer größeren Blase zurückbleiben (Keimblasen). Für den Zusammenhang zwischen Überhitzung der Flüssigkeit und Gleichgewichtsradius $R = R_{B,eq}$ des verschiebbaren, freien Teils A_{LV} der Blasenoberfläche, bzw. für den Krümmungsdruck Δp gelten die Gln. 3.32 mit 3.33 bzw. 3.36. Die freie Energie einer haftenden Blase ist entsprechend Gl. 3.44,

$$W_B = A_{LV}\,\sigma_{LV} + A_{SV}\,(\sigma_{SV} - \sigma_{SL}) - M_V\,(p_{sat,T} - p_L)\,(1/d_V - 1/d_L) \tag{3.50}$$

bzw. unter Verwendung der Young'schen Gleichung 3.12 und von Gl 3.45 mit $\gamma = \gamma_{eq}$:

$$W_B = (A_{LV} + A_{SV}\cos\gamma)\,\sigma_{LV} - V_V\,2\sigma_{LV}/R_{B,eq} \tag{3.51}$$

Hierbei sind A_{LV} und A_{SV} die Phasengrenzflächen zwischen Dampf und Flüssigkeit bzw. Dampf und Festkörper.

3.3.1. Haftende Kugelblasen an ebenen Oberflächen

Für eine an einer ebenen Festkörperoberfläche haftende Blase in der Form eines Kugelschnittes nach Bild 3-10 gilt in Abhängigkeit vom Randwinkel γ:

$$A_{LV} = 2\pi\, R_B^2\, (1 + \cos\gamma) \tag{3.52}$$

$$A_{SV} = \pi\, R_B^2\, \sin^2\gamma \tag{3.53}$$

$$V_V = \pi\, R_B^3\, (1+\cos\gamma)^2\, (2- \cos\gamma)/3 \tag{3.54}$$

Mit den Gln. 3.51 bis 3.54 ist die Bildungsarbeit der haftenden Blase:

$$W_B = \psi\, W_{B,sph} \tag{3.55}$$

mit $$\psi = (2 + 3\cos\gamma - \cos^3\gamma)/4 \tag{3.56}$$

Hierbei ist $W_{B,sph}$ die Bildungsarbeit der freien Kugelblase nach Gl. 3.48 und ψ ein Einflußfaktor, der die relative Erniedrigung der Bildungsarbeit durch die Haftfläche gegenüber der freien Kugelblase bei gleicher Überhitzung ΔT und bei gleichem Radius R_B - nicht bei gleichem Blasenvolumen V_B - beschreibt.

Für die glatte, homogene Haftfläche hängt ψ nur vom Gleichgewichtsrandwinkel $\gamma = \gamma_{eq}$ ab, Bild 3-10 unten; z.B. ist für PTFE gegenüber Wasser bei 100°C der Randwinkel $\gamma \simeq 110^0$, d.h. nach Bild 3-10 ist $\psi \simeq 0{,}25$. Die Bildungsarbeit der auf PTFE haftenden Blase ist gegenüber derjenigen der freien Blase auf ein Viertel erniedrigt. Bei vollständiger Benetzung, $\gamma = 0$, haftet im Gleichgewicht keine Blase an der glatten Heizfläche; die Bildungsarbeit ist in diesem Fall die der freien Kugelblase.

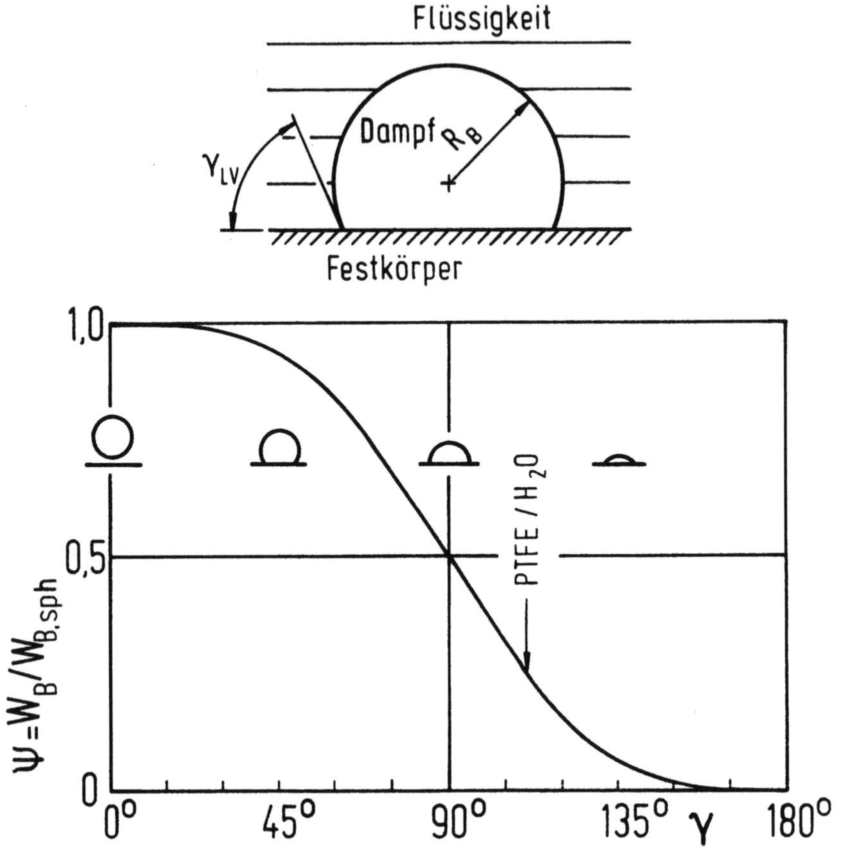

Bild 3-10 Haftende Kugelblase: Einflußfaktor ψ zur Beschreibung der Erniedrigung der Blasenbildungsarbeit in Abhängigkeit vom Gleichgewichtsrandwinkel γ_{eq}

3.3.2. Haftende Blasen in Poren und Vertiefungen

Wesentlich stärker als an ebenen Festkörperoberflächen kann die Blasenbildungsarbeit haftender Blasen in unvollständig benetzten Poren oder Kapillarräumen erniedrigt sein. Die Bildungsarbeit von Blasen bzw. Blasenkeimen in Vertiefungen einer Festkörperoberfläche (Heizfläche) sowie die minimalen, "kritischen" Blasenradien R_K die beim Wachsen von Keimblasen aus solchen Vertiefungen auftreten, wurden z.B. von Kottowski /307/ diskutiert. Für das technische Sieden ist die Tatsache von besonderer Bedeutung, daß in nicht benetzten Poren ($\gamma > 90°$) Blasen mit konkaven Oberflächen auftreten können, Bild 3-11, unten. Solche Blasen befinden sich bereits bei Temperaturen unterhalb der Sättigungstemperatur T_{sat}, d.h. bei $\Delta T \leq 0$ im vollständigen Gleichgewicht. Bei Erreichen der Sättigungstemperatur wachsen sie spontan.

Auch in gut benetzten Porenräumen mit verengten Austrittsöffnungen können Blasen im mechanischen Gleichgewicht festgehalten werden, wenn zum Entweichen der Blasen eine Deformation d.h. eine Oberflächenvergrößerung, verbunden mit einer Erhöhung der Krümmung 1/R der freien Oberfläche und mit einer Aktivierungsenergie, erforderlich ist. Auch in diesem Fall wird die Bildungsarbeit nach Gl. 3.50 bestimmt, jedoch ändern sich die Oberflächen A_{LV} und A_{SV} mit dem Blasenvolumen V_V in einer speziellen, von der Geometrie und Benetzbarkeit des Porenraums bestimmten Weise. Bei vollständiger Benetzung ($\gamma = 0^0$) kann angenommen werden, daß die Festkörperoberfläche A_{SV} mit einem gespreiteten oder absorbierten Flüssigkeitsfilm bedeckt ist, so daß $\sigma_{SV} = \sigma_{LV}$ ist.

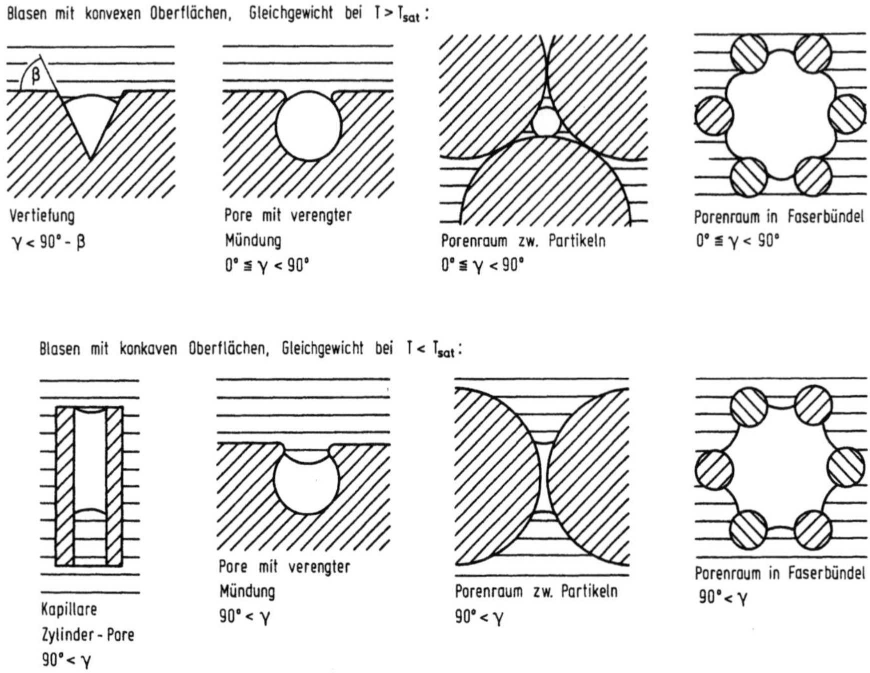

Bild 3-11 Blasen in Vertiefungen und in Porenräumen

3.3.3. Haftende Blasen an Kontaktstellen von Partikeln

Für die Wirkung schlecht benetzter poröser Strukturen als Siedeverstärker ist die Bildung haftender Blasen zwischen zwei oder mehr Partikeln von Interesse. Als stark vereinfachter Modellfall sei die Berührungsstelle zweier unvollständig benetzter kugelförmiger Partikel vom gleichen Radius r_P betrachtet, zwischen denen sich achsensymmetrisch eine linsenförmige Blase befindet, deren Radius R_1 wesentlich kleiner ist als der Partikelradius r_P, siehe Bild 3-12. Es gelten dann folgende Gleichungen bzw. Näherungen:

Haftfläche:

$$A_{SV} \simeq 2\pi\, r^2 \tag{3.57}$$

Freie Blasenoberfläche:

$$A_{LV} \simeq \frac{2\pi\, r^3}{r_P} \cdot \frac{(\pi/2 - \gamma')}{\cos \gamma'} \tag{3.58}$$

Blasenvolumen:

$$V_V \simeq \pi\, r^4/(2r_P) \tag{3.59}$$

Krümmungsradien:

$$R_1 = r - R_2(1-\sin \gamma') \simeq r \tag{3.60}$$

$$R_2 = \frac{r^2}{2\, r_P \cos \gamma'} \tag{3.61}$$

Randneigungswinkel:

$$\gamma' = \gamma - \arcsin(r/r_P) \simeq \gamma - r/r_P \tag{3.62}$$

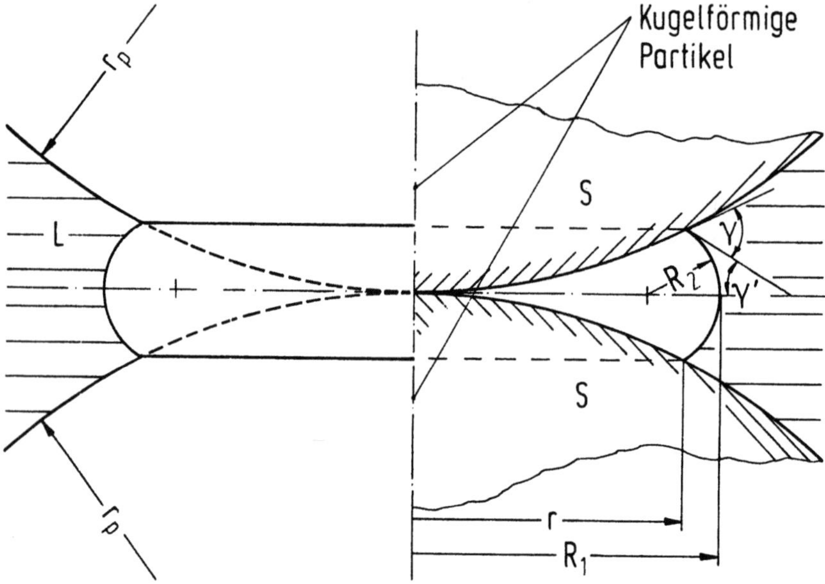

Bild 3-12 Symmetrisch haftende Blase an der Berührungsstelle zweier unvollständig benetzter kugelförmiger Partikel

Für die Bildungarbeit erhält man nach Gl. 3.46 mit der Young'schen Gl. 3.12 und unter Verwendung von $R_{B,eq}$ nach Gl. 3.45:

$$W_B = (A_{LV} + A_{S\dot{V}} \cos\gamma)\, \sigma_{LV} - V_V\, \Delta p_{L,V}$$

$$= 2\pi\, r^2 \left(\frac{r}{r_P} \frac{\pi/2 - \gamma'}{\cos\gamma} + \cos\gamma\right) \sigma_{LV}$$

$$- \frac{\pi\, r^4}{2\, r_P} (dp/dT)_{sat}\, \Delta T \tag{3.63}$$

Für Extremwerte von W_B gilt:

$$dW_B/dr = 0$$

Mit der Einführung von $R_{B,eq}$ in Gl. 3.63 findet man unter Ausschluß der trivialen Lösung r = 0 und unter Vernachlässigung der Abhängigkeit $\gamma'(r)$

mit $$r^* = r/R_{B,eq}; \quad r_p{}^* = r_p/R_{B,eq} \tag{3.64}$$

$$3r^* \frac{\pi/2 - \gamma'}{\cos \gamma'} + 2r_p{}^* \cos \gamma - 2(r^*)^2 = 0 \tag{3.65}$$

Gl. 3.65 hat reelle Lösungen für

$$\cos \gamma \geq -\left[\frac{3}{4} \frac{\pi/2 - \gamma'}{\cos \gamma'}\right]^2 / r_p{}^* \tag{3.66}$$

Für große Werte $r_p{}^* \gg 1$ gilt näherungsweise,

$$\operatorname{arc} \gamma \leq \pi/2 + \frac{9}{16\, r_p{}^*} \tag{3.67}$$

d.h. reelle Lösungen von Gl. 3.65 existieren im Fall relativ großer Partikel ($r_p{}^* \gg 1$) nur für Randwinkel von knapp über 90° und darunter. Bei größeren Randwinkeln wächst jede Keimblase an einer solchen Kontaktstelle spontan ohne Aktivierungsschwelle.

Für den relativ einfach zu behandelnden Fall

$$r \ll r_p; \quad \gamma = \pi/2; \quad \lim_{\gamma' \to \pi/2} \frac{\pi/2 - \gamma'}{\cos \gamma'} = 1,$$

ist unter Vernachlässigung der Abhängigkeit $\gamma'(r)$

$$W_B \simeq 2\pi\, r^3 \left(\sigma_{LV}/r_p - \frac{\pi}{2} \frac{r^4}{r_p} (dp/dT)_{sat}\, \Delta T\right) \tag{3.68}$$

mit dem Maximum für $dW_B/dr = 0$ bei $r = r_{act}$:

$$r_{act} = \frac{3\, \sigma_{LV}}{\Delta p_{L,V}} = \frac{3}{2} R_{B,eq}; \quad R_{2,act} = r_{act}/2 = \frac{3}{4} R_{B,eq} \tag{3.69}$$

$$W_{B,act} = \frac{27\pi}{2r_p}\left[\frac{\sigma_{LV}}{(p_{sat,T} - p_L)}\right]^3 \sigma_{LV} \qquad (3.70)$$

Im Vergleich zur Kugelblase heißt dies bei gleichem Siedezustand, bzw. bei gleicher Krümmung der freien Oberfläche

$$1/R_1 + 1/R_2 \mathrel{\hat{=}} 1/R_{B,eq}$$

$$W_{B,act}/W_{B,act,hom} = \frac{27}{16}\,\frac{R_{B,eq}}{r_p} = \frac{27}{16\,r_p{}^*} \simeq 1{,}7/r_p{}^* \qquad (3.71)$$

d.h. für große Werte von $r_p{}^*$ ist für $\gamma = 90^0$ die Keimbildungsarbeit gegenüber der homogenen Keimbildung beim gleichen Zustand des Fluids um einen Faktor $1{,}7/r_p{}^*$ erniedrigt, z.B. für den Kontakt von zwei Partikeln mit $r_p = 20\ \mu m$, $\gamma = 90^0$, in Wasser bei 1 bar, $\Delta T = 20$ K, auf 19% gegenüber einer Erniedrigung auf 50% für die ebene Haftfläche mit $\gamma = 90^0$ nach Bild 3-10. Die Keimbildungsarbeit ist umgekehrt proportional zum Partikelradius r_p. In Fällen der Nichtbenetzung, $\gamma' > 90^0$, wird die Keimbildungarbeit negativ. In diesem Fall bildet sich bereits unterhalb der Sättigungstemperatur spontan an jeder Keimstelle eine Keimblase.

Eine Betrachtung der Druck- und Kapillarkräfte bei kleinen Verschiebungen der Blase aus der Symmetrieachse zeigt, daß in Fällen unvollständiger und guter Benetzung, $\gamma < 90^0$, in denen $R_2 \leq R_1$ ist, die symmetrische Position der Blase labil und verglichen mit asymmetrischen Positionen energetisch ungünstiger ist, d.h. es entstehen vorzugsweise asymmetrische Blasen nach Bild 3-13, links, deren Bildungsarbeit (bei $r/r_p < 1$) gegenüber der homogenen etwa doppelt so stark erniedrigt ist, wie an einer ebenen Fläche:

$$\psi_{asym} = W_B/W_{B,sph} \simeq 2\,\psi_{plan} - 1 \qquad (3.72)$$

In Fällen der Nichtbenetzung, $\gamma > 90°$ bzw. $\gamma' > 90^0$, bewirkt eine Verschiebung der Blase aus der Symmetrieachse der Kontaktstelle Kräfte, welche die Blase in die Symmetrie zurückführen, d.h.: nur bei Nichtbenetzung $\gamma' > 90^0$ wächst ein Blasenkeim nach Bild 3-12 bzw. 3-13, rechts, bevorzugt symmetrisch in die Berührungsstelle, bei unvollständiger Benetzung $0 < \gamma' < 90^0$ bevorzugt asymmetrisch nach Bild 3-13, links. In beiden Fällen ist die Blasenbildungsarbeit wesentlich geringer als an einer ebenen Haftfläche gleicher Benetzbarkeit.

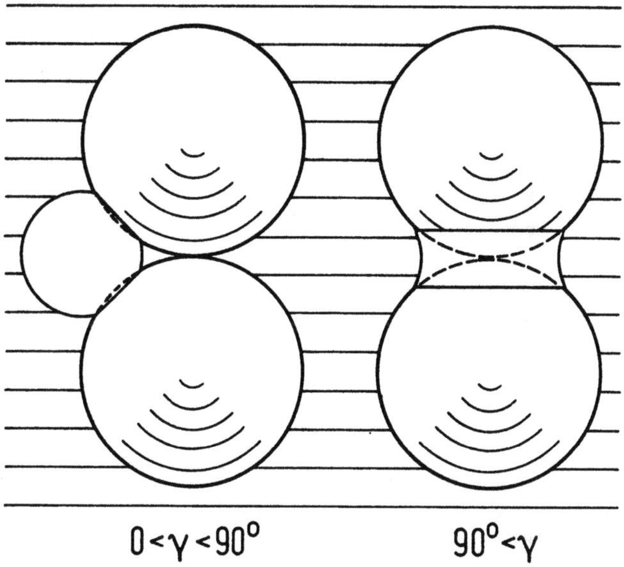

Bild 3-13 Formen der Keimbildung an Berührungsstellen von Kugelpartikeln bei unvollständiger Benetzung und bei Nichtbenetzung

Bei voller Benetzung bilden sich Blasenkeime losgelöst von den Partikeln, Keimblasen ausreichender Größe können jedoch auch in diesem Fall zwischen Partikeln oder Fasern festgehalten werden.

In ähnlicher Weise wie an kugelförmigen Partikeln kann die Keimbildungsarbeit an Berührungsstellen von anders geformten Partikeln bestimmt werden. Die Blasenbildungsarbeit an solchen Kontaktstellen kann für verschiedene einfache Fälle näherungsweise gleich derjenigen an der Kontaktstelle zweier Kugeln vom gleichen Radius r_p gesetzt werden, dessen Wert den Angaben in Bild 3-14 entspricht.

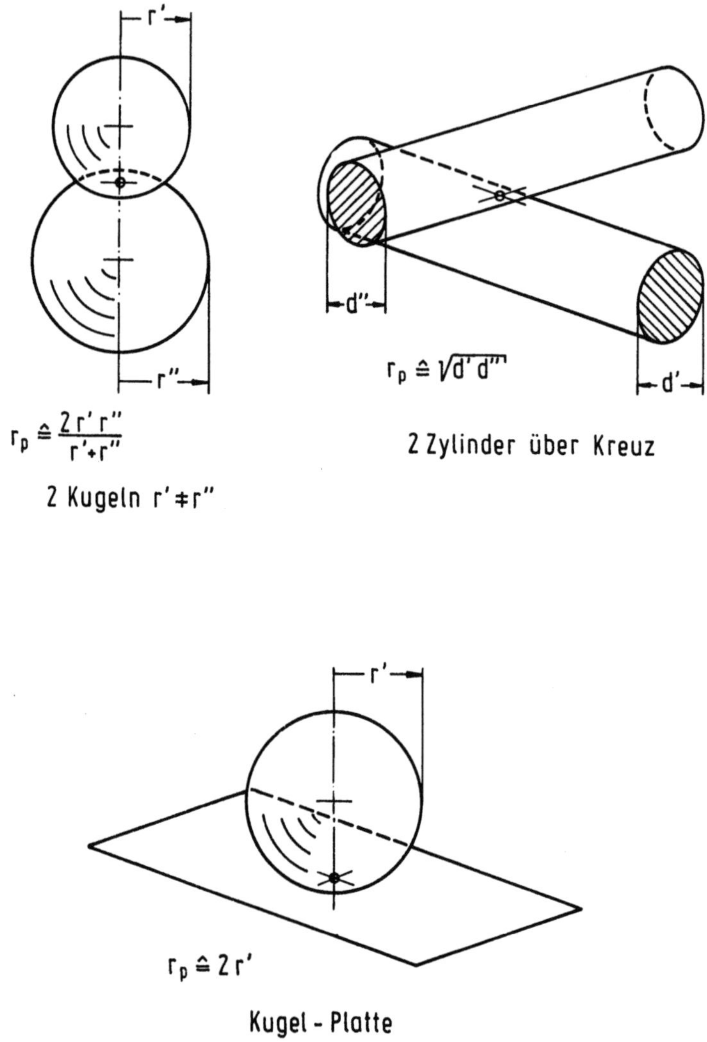

Bild 3-14 Äquivalenter Kugel-Partikelradius der heterogenen Keimbildung für verschiedene Partikelkonfigurationen

3.4. Blasenkeime, Keimblasen und Keimstellen

Blasenkeime sind sehr kleine Dampfvolumina, die sich in einer überhitzten Flüssigkeit infolge von thermischen Energie- und Massefluktuationen spontan neu bilden. Ihre Erzeugungsrate (Keimbildungsrate) ist in größerem Abstand vom Kritischen Punkt meist zu gering, um zum stationären Sieden beizutragen, jedoch begrenzt auch eine geringe Keimbildungsrate die Hysterese der Siedecharakteristik bei instationärer Erhöhung der Heizwandtemperatur durch Erzeugung neuer Keimblasen in zusätzlichen Keimstellen. An unvollständig benetzten Oberflächen ist die Bildung von haftenden Blasenkeimen durch die Erniedrigung ihrer Bildungsarbeit begünstigt (heterogene Keimbildung), s. Kap.4..

Bei stationärem Blasensieden entstehen freie Blasen vorwiegend durch periodisches Wachstum haftender Dampfvolumina an einer überhitzten Heizfläche mit anschließender Einschnürung und Teilung in einen zurückbleibenden Dampfrest und eine abgelöste, freie Blase. Der haftende Dampfrest heißt Keimblase; von ihm geht die periodische Ablösung weiterer Blasen aus; er muß so groß sein, daß er nicht kondensiert. Keimblasen entstehen entweder spontan durch Keimbildung oder dadurch, daß ein Dampf- oder Inertgasrest beim Fluten (Eintauchen) der Heizfläche oder beim Vorbeistreichen von Blasen anderen Ursprungs festgehalten wird (vapor trapping). Keimblasen existieren nur an ausgezeichneten Stellen der Heizfläche, den Keimstellen, meist Poren oder Vertiefungen, mit besonderer Geometrie oder schlechter Benetzbarkeit oder eine Kombination von beiden. Die Geometrie realer Siedekeimstellen läßt sich oft ohne Verfälschung des qualitativen Bildes durch ein achsensymmetrisches oder durch ein zweidimensionales Modell idealisieren, z.B als konische Vertiefung /307/. Allerdings entsprechen weder die Formen realer Keimstellen solchen Modellen noch lassen sich modellkonforme Keimstellen der beim Sieden wirksamen Größe problemlos herstellen.

Bei der Ablösung einer achsenymetrischen Blase bleibt ein Dampfrest zurück, wenn der Randneigungswinkel der Blasenkontur

$$\Gamma = \gamma + \beta > 90^0 \qquad (3.73)$$

ist; bei unvollständiger Benetzung ($\gamma < 90^0$) ist dies in Vertiefungen mit einem Flankenwinkel

$$\beta \geq 90^0 - \gamma \tag{3.74}$$

der Fall (Bild 3-15, links). Auch ein ebener, nicht benetzbarer Fleck ($\beta = 0$; $\gamma_K > 90^0$) einer glatten Fläche kann als Keimstelle wirken.

Bei asymmetrischer Überflutung einer Keimstelle kann statt Gl. 3.74 die Regel von Bankoff und Lorenz /308/ angenommen werden, wonach eine konische Vertiefung als Keimstelle wirksam ist, wenn ihr Kegelwinkel

$$180^0 - 2\,\beta < \gamma \tag{3.75}$$

ist (Bild 3-15, rechts). Asymmetrische Ablösung muß z.B. an vertikalen oder geneigten Heizflächen oder bei erzwungener tangentialer Konvektion der Flüssigkeit angenommen werden.

Für voll benetzte Heizflächen ($\gamma = 0$) folgt aus jeder der beiden Bedingungen, daß nur Poren mit verengter Mündung ($\beta > 90^0$) Dampfreste festhalten können.

An schlecht benetzten Oberflächen können relativ flache konische Vertiefungen (z.B. für symmetrische Ablösung: $\gamma = 60^0$: $\beta > 30^0$) noch als Keimstellen wirksam sein. Die Bedingung Gl. 3.75 wird aus der Annahme abgeleitet, daß die Flüssigkeit nach dem Abreißen einer Blase die Keimstelle asymmetrisch von einer Seite her überflutet. Bei den schnellen Vorgängen nach dem Ablösen einer Blase ist der auftretende Randwinkel γ_V u.U. von seinem meßbaren Gleichgewichtswert sehr verschieden, so daß die o.g. Bedingungen experimentell kaum sicher zu verifizieren sind. Gegebenenfalls gelten sie für den Randwinkel γ_V bei vorrückender Flüssigkeit.

Der Durchmesser von aktiven Blasenkeimen an technischen Heizflächen ist, wie sich mit Gl. 3.39 aus der Überhitzung bei beginnendem Sieden abschätzen läßt, i.a. um mindestens 2 Größenordnungen kleiner als der Durchmesser der sich ablösenden Blasen; d.h. die Keimstelle ist i.a. zu klein, um die Verschiebung der Randlinie aufzuhalten und symmetrische Ablösung zu erzwingen.

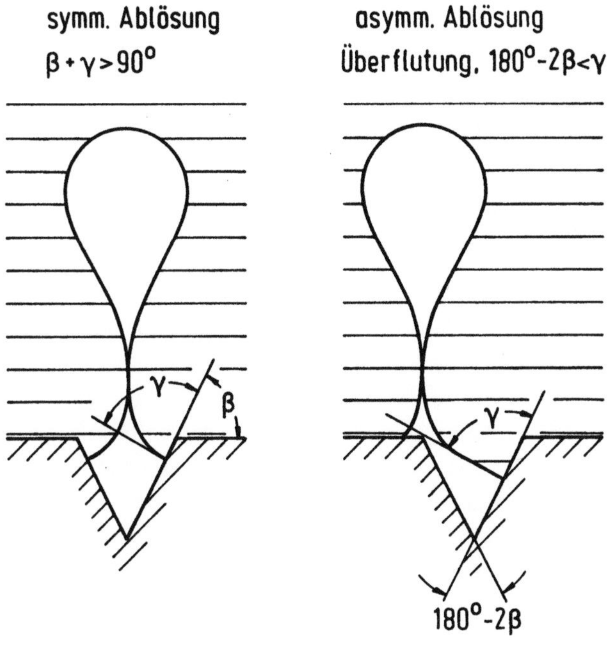

Bild 3-15 Entstehung eines Dampfrestes,
a) bei symmetrischer Ablösung einer Blase, Ungl. 3.74
b) bei asymmetrischer Überflutung einer Vertiefung, Regel von Bankoff und Lorenz Ungl. 3.75

Technische Heizflächen sind meist wenigstens teilweise benetzbar ($\gamma < 90^0$). Die Kontur einer Keimblase, welche die Bedingung 3.74 erfüllt, durchläuft bei beginnenden Wachstum ein Volumen V_K mit minimalem Krümmungsradius $R_K = R_{B,min}$, d.h. mit maximaler Krümmung der freien Oberfläche beim Randneigungswinkel $\Gamma = 90^0$. Hierbei erreicht der Krümmungsdruck der Blasenoberfläche ein Maximum. Zum Überwinden des maximalen Krümmungsdruckes muß die Überhitzung so groß sein, daß der Dampfdruck in der Blase einen Wert $p_V \geq p_L + 2\sigma_{LV}/R_K$ erreicht, in linearer Näherung:

$$\Delta T_{act} = \frac{2\ \sigma_{LV}}{R_K\ (dp/dT)_{sat}} \tag{3.76}$$

Wir sagen in diesem Fall: Die Keimblase wird aktiv. Der "kritische" minimale Krümmungsradius R_K der Blasenkeime einer Keimstelle kann experimentell aus der Mindestüberhitzung der Heizfläche geschätzt werden, bei der sich an dieser Keimstelle noch Blasen bilden. Der Zusammenhang zwischen Keimstellenradius, Randneigungswinkel der Keimstelle, Keimblasenradius und Überhitzung wird für konische Keimstellen z.B. von Kottowski /307/ untersucht.

Beim Sieden von Wasser bei einem Druck von 1 bar an technisch glatten Heizflächen beginnt ausgebildetes Blasensieden bei einer Überhitzung der Heizfläche von etwa 10 bis 15 K. Aus Gl. 3.76 findet man, daß die "kritischen" Radien der größten "aktiven" Keimstellen ca. 1,5 bis 2,5 μm betragen. Diese Abmessungen liegen in der Größenordnung der Rauhigkeitsstruktur der Heizflächen, wie sie z.B. durch die Glättungstiefe R_p charakterisiert werden kann. Elektronenmikroskopische Aufnahmen beobachteter Keimstellen deuten darauf hin, daß oft nicht Rauhigkeitsvertiefungen sondern Poren im Heizflächenmaterial, z.B. Lunker, als Keimstellen wirken.

Eine Keimstelle ist aktiv, solange beim Ablösen einer Blase ein haftender Dampfrest (Keimblase) zurückbleibt. Sie wird inaktiv, wenn der Dampfrest durch Erhöhung des Drucks oder Senkung der Temperatur vollständig kondensiert. Erneute Aktivierung kann durch inhomogene oder homogenen Keimbildung erfolgen. Zu unterscheiden ist also zwischen der **Aktivierung der Keimstelle,** d.h. der Neubildung einer Keimblase z.B. durch heterogene Keimbildung oder durch Einschluß von Dampf oder Inertgas beim Überfluten einer trockenen Heizfläche, und der **Aktivierung der existierenden Keimblase** durch Überschreiten der kritischen Überhitzung ΔT_{act} nach Gl. 3.76.

Charakteristische Größen einer Keimstelle sind ihr inneres Volumen, d.h. das Volumen V_K der in ihr haftenden Keimblase, ihr Mündungsradius r_K und der kleinste, "kritische" Krümmungsradius R_K, den ihre freie Oberfläche beim Austreten aus der Keimstelle durchläuft.

Eine an einer Pore wachsenden Blase ist in Bild 3.16 skizziert. Ebenfalls skizziert sind die Änderungen des Blasenradius und der erforderlichen Mindestüberhitzung mit dem Volumen des Blasenkeims. Der "kritische" Keimblasenradius $R_K = R_{min}$ und das zugehörige Volumen V_K des Blasenkeims sind durch die Bedingung definiert:

$$\frac{dR_B}{dV_B} = 0; \quad \frac{d^2R_B}{dV_B^2} > 0; \quad V_B = V_K; \quad R = R_K \tag{3.77}$$

Für den minimalen Keimblasenradius R_K an einer konischen Keimstelle vom Radius r_K nach Bild 3-16 gilt abhängig vom Randneigungswinkel bei der Ablösung:

- Bei $\gamma_V + \beta < 90^0$ entsteht kein haftender Blasenkeim; die Blase löst sich vollständig ab.
- Für Randneigungswinkel $\Gamma = \gamma_V + \beta \geq 90^0$; $\gamma_V < 90^0$ ist $R_K = r_K$.
- Für Randneigungswinkel $\Gamma = \gamma_V + \beta > 90^0$; $\gamma_V > 90^0$ ist $R_K = r_K/\sin \gamma_V$.
- Für $\beta = 0$; $\gamma_V > 90^0$, d.h. an nicht benetzten glatten Heizflächen, wächst R_B monoton mit V_B, es existiert kein durch die Keimstellengeometrie bedingter kritischer Wert r_K bzw. R_K.

Bei periodischer Blasenbildung vergeht zwischen dem Ablösen einer Blase und dem erneuten Überschreiten des Blasenkeimvolumens V_K meist eine Zeit, in der die Heizfläche und die angrenzende Flüssigkeit instationär auf die Überhitzung ΔT_{act} aufgeheizt werden. In dieser Wartezeit t_{lat} ist keine Blase beobachtbar. Die Wartezeit endet mit Beginn der anschließenden Wachstumszeit t_{vis} der sichtbaren Blase. Die Wartezeit t_{lat} entfällt oder wird sehr kurz, wenn der Randneigungswinkel bei erneutem Wachstum $\Gamma > 90^0$ bleibt, z.B. an nicht benetzten glatten Heizflächen.

Die Blasenbildung an einer Keimstelle beginnt oft erst nach einer erhöhten Überhitzung, welche für die Bildung von Keimblasen durch homogene oder heterogene Keimbildung erforderlich ist. Diese über ΔT hinausgehende Anfangsüberhitzung muß besonders groß sein, wenn die Heizfläche gut benetzbar ist; sie kennzeichnet die Hysterese bei beginnendem Sieden (Bild 1-02, Gebiet A-A'').

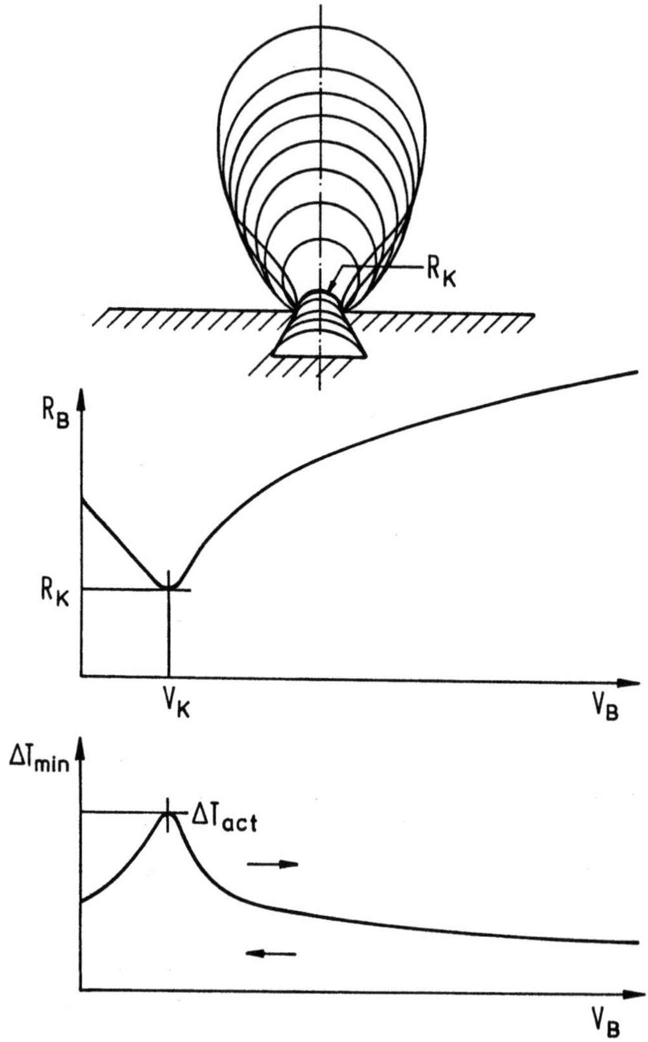

Bild 3-16 An einer Keimstelle wachsende Blase: Änderung von Blasenradius R_B und Mindestüberhitzung ΔT mit dem Blasenvolumen V_B

Dampfeinschlüsse und haftende Blasen bilden sich aus überhitzten Flüssigkeiten nicht nur in Vertiefungen und Poren von ausgedehnten Oberflächen, sondern auch in porösen Festkörpern und in "Festbetten" jeder Art, wie in Granulaten, Geweben, Vliesen, porösen Sinterstrukturen u.s.w., insbesondere, wenn diese schlecht benetzbar sind. In lockeren Strukturen, z.B. den Zwischenräumen zwischen Partikeln oder zwischen den Fasern eines Garns, kann der Druck des eingeschlossenen Dampfes die Partikel oder Fasern auseinanderdrücken und so den kritischen Blasenkeimradius $R_{B,min}$ gegenüber dem in einer starren Struktur merklich erhöhen, bzw. die erforderliche Überhitzung zur Aktivierung der Keimstellen stark herabsetzen. Auf diesen Effekt wird im Kapitel 7 die Wirkung von Siedeverstärkern zurückgeführt. Großporige Strukturen mit relativ großen Werten von R_K und V_K, wie sie für spezielle Hochleistungs-Verdampferheizflächen entwickelt wurden, gestatten stationäres Blasensieden bei sehr geringer Überhitzung; allerdings beginnt Sieden hier oft mit relativ großer Hysterese nach vorübergehender erhöhter Überhitzung (overshoot).

3.5. Gleichgewichtsformen und maximale Volumen haftender Blasen unter der Wirkung der Schwerkraft

Bei relativ großen Blasen $R_B > 0{,}1\ L$ macht sich die Deformation durch Auftriebskräfte bemerkbar.

Ein mehrfach untersuchtes Problem ist die Berechnung der Konturen ruhender achsensymmetrischer Blasen (oder Tropfen) unter der Wirkung der Schwerkraft /309/, /310/, /311/. Solche Blasen können an horizontalen ebenen Flächen oder an Strukturen z.B. Poren, mit vertikaler Symmetrieachse auftreten. Grundlage der Berechnung ist die barometrische Druckverteilung in einer ruhenden Flüssigkeit,

$$p_L = p_{Lo} - z\, g\, d_L \tag{3.78}$$

bzw.

$$\Delta p = \Delta p_o - z\, g\, (d_L - d_V), \tag{3.79}$$

wobei p_{Lo} der hydrostatische Druck der Flüssigkeit, bzw. Δp_o die Druckdifferenz zwischen Dampf und Flüssigkeit in einer horizontalen Bezugsebene, meist der Heizfläche, und z der vertikale Abstand von dieser Bezugsebene ist: $z > 0$ bedeutet "oberhalb der Bezugsebene". Im statischen, mechanischen Gleichgewicht ist Δp durch die Laplace-Gleichung 3.18 gegeben,

$$\Delta p = \sigma_{L,V}\, (1/R_1 + 1/R_2) \tag{3.18}$$

wobei R_1 und R_2 die Krümmungsradien der Blasenoberfläche in einer die Symmetrieachse enthaltenden Schnittebene bzw. in einer hierzu senkrechten Schnittebene sind. Im "Blasenscheitel" (Apex), $z = z_{ap}$, ist

$$R_{1,ap} = R_{2,ap} = R_{ap}$$

Damit gilt für die Blasenkontur:

$$\sigma_{LV}\, (1/R_1 + 1/R_2) = 2\sigma_{LV}/R_{ap} - g\, (d_L - d_V)\, (z_{ap} - z) \tag{3.80}$$

Drückt man R_1 und R_2 durch Zylinderkoordinaten (r; z), bzw. durch deren Differentialquotienten aus und macht diese mit der Laplace-Länge

$$L = \left[\frac{\sigma_{LV}}{g(d_L - d_V)}\right]^{1/2} \tag{2.05}$$

dimensionslos, so erhält man für die Blasenkontur der haftenden Blase im statischen Gleichgewicht mit

$$r/L = x, \quad (z_{ap} - z)/L = y$$

die dimensionslose Form der Gauß-Laplace'schen Differentialgleichung für aufsitzende Blasen (bzw. hängende Tropfen), vgl. z.B. /309/, S. 8, Gl. 1.27:

$$L\ (1/R_1 + 1/R_2) = 2\ L/R_{ap} - (z_{ap} - z)/L$$

$$\frac{d^2y/dx^2}{(1 + (dy/dx)^2)^{3/2}} + \frac{dy/dx}{x(1 + (dy/dx)^2)^{1/2}} = 2/\rho_{ap} - y \tag{3.81}$$

Von Hartley und Hartland /309/ wird ein numerisches Verfahren zur Lösung der Differentialgleichung 3.81 mit Hilfe des Runge-Kutta-Verfahrens angegeben und hieraus Konturen für verschiedene - dimensionslose - Scheitelradien ρ_{ap} berechnet (vgl. Bild 3-17). Jede dieser Konturen beschreibt alle haftenden Blasen mit gleichem dimensionslosen Scheitelradius ρ_{ap}. Die Lage der Dreiphasenlinie relativ zum Scheitel ist durch die Haftbedingungen, d.h. durch den Blasenfußradius oder den Randneigungswinkel der Kontur, bestimmt. Durch Gl. 3.81 ist der Scheitelradius r_{ap} für eine gegebene Haftbedingung (r_F; γ) bzw. für eine Blase gegebenen Volumens und Randwinkels (V_B; γ) oder gegebenen Volumens und Fußradius (V_B; r_F) festgelegt, jedoch nicht ohne weiteres berechenbar.

Leiner und Bönisch /310/ haben das Lösungsfeld aus /309/ erweitert und gezeigt, wie sich daraus Scheitelradien und Blasenkonturen für bestimmte achsensymmetrische Haftbedingungen und Volumina berechnen lassen.

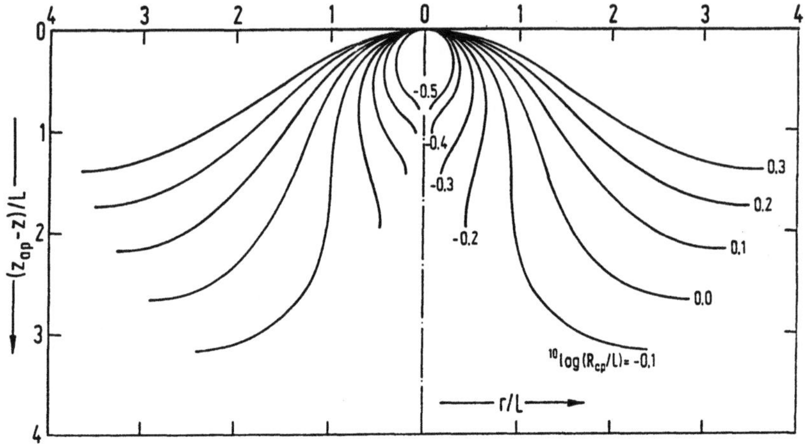

Bild 3-17 Gleichgewichtskonturen von Blasen verschiedener dimensionsloser Scheitelradien nach Hartland und Hartley /309/

Es ist zweckmäßig, die Haftbedingungen durch den Radius der Haftlinie, den Blasenfußradius r_F, und den Neigungswinkel Γ der Blasenkontur an der Haftlinie zu beschreiben, s. Bild 3-18. (In /309/ und /310/ wird statt Γ der Komplementärwinkel $\Theta = 180^0 - \Gamma$ verwendet.) Für glatte horizontale Flächen ist der Randneigungswinkel Γ gleich dem Randwinkel γ. Durch die Werte des Blasenfußradius' r_F und des Randneigungswinkels Γ sind Form und Volumen einer Blase, ohne das Volumen der Vertiefung, im mechanischen Gleichgewicht bestimmt. An glatten homogenen Flächen ist der Randneigunswinkel Γ durch die Benetzungsverhältnisse gegeben; der Blasenfußradius r_F stellt sich jedoch abhängig vom Blasenvolumen ein. An scharfkantigen Mündungen von Bohrungen, Poren und Vertiefungen ist oft der Blasenfußradius durch die Haftfläche bestimmt und der Randwinkel stellt sich abhängig vom Blasenvolumen ein.

Für jede Haftstelle, gekennzeichnet durch ein Feld möglicher Zuordnungen (r_F ; Γ), gibt es ein maximales Gleichgewichtsvolumen der Blase, bei dessen Überschreitung kein statisches Gleichgewicht mehr möglich ist und die Blase sich dynamisch ablöst.

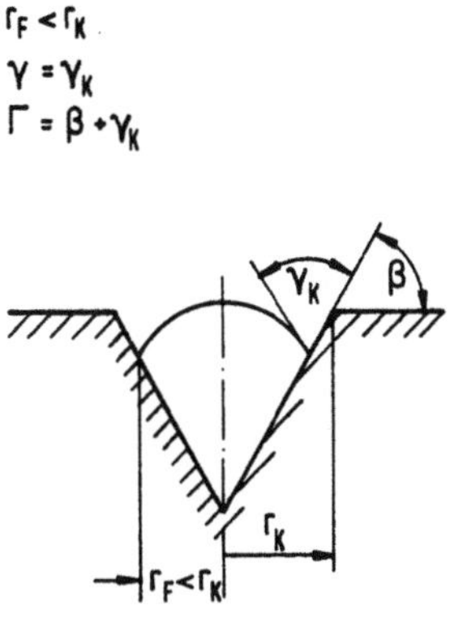

Bild 3-18 Konische Keimstelle und haftende Blase; Bezeichnungen

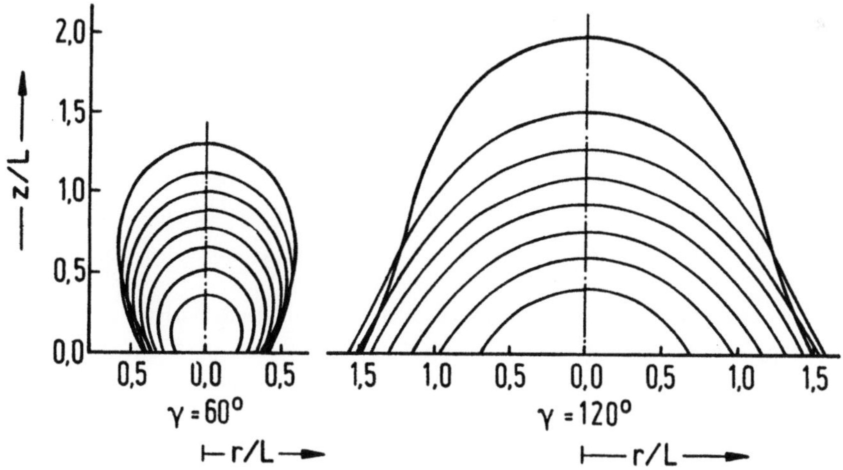

Bild 3-19 Konturen haftender Blasen an Haftflächen unterschiedlicher Benetzbarkeit nach /310/

Bild 3-19 zeigt verschiedene Blasenkonturen bis zum maximalen Gleichgewichts-Blasenvolumen für zwei Haftflächen unterschiedlicher Benetzbarkeit nach /310/. Das maximale Gleichgewichtsvolumen haftender Blasen bei aufgeprägtem Randwinkel stimmt sehr gut mit dem "Blasenabreißvolumen" $V_{B,sep}$ überein, wie es sich aus einer empirischen Gleichung von Fritz /203/ für den Abreißdurchmesser ergibt (Abweichung < 2% für $0 < \gamma < 150^0$):

$$D_{B,sep} = 0.0146\ \gamma\ L\ \sqrt{2} = 0.0206\ \gamma\ L \tag{2.19}$$

wobei γ in Winkelgrad eingesetzt wird, bzw.

$$D_{B,sep} = 1{,}183\ \gamma\ L \tag{2.19a}$$

wenn γ als Bogenverhältnis (Arcus) eingesetzt wird. Hierbei ist Kugelform der abgelösten Blase angenommen, für das Blasenvolumen gilt damit für γ im Winkelgrad,

$$V_{B,sep} = \frac{\pi}{6} D_{B,sep}{}^3 = 4{,}6\ 10^{-6}\ \gamma^3\ L^3 \tag{3.82}$$

bzw. für γ als Bogenverhältnis:

$$V_{B,sep} = 0{,}87\ \gamma^3\ L^3 \tag{3.82a}$$

In /310/ wurden ferner Gleichgewichtsformen und Maximalvolumina von Blasen an konischen Vertiefungen vom Radius r_K und an Stellen örtlich verringerter Benetzbarkeit untersucht. Bei einem Flankenneigungswinkel β einer konischen Vertiefung hat die Blasenkontur an der Haftlinie den Kontur-Neigungswinkel $\Gamma = \gamma + \beta$.

Für das maximale Blasenvolumen bei eingeprägten Randneigungswinkel der Blasenkontur an ebenen oder konischen Haftstellen gilt entsprechend Gl. 3.82a (ohne das innere Volumen konischer Vertiefungen)

$$V_{B,sep} = \frac{\pi}{6} D_{B,sep}{}^3 = 0{,}87\ \Gamma^3\ L^3 \tag{3.83}$$

mit Γ als Bogenverhältnis (Arcus).

Bild 3-20 zeigt als Beispiel Blasenkonturen an einem ebenen Fleck schlechter Benetzbarkeit (γ = 120°) und an einer konischen Vertiefung (β = 60°) in einer unvollständig benetzten Fläche (γ_F = 60°) für zwei verschiedene dimensionslose Keimstellenradien ρ_K = 0,1 bzw. ρ_K = 1. In beiden Fällen ist für Blasenvolumina in der Nähe des maximalen Wertes $V_{B,max}$ der Radius der Haftlinie gleich dem Radius des Fleckes bzw. der Vertiefung und damit konstant, während der Konturneigungswinkel sich noch mit V_B ändert, wenn r_F = r_K erreicht ist.

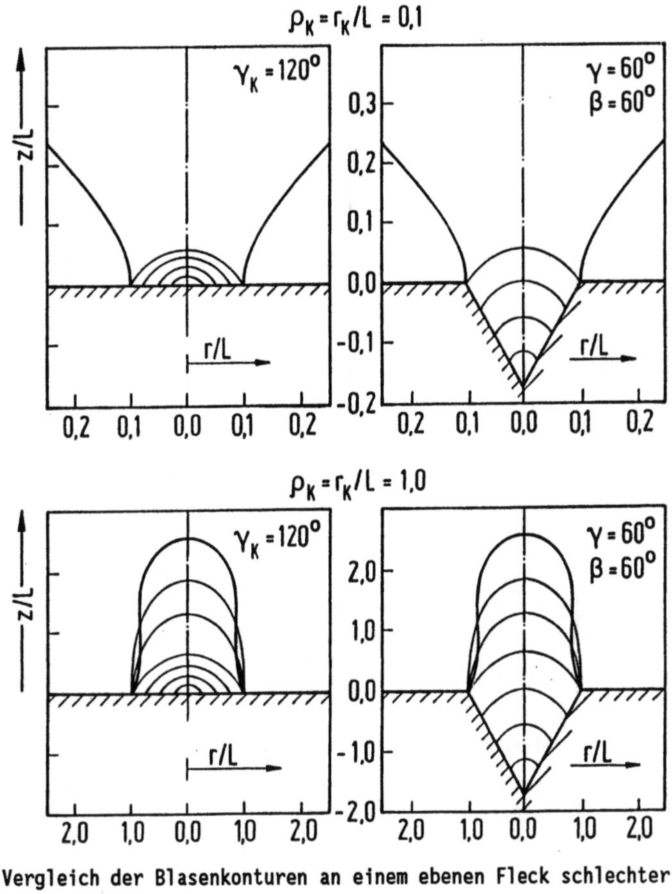

Bild 3-20 Vergleich der Blasenkonturen an einem ebenen Fleck schlechter Benetzbarkeit und an einer konischen Vertiefung bei gleichem Randneigungswinkel Γ = 120° (unterschiedliche Maßstäbe für verschiedene Werte von ρ_K)

$$z_{\Delta p=0} = z_{ap} - \frac{2\,\sigma_{LV}}{R_{ap}\,(d_L - d_V)\,g} = z_{ap} - 2\,L^2/R_{ap} \tag{3.87}$$

Dabei nimmt $z_{\Delta p=0}$ oft fiktive Werte $z_{\Delta p=0} < 0$ an, s. Bild 3-22. Thermodynamisches und mechanisches Gleichgewicht stimmen überein, wenn die Druckdifferenz $(p_{sat,T} - p_L)$ für die Höhe $z_{\Delta p=0}$ verschwindet, d.h. wenn

$$p_{sat,T} - p_L = g\,(\,z - z_{\Delta p=0})\,(d_L - d_V) \tag{3.88}$$

$$p_{sat} = p_{L,z=0} - z_{\Delta p=0}\,d_L\,g$$

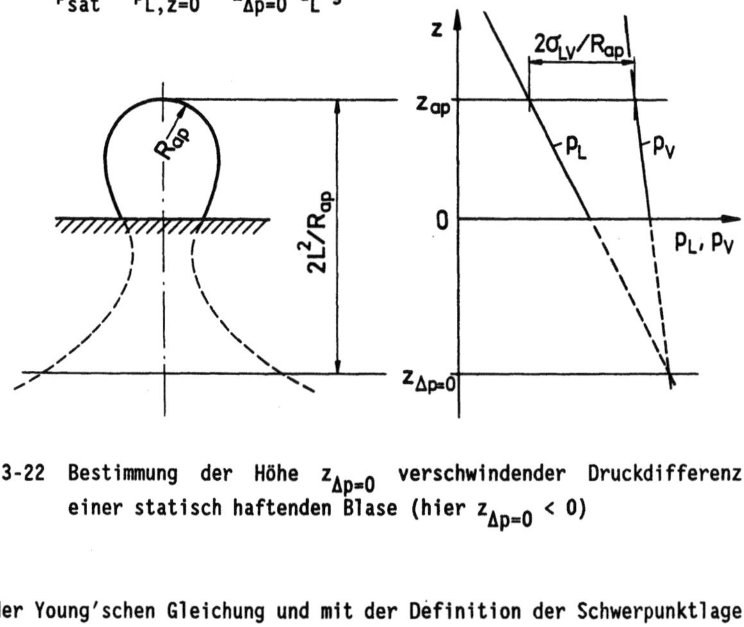

Bild 3-22 Bestimmung der Höhe $z_{\Delta p=0}$ verschwindender Druckdifferenz einer statisch haftenden Blase (hier $z_{\Delta p=0} < 0$)

Mit der Young'schen Gleichung und mit der Definition der Schwerpunktlage z_{SP} der Blase findet man mit $\epsilon = (d_L - d_V)/d_L$:

$$z_{SP} = \frac{1}{V_V} \int_{V_V} z\,dV \tag{3.89}$$

$$W_B = (A_{LV} + A_{SV}\cos\gamma)\,\sigma_{LV}$$

$$- g\,\epsilon\,(d_L - d_V)(z_{SP} - z_{\Delta p=0})\,V_V \tag{3.90}$$

Für haftende Blasen ist Gl. 3.90 nur durch numerische Iteration zusammen mit der Berechnung der Blasenkontur lösbar, da A_{LV}, A_{SV}, z_{SP} und $z_{\Delta p=0}$ in komplizierter Weise von V_B und γ abhängen. Deshalb ist Gl. 3.90 nicht geeignet, um aus der Bedingung $dW_B/dV_B = 0$ das Blasenabreißvolumen $V_{B,sep} = V_{B,max}$ bzw. die Bildungsarbeit $W_{B,max}$ der größten im Gleichgewicht haftenden Blase in einfacher Weise zu berechnen. Diese Bildungsarbeit ist die Aktivierungsarbeit der Blasenablösung. Als Näherung hierfür ist jedoch relativ einfach die Bildungsarbeit $W_{B,sep}$ einer abgelösten, kugelförmigen, auf der Heizfläche aufsitzenden Blase des Abreißdurchmessers $D_{B,sep}$ nach Fritz, Gl. 2.19 zu bestimmen:

$$A_{LV,sep} = \pi\, D_{B,sep}^2 ; \qquad V_{V,sep} = \pi\, D_{B,sep}^3/6$$

$$A_{SV,sep} = 0 \qquad ; \qquad z_{SP} = D_{B,sep}/2$$

$$z_{\Delta p=0} = D_{B,sep} - 4L^2/D_{B,sep} \tag{3.91}$$

Durch Einsetzen in Gl. 3.90 erhält man mit der Definition der Laplace-Länge L und mit $\epsilon \simeq 1$:

$$W_{B,sep} = \pi\, D_{B,sep}^2\, \sigma_{LV}$$

$$- g\,(d_L - d_V)\,(4L^2/D_{B,sep} - D_{B,sep}/2)\,\pi\, D_{B,sep}^3/6$$

$$W_{B,sep} = \pi\, D_{B,sep}^2\, \sigma_{LV} \left[1/3 + \frac{(D_{B,sep}/L)^2}{12}\right] \tag{3.92}$$

Für kleine Randwinkel γ und kleine, nahezu kugelförmig ablösende Blasen ist $W_{B,sep}$ nach Gl. 3.92 mit $D_{B,sep}$ nach Gl. 2.19 eine gute Näherung für die Bildungsarbeit der größten statisch haftenden Blase, d.h. für die Aktivierungsarbeit der Blasenablösung. Für steigende Randwinkel wächst $W_{B,max}$ schneller als der Näherungswert $W_{B,sep}$ nach Gl. 3.91, da insbesondere die Blasenoberfläche A_{LV} stärker von der Kugeloberfläche abweicht. Die Aktivierungsarbeit der Blasenablösung im Gravitationsfeld wächst mit steigendem Abreißdurchmesser, bzw. mit steigendem Randwinkel stark an.

Schlechte Benetzbarkeit einer Heizfläche begünstigt demnach zwar die Neubildung haftender Blasen (heterogene Keimbildung) und die Aktivierung von Keimblasen in Keimstellen, erschwert jedoch die Ablösung von Blasen von der Heizfläche im Gravitationsfeld. Der Dampfdruck des siedenden Fluids erscheint in Gl. 3.90 und 3.91 nicht. Beide Gleichungen beschreiben die mechanische Bildungsarbeit der Blasen auch in Fällen thermischen Ungleichgewichts, solange das Blasenwachstum langsam ist. Bei den am häufigsten beobachteten Randwinkelwerten $0 < \gamma < 120^0$ ist die Aktivierungsarbeit der mechanischen Blasenablösung eine monoton steigende Funktion des Blasenabreißradius' oder -durchmessers. Zur Senkung der Aktivierungsarbeit der Blasenablösung trägt vor allem gute Benetzung der Heizfläche bei.

3.6 Die Rolle der Aktivierungsschwellen

Die drei Aktivierungsschwellen der Blasenbildung sind durch entsprechende Aktivierungsenergien der Keimbildung, des Keimblasenwachstums und der Blasenablösung von der Heizfläche, gekennzeichnet. Die Herabsetzung der Aktivierunsenergien der Blasenbildung, solange sie nicht durch Erhöhung der Überhitzung ΔT erfolgt, reduziert die Exergieverluste der Wärmeübertragung beim Sieden. Die Aktivierungsenergien werden in sehr unterschiedlicher Form aus der "Umgebung" des Keims bzw. der Blase geliefert.

Die Aktivierungsenergie $W_{B,act}$ der Keimbildung wird durch stochastische Energiefluktuationen im Fluid aufgebracht und hängt vor allem von der Temperatur ab. Die Aktivierungsschwelle, wird i.a. durch eine "kritische Temperatur" T_{nuc} beschrieben, bei der die Wahrscheinlichkeit der Keimbildung (Keimbildungsrate) einen bestimmten Mindestwert überschreitet, vgl. Kap. 4..

Die Aktivierungsenergie $W_{b,act}$ des Keimblasenwachstums (der Aktivierung der Keimblase) mit $R_{B,eq} = R_K$ hängt in erster Linie vom kritischen Radius R_K der Keimblase ab, welcher vor allem durch die Größe der Keimstellen bestimmt ist, vgl. Kap 5, S. 502. Da an einer Keimstelle bei der Ablösung der haftenden Blase meist eine Keimblase zurückbleibt, ist die Keimblase nicht neu zu bilden; die Aktivierung geschieht dadurch, daß die Überhitzung ΔT des Fluids um die Keimblase durch instationäre Wärmeleitung steigt und damit der Gleichgewichtsradius $R_{B,eq}$ nach Gl 3.45 abnimmt, bis er den kritischen Keimblasenradius R_K der Keimstelle unterschreitet, so daß die Keimblase spontan zu wachsen beginnt. Der durch die Geometrie der Keimstelle und durch ihre Benetzbarkeit bestimmte kritische, kleinste Keimblasenradius R_K bestimmt nach Gl. 3.76 die notwendige Überhitzung der Heizfläche und damit das Minimum der irreversiblen Entropiezunahme bei der Verdampfung an der betrachteten Keimstelle.

Die Aktivierungsenergie der Blasenablösung wird vom Gravitationsfeld geliefert; sie ist gekennzeichnet durch den Blasenabreißdurchmesser, der die freie Höhe bestimmt, welche über einer Heizfläche erforderlich ist, um die Ablösung von Blasen zu ermöglichen und innerhalb deren bei der Ablösung potentielle Energie der Flüssigkeit in kinetische umgewandelt und dissipiert wird.

Wegen der Unterschiedlichkeit der Aktivierungsmechanismen ist es zweckmäßig, die drei Aktivierungsschwellen durch spezielle Größen statt durch ihre Aktivierungsenergien zu beschreiben, vorzugsweise durch

- die kritische Temperatur T_{nuc} der Keimbildung,
- die Überhitzung ΔT_{act} der Keimblasenaktivierung und
- die Scheitelhöhe der Blasen bei ihrer Ablösung, näherungsweise ersetzt durch den Blasenabreißdurchmesser $D_{B,sep}$.

Nur die Aktivierungsenergie der Keimbildung, die Keimbildungsarbeit, spielt als solche eine deutliche Rolle in der theoretischen Beschreibung, s. Kap. 4..

4. Dampfkeimbildung

Dampfkeime sind sehr kleine Dampfblasen, die sich in einer überhitzten Flüssigkeit infolge von thermischen Energie- und Massenfluktuationen spontan neu bilden. Ihre Entstehung ist wesentlich verschieden von der Bildung neuer Blasen durch Wachstum und Teilung bereits vorhandener Dampfvolumina, der Keimblasen, wie es in den Abschnitten 3.6 und 5.4 behandelt wird.

Dampfkeime wachsen in überhitzten Flüssigkeiten spontan zu beobachtbaren Durchmessern, wie sie beim Sieden auftreten, sobald sie bei ihrer Entstehung den Gleichgewichtsradius $R_{B,eq}$ nach Gl. 3.40 bzw. 3.41 für den herrschenden Zustand (T; p_L) der überhitzten Flüssigkeit überschreiten.

Der Anteil der durch homogene Dampfkeimbildung, d.h.ohne Kontakt mit vorhandenen Oberflächen, entstehenden Dampfblasen beim Sieden wird i.a. als vernachlässigbar angesehen; jedoch steigt die Keimbildungsrate zum kritischen Punkt hin stark an, so daß diese Vernachlässigung sicher nur beschränkt zulässig ist. Die homogene Keimbildungsrate in thermischen Grenzschichten an Heizflächen soll berechnet werden, um abzuschätzen, oberhalb welcher Heizwandtemperatur ihr Beitrag zur Blasenbildung wesentlich ist. Es wird in Abschnitt 4.1. gezeigt, daß homogene Keimbildung beim Behältersieden unter konstantem Druck nur in einem kleinen Teil der Temperaturgrenzschicht an der Heizfläche wirksam ist. Beim Entspannungssieden unter starker Druckabsenkung tritt homogene Keimbildung demgegenüber vor allem im Inneren des Flüssigkeitsvolumens auf.

Heterogene Keimbildung ist die lokal begünstigte Bildung von Dampfkeimen an bereits existierenden Oberflächen, deren Benetzungsspannug kleiner als die Oberflächenspannung der Flüssigkeit ist, besonders an unvollständig benetzten Festkörperoberflächen.

Die Beiträge der homogenen und der heterogenen Keimbildung zum Wärmeübergang beim Sieden an einer Heizfläche lassen sich durch Erweiterung des 1. Terms der Gl. 1.09 berücksichtigen; bei Vernachlässigung des konvektiven Wärmeübergangs zwischen den Keimstellen ($\alpha_{conv} = 0$) gilt:

$$\dot{q} = (n\, f + J_{hom} + J_{het})(Q_{B,lat} + Q_{drift}) \qquad (4.01)$$

Hierbei sind J_{hom} die flächenbezogene Rate der homogenen Keimbildung in der Temperaturgrenzschicht und J_{het} die flächenbezogene Rate der heterogenen Keimbildung an der Heizfläche. Da die Temperaturgrenzschicht meist dünn gegen den Blasendurchmesser ist, und homogene Keimbildung beim Sieden vorzugsweise sehr nahe an der Heizfläche auftritt, läßt sich annehmen, daß auch durch homogene Keimbildung entstandene Blasen nach kurzem Wachstum die Heizfläche berühren, im Kontakt mit der Heizfläche weiter wachsen und sich ähnlich ablösen, wie durch heterogenen Keimbildung oder aus vorhandenen Keimblasen enstandene, so daß die Wärmemengen $Q_{B,lat}$ und Q_{drift} von der Enstehung der Blasen nicht abhängen.

Bereits sehr geringe Keimbildungsraten der homogenen oder heterogenen Keimbildung sind ausreichend, um durch Neubildung von Keimblasen in zuvor gefluteten Keimstellen der Heizfläche die Hysterese der Siedecharakteristik zu begrenzen.

4.1. Homogene Blasenkeimbildung

Die Bildung von Dampfkeimen im Inneren einer Flüssigkeit heißt homogen, wenn sie ohne Kontakt mit bereits vorhandenen Phasengrenzen, wie den Gefäßwänden oder den Oberflächen dispergierter Partikel, Tröpfchen oder anderer Körper stattfindet. Für die homogene Bildung eines überkritischen, d.h. spontan wachsenden Dampfkeimes ist mindestens die Bildungsarbeit $W_{B,act}$ nach Gl. 3.48 erforderlich:

$$W_{B,act} = \frac{16\,\pi\,\sigma_{LV}^{\;3}}{3\,(p_V - p_L)^2}\;;\quad p_V \simeq p_{sat,T} \tag{3.48}$$

Bei einem gegebenen Druck p_L der Flüssigkeit ist die Bildungsarbeit umso geringer, je größer die Überhitzung ΔT bzw. die Übersättigung $(p_{sat,T} - p_L)$ ist, weil mit steigender Flüssigkeitstemperatur der Nenner der rechten Seite der Gl. 3.48 zu- und der Zähler wegen der Temperaturabhängigkeit der Oberflächenspannung abnimmt.

Die Wahrscheinlichkeit der Bildung von Dampfkeimen von mindestens dem Radius $R_{B,eq}$ unter stationären Bedingungen, die stationäre homogene Keimbildungsrate I, bezogen auf die Volumeneinheit der Flüssigkeit, gehorcht einer Gleichung der Form

$$I = n_L\; B\; \exp\left(-\,\frac{W_{B,act}}{k\,T}\right), \tag{4.02}$$

in welcher n_L die Zahl der Moleküle je Volumeneinheit Flüssigkeit ist und der Kinetikterm oder Frequenzfaktor B durch Diffusions- oder Fluktuationsvorgänge bestimmt wird. Die Gleichungen verschiedener Autoren unterscheiden sich im Wesentlichen hinsichtlich der Modelle der Enstehung eines Dampfkeimes und der resultierenden Ausdrücke für B, /401/ bis /404/. Nach dem Lösungsvorschlag von Becker und Döhring /402/ beträgt der Frequenzfaktor für siedene Flüssigkeiten:

$$B = \sqrt{\frac{6\,\sigma_{LV}}{(3 - b)\,\pi\,m}} \tag{4.03}$$

mit $\quad b = 1 - p_L/p_{sat,T}$ (4.04)

Bei einem Flüssigkeitsdruck weit unterhalb des Kritischen werden nennenswerte Keimbildungsraten erst bei starker Überhitzung, d.h. für $p_{sat,T} > p_L$ erreicht, dann gilt näherungsweise die Annahme von Blander /405/,

$$b \simeq 1; \quad B = \sqrt{\frac{3\,\sigma_{LV}}{\pi\, m}} \qquad (4.05)$$

wobei m die Masse eines Fluidmoleküls ist. Abweichende Ansätze anderer Autoren für den Frequenzfaktor B wirken sich auf die aus Gl. 4.03 zu ermittelnde Flüssigkeitstemperatur für die zum stationären Sieden erforderlichen Keimbildungsraten kaum aus, vgl. /404, S. 17 ff/.

Mit

$$n_L \equiv d_L\, N_{mol}/M_{mol}$$

und

$$m \equiv M_{mol}/N_{mol}$$

sowie mit Gl. 4.05 erhält man aus Gl. 4.02:

$$I = \left[\frac{d_L\, N_{mol}}{M_{mol}}\right] \left[\frac{3\,\sigma_{LV}\, N_{mol}}{\pi\, M_{mol}}\right]^{1/2} \exp\left[-\frac{W_{B,act}}{k\,T}\right] \qquad (4.06)$$

Gl. 4.06 gilt unter der Annahme, daß Dampf- bzw. Blasenkeime so groß sind, daß Dampfvolumen und Phasengrenze durch makroskopische Eigenschaften ausreichend gut beschrieben werden. Dies gilt beim Behältersieden praktisch immer näherungsweise, da die kritischen Blasenkeimradien stets mindestens um eine bis zwei Größenordnungen größer sind als der mittlere Molekülabstand b_{mol} in der Flüssigkeit.

In Bild 4-01 ist die Keimbildungswahrscheinlichkeit I in Wasser bei zwei verschiedenen Werten des Drucks p_L in Abhängigkeit von der reduzierten Temperatur dargestellt; der Vorfaktor in Gl. 4.06

$$n_L B = \left[\frac{d_L\, N_{mol}}{M_{mol}}\right] \left[\frac{3\sigma_{LV}\, N_{mol}}{\pi\, M_{mol}}\right]^{1/2} \tag{4.07}$$

ist ebenfalls dimensionslos wiedergegeben. Dieser Vorfaktor ändert sich im Bereich $T_{tri} < T < 0.98\ T_c$ nur um etwa einen Faktor 10, während I sich in dem relativ kleinen Intervall $0{,}88\ T_c < T < 0{,}91\ T_c$ um etwa 10^{30} ändert. Die starke Änderung von I mit der Temperatur ist praktisch allein auf die Temperaturabhängigkeit des Exponenten $-W_{B,act}/(kT)$ zurückzuführen; diese resultiert vorwiegend aus der starken Temperaturabhängigkeit des Dampfdrucks $p_V \simeq p_{sat,T}$ in Gl. 3.48. Der Exponent kann jeweils als vertikaler Abstand der logarithmischen Ordinaten $n_L B/I_{oo}$ und I/I_{oo} abgelesen werden.

Der Vergleich der Kurven für I/I_{oo} für $p = 1$ bar bzw. $p = 20$ bar in Bild 4-01 zeigt, daß der Druck p_L der Flüssigkeit nur geringen Einfluß auf die Temperatur hat, bei der eine bestimmte Keimbildungsrate auftritt. So verschiebt sich für Wasser bei Erhöhung des Drucks von 1 bar auf 20 bar die Kurve I/I_{oo} nur um etwa 8 K zu höheren Temperaturen. Auch die Festlegung von I_{oo} oder ϵ_{nuc} wirkt sich auf T_{nuc} nur sehr schwach aus.

Für stationäres technisches Sieden spielt homogene Keimbildung nur eine Rolle, wenn die Keimbildungsrate wenigstens einen unteren Grenzwert I_o erreicht. Hierfür wird gelegentlich relativ willkürlich der Wert $I_{o1} = 10^6\ m^{-3}\ s^{-1}$ angenommen. Die Flüssigkeitstemperatur T_{nuc}, bei der die Keimbildungsrate I_o erreicht wird, wird als kritische Temperatur der homogenen Keimbildung bezeichnet. Im Hinblick auf eine universelle Betrachtung verschiedener Flüssigkeiten scheint es sinnvoller, zur Bestimmung einer kritischen Temperatur T_{nuc} den Wert I_o mit Hilfe eines Eigenmaßstabes aus Molekül- und kritischen Daten der Flüssigkeit zu definieren. Als Eigenmaßstab der Dimension ($m^{-3}\ s^{-1}$) wird hier verwendet:

$$I_{oo} = (d_c\, N_{mol}/M_{mol})^{4/3}\, (R_{mol}\, T_c/M_{mol})^{1/2} \tag{4.08}$$

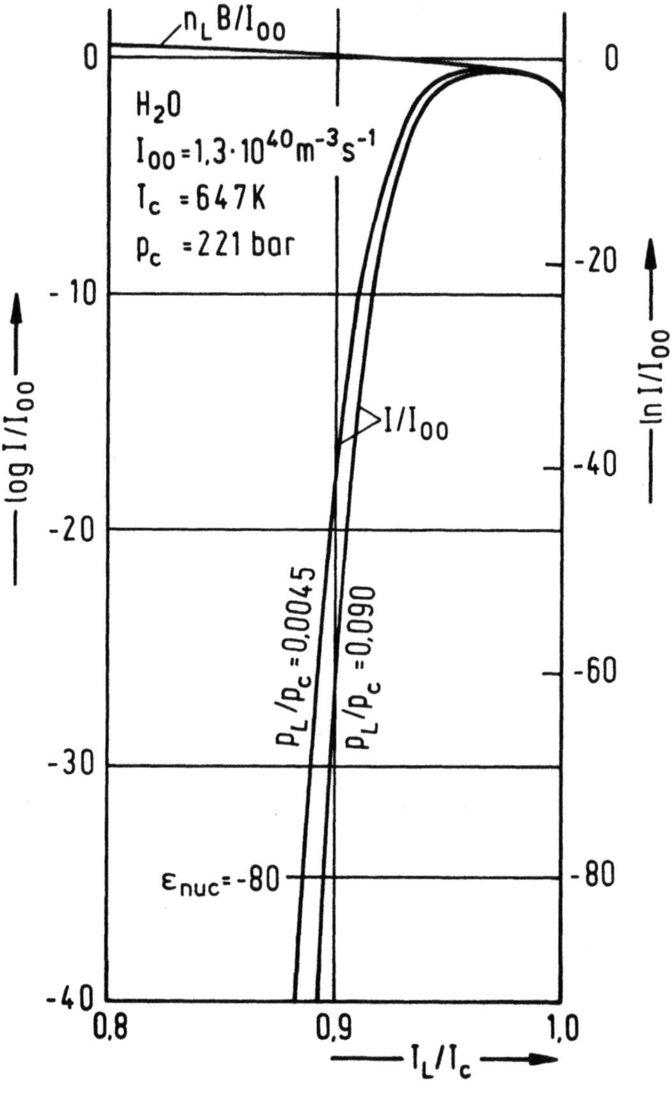

Bild 4-01 Rate der homogenen Keimbildung in Wasser bei 1 bar bzw. bei 20 bar, in Abhängigkeit von der reduzierten Temperatur

Für verschiedene Flüssigkeiten erhält man folgende Werte:

Flüssigkeit	$I_{oo}/(10^{40}\ m^{-3}\ s^{-1})$
Helium	0,24
Methanol	0,32
CO_2	0,28
Dekan	0,02
NH_3	0,76
Wasser	1,30
Na	1,04
Hg	0,99

Hier wird vorgeschlagen, einen unteren Grenzwert I_0 der homogenen Keimbildungsrate und eine kritische Temperatur T_{nuc} der homogenen Keimbildung durch die universelle Bedingung zu definieren,

$$I_o/I_{oo} = \exp(-\epsilon_{nuc}) = \text{konstant}; \quad \epsilon_{nuc} = 80 \tag{4.09}$$

wobei der Wert $\epsilon_{nuc} = 80$ für verschiedene Flüssigkeiten Werten der Keimbildungsrate $10^4\ m^{-3}\ s^{-1} \lesssim I_0 \lesssim 10^6\ m^{-3}\ s^{-1}$ entspricht, die experimentell gut bestimmbar sind. Für $T = T_{nuc}$ hat der Exponent der Gl. 4.02 den Betrag:

$$W_{B,act}/(kT) = \frac{16\pi\, \sigma_{LV}^3}{3(p_{sat,T} - p_L)^2\, kT_{nuc}} = \epsilon_{nuc} - \ln\left[\frac{I_{oo}}{n_L\, B}\right] \tag{4.10}$$

Die Temperatur T_{nuc} der homogenen Keimbildung kann nach Gl. 4.10 für einen bestimmten Sättigungszustand (p_L; T_{sat}) nur iterativ ermittelt werden, wenn man die Abhängigkeit der Größen σ_{LV} und $p_{sat,T}$ von der Temperatur $T_L = T_{nuc}$ beachtet. Dieser Zusammenhang ist in Bild 4-02 für Wasser mit $\epsilon_{nuc} = 80$ in reduzierten Größen dargestellt. Bei positiven Drücken der Flüssigkeit $p_L \geq 0$ tritt homogene Keimbildung erst oberhalb der Temperatur $T_L = 0{,}86\ T_c = 560$ K bzw. oberhalb des Dampfdruckes $p_V \simeq 0{,}3\ p_c$ auf. Bild 4-02 gilt qualitativ auch für andere Fluide. Die reduzierte kritische Überhitzung der Flüssigkeit $\Delta T/T_c$ läßt sich als vertikaler Abstand der Kurve $T_L = T_{nuc}$ von der Geraden $T_L = T_{sat}$ in der skizzierten Weise ablesen. Bei Temperaturen $T_L < 0{,}86\ T_c$ tritt homogene Keimbildung mit der durch Gl. 4.09 definierten Keimbildungsrate I_0 nur bei positivem Druck $p_L > 0$, nicht auf. Bei Annäherung an den Kritischen Punkt $p_L \rightarrow p_c$ wird die zur homogenen Keimbildung erforderliche Überhitzung immer geringer. Im kritischen Punkt geht die Keimbildung in Dichtefluktuationen ohne diskrete Phasengrenzen über.

Die exponentielle Struktur der Gl. 4-02 bewirkt, daß bei geringem Siededruck $p_L \ll p_c$ kleine Temperaturerhöhungen über T_{nuc} hinaus die Keimbildungsrate drastisch erhöhen, bzw. kleine Temperaturabsenkungen unter T_{nuc} praktisch zur Unterbrechung der homogenen Keimbildung führen, vgl. auch Bild 4-01. Umgekehrt ändert sich der Wert von T_{nuc} kaum, wenn die zur Definition verwendete Untergrenze I_o der Keimbildungsrate bzw. der Wert $(\exp \epsilon_{nuc})$ um einen Faktor 100 größer oder kleiner gewählt wird. Der Einfluß der naturgemäß willkürlichen Definition von I_o auf T_{nuc} ist sehr gering.

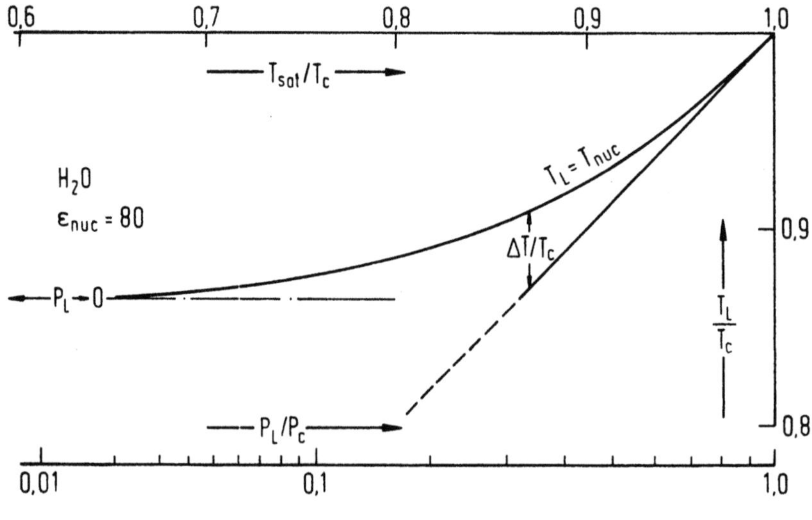

Bild 4-02 kritische Temperatur $T_L = T_{nuc}$ der homogenen Keimbildung mit $\epsilon_{nuc} = 80$ als Funktion der Sättigungstemperatur bzw. des Drucks

Lösungen der Gl. 4-02 mit Gl. 3.48 für $p_V < p_L$ gelten für die Keimbildungsraten bei Kondensation.

Mit dem Druck p_L wächst der Gleichgewichtsradius $R_{B,eq}$ von Dampfkeimen bei $\epsilon_{nuc} = 80 =$ konstant in der in Bild 4-03 gezeigten Weise. T_{nuc} ändert sich dabei nur wenig mit p_L. Die Darstellung erfolgt dimensionslos mit dem mittleren Molekülabstand b_c bei der kritischen Dichte als Bezugslänge, vgl. Gl. 3.09:

$$b_c = \left[\frac{M_{mol}}{d_c\, N_{mol}}\right]^{1/3} \tag{4.11}$$

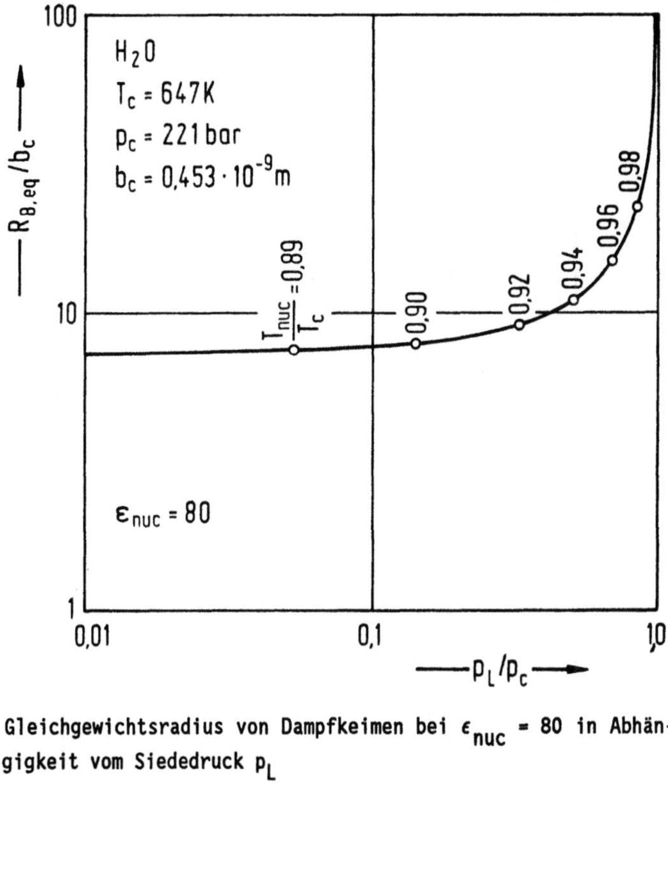

Bild 4-03 Gleichgewichtsradius von Dampfkeimen bei $\epsilon_{nuc} = 80$ in Abhängigkeit vom Siededruck p_L

Der Platzbedarf der Dampfkeime begrenzt die Keimbildungsrate nach oben. I. Thormälen /404/ definiert die kinetische Grenze der homogenen Keimbildung so, daß die Keimdichte höchstens

$$z_{max} = (4\ R_{B,eq})^{-3} \tag{4.12}$$

beträgt, und bestimmt hieraus die Lage der Spinodalen, deren linker Ast das Existenzgebiet der metastabilen (überhitzten) Flüssigkeit gegen das Gebiet instabiler Zustände abgrenzt, Bild 4-04. Bei technischem Sieden wird diese Grenze nicht erreicht; Überhitzungen, Keimbildungsraten und Keimdichten sind viel geringer.

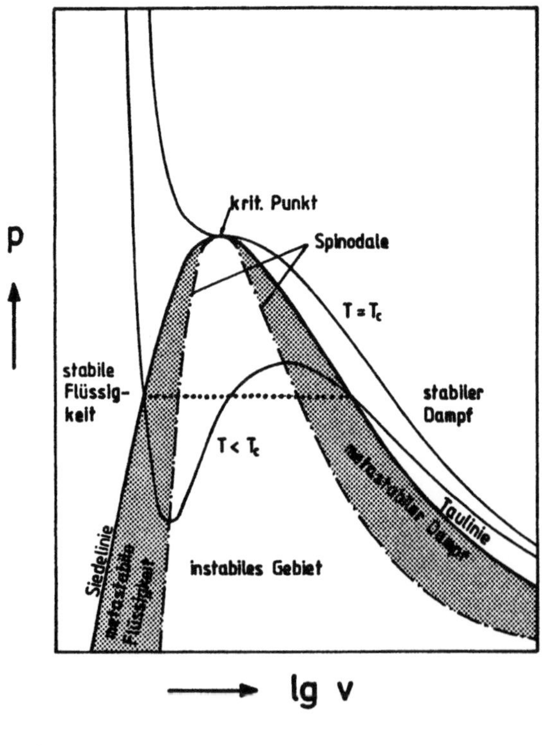

Bild 4-04 Grenze der Existenz metastabiler Flüssigkeit bzw. metastabilen Dampfes nach /404/

Der Beitrag der homogenen Keimbildung zum Blasensieden wird in Gl. 4.01 durch die Keimbildungsrate J_{hom}, bezogen auf die Flächeneinheit der Heizfläche, bestimmt. Diese wird durch Integration von I über der Dicke der Temperaturgrenzschicht erhalten:

$$J_{hom} = \int_0^\infty I \, dz \tag{4.13}$$

Die Integration ist nicht ohne weiteres analytisch durchführbar, da die in I eingehenden Stoffwerte σ_{LV} und $p_{sat,T}$ in spezieller Weise von der Temperatur T abhängen, deren Verlauf in der Grenzschicht i.a. nicht genau bekannt ist. Wenn Wärmestromdichte q und Heizwandtemperatur T_W bekannt sind, ergibt die Annahme, die volumetrische Keimbildungsrate ändere sich in z-Richtung linear von ihrem Wert I_W bei der Wandtemperatur T_W bis zum Wert I = 0 in der Entfernung l_I:

$$l_I = I_W / \left[\left(\frac{dT}{dz}\right)_W \left(\frac{dI}{dT}\right)_W \right] \; ; \tag{4.14}$$

$$J_{hom} = \frac{1}{2} I_W \, l_I \tag{4.15}$$

l_I ist die Grenzschichtdichte der homogenen Keimbildung; der Temperaturgradient an der Wand kann aus der Wärmestromdichte $\dot{q}$ unter der Annahme stationärer Wärmeleitung in einer ruhenden wandnahen Flüssigkeitsschicht abgeschätzt werden:

$$(dT/dz)_W = (\dot{q}/\lambda_L)_W \tag{4.16}$$

Der Fehler, der sich aus den linearen Ansätzen, Gl. 4.14 und 4.15, in der Bestimmung von J_{hom} ergeben kann, wirkt sich auf die Bestimmung der Wandtemperatur T_W, bei der J_{hom} einen bestimmten Wert annimmt, nicht merklich aus.

Die Abhängigkeit der Keimbildungsrate von der Temperatur kann näherungsweise mit der Annahme ermittelt werden, daß der Vorfaktor $n_L B$ der Gl. 4.02 gegenüber der Exponentialfunktion konstant ist; aus den Gln. 4.02 und 3.48 erhält man hiermit:

$$(dI/dT)_W = I_W \left[\left[-3\,\frac{d\sigma_{LV}}{\sigma_{LV}dT} + \frac{1}{T} + \frac{2\,(dp/dT)_{sat}}{p_{sat,T} - p_L}\right] \frac{W_{B,act}}{k\,T}\right]_W \qquad (4.17)$$

Der Ausdruck in [ ] der rechten Seite der Gl. 4.17 ist die innere Ableitung des Exponenten der Gl. 4.02 nach T. Mit den Gln. 4.14 bis 4.17 ist die homogene Keimbildungsrate der thermischen Grenzschicht:

$$J_{hom} = \frac{I_W\,\lambda_L\,T_W}{2\,\dot{q}\,\Phi}; \qquad \Phi = T_W(dI/dT)_W/I_W \qquad (4.18)$$

$$\Phi = \frac{W_{B,act}}{k}\left\{-\,\frac{3\,d\sigma_{LV}}{\sigma_{LV}\,dT} + \frac{1}{T} + \frac{2\,(dp/dT)_{sat,T_W}}{p_{sat}(T_W) - p_L}\right\} \qquad (4.19)$$

Nach Gl. 4.18 ist die homogene Keimbildungsrate J_{hom} besonders groß, wenn relativ hohe Wandtemperatur in Verbindung mit geringer Wärmestromdichte auftritt (dicke Temperaturgrenzschicht) wie z.B. bei beginnendem Sieden, Punkt A' in Bild 1-02.

Die dimensionslose Hilfsfunktion Φ ist ebenso wie I_W bestimmt durch den metastabilen Zustand der Flüssigkeit (T_W; p_L) an der Wand. Das Verhältnis der Grenzschichtdicken l_I und l_T der homogenen Keimbildung und der Wärmeübertragung ist dann

$$l_I/l_T = \frac{T_W}{\Phi\,\Delta T_W} \qquad (4.20)$$

mit den Grenzfällen

$$\Delta T_W = (T_W - T_{sat}) \rightarrow 0\ ; \qquad l_I/l_T \rightarrow \frac{k\,T_W}{2\,W_{B,act}} \rightarrow 0$$

und $\quad T_W \rightarrow T_c\ ; \qquad l_I/l_T \rightarrow \infty$

Für technisch interessierende Siedezustände bis dicht an den Kritischen Punkt, $T_W/T_c < 0{,}99$, ist $l_I \ll l_T$, d.h. homogene Keimbildung findet nur in einem geringen Teil der Dicke l_T der Temperaturgrenzschicht statt.

Die Berechnung von $W_{B;act}$ und Φ erfordert die Kenntnis der temperaturabhängigen Stoffwerte σ_{LV} und p_{sat} und ihrer Temperaturkoeffizienten. Diese Stoffwerte lassen sich oft qualitativ durch einfache Funktionen der reduzierten Temperatur $\tau \equiv T/T_c$ und des reduzierten Drucks $\pi \equiv p/p_c$ beschreiben. Nach /407/ läßt sich die Flüssigkeitsoberflächenspannung von Kältemitteln als Funktion der reduzierten Temperatur beschreiben:

$$\sigma_{LV} \simeq \sigma_0 \, (1 - \tau)^{\mu} \; ; \quad \sigma_0 = K_\sigma \frac{R_{mol} \, T_c}{\sqrt[3]{V_{c,mol}^{\,2} \, N_{mol}}} \tag{4.21}$$

Qualitativ beschreibt Gl. 4.21 auch die Temperaturabhängigkeit anderer Fluide. Für den reduzierten Druck gilt nach Gl 3.38:

$$\pi_{sat} = \exp \left[- K_h \, \frac{(1 - \tau)}{\tau} \right] \tag{4.22}$$

Hiermit erhält man für Φ aus Gl. 4.19:

$$\Phi = \frac{W_{B,act}}{k \, T} \left[3 \, \mu \, \tau/(1 - \tau) + 1 + \frac{2 \, K_h}{\tau^2 \, [1 - \pi_L \, \exp[K_h \, (1/\tau - 1)]]} \right] \tag{4.23}$$

$$\frac{W_{B,act}}{k \, T} = \frac{16 \, \pi \, K_\sigma^{\,3}}{3 \, Z_c^{\,2}} \, \frac{(1 - \tau)^{3\mu}}{\tau \, [\exp(-K_h \, \frac{1-\tau}{\tau}) - \pi_L]^2} \tag{4.24}$$

Mit angepaßten Werten der Konstanten μ, K_h, K_σ und des kritischen Realfaktors Z_c (mittlere Werte: μ = 1,28; K_h = 6; K_σ = 6; Z_c = 0,27) wirkt sich der Fehler der universellen Gl. 4.23 gegenüber Gl. 4.19 für zahlreiche Flüssigkeiten auf T_{nuc} kaum aus. Der Vorteil der Handhabung ist erheblich, da Temperaturkoeffizienten der Stoffwerte hierdurch ersetzt werden. Die Konstanten lassen sich z.B. aus den kritischen Daten und den Werten von p_{sat} und σ_{LV} bei einer bzw. bei zwei weiteren Temperaturen bestimmen. Gl. 4.24 ist nicht geeignet, um umgekehrt Keimbildungsraten unter Verwendung von Gl. 4.23 mit Gl. 4.02 zu berechnen, da hier kleine Abweichungen von K_h zu erheblichen Fehlern in J_{hom} führen.

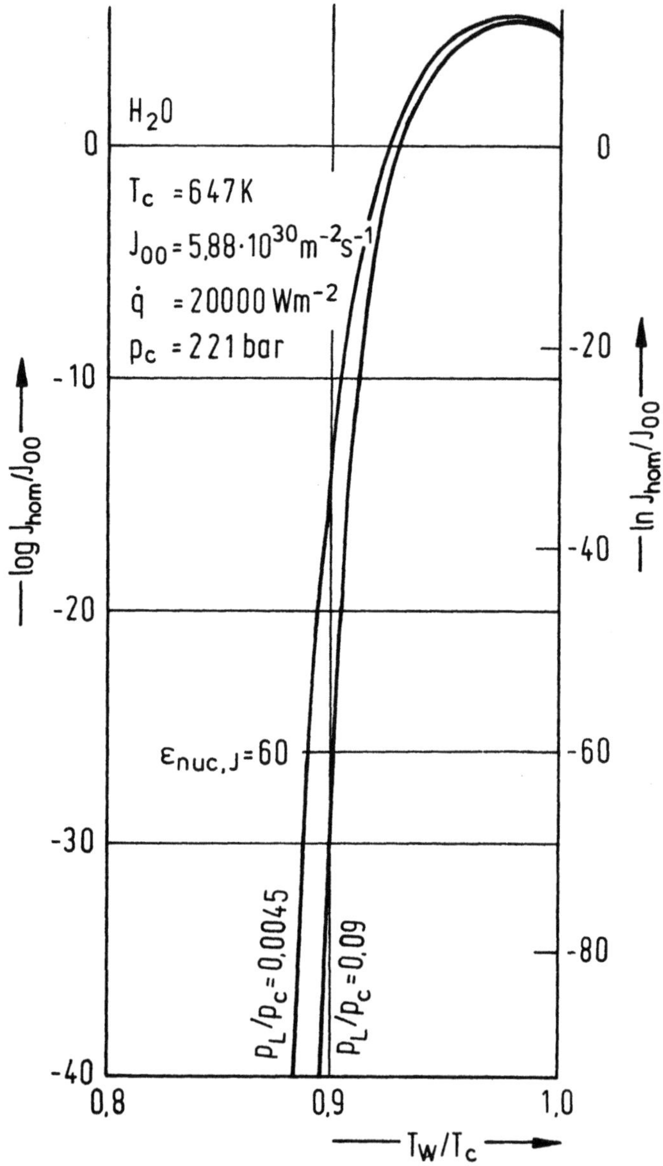

Bild 4-05 Flächenbezogene homogene Keimbildungsrate J_{hom} in Temperaturgrenzschichten bei gesättigtem Sieden von Wasser, bei 1 bar bzw. bei 20 bar, $\dot{q}$ = 20000 W, in Abhängigkeit von der Heizwandtemperatur

Die flächenbezogene homogene Keimbildungsrate J_{hom} der Temperaturgrenzschicht nach Gl. 4.18 ist in Bild 4-05 als Funktion der reduzierten Heizwandtemperatur für Wasser bei $\dot{q}$ = 20000 W/m² für zwei verschiedene Drücke dargestellt. Als Eigenmaßstab wird die Größe J_{oo} vorgeschlagen:

$$J_{oo} = I_{oo}\, b_c = (d_c\, N_{mol}/M_{mol})\, (\mathfrak{R}_{mol}\, T_c/M_{mol})^{1/2} \tag{4.25}$$

J_{oo} hat für verschiedene Flüssigkeiten Werte

$$10^{28}\ m^{-2}\ s^{-1} \le J_{oo} \le 10^{30}\ m^{-2}\ s^{-1}$$

Hier wird vorgeschlagen, für die flächenbezogenen Keimbildungsrate einen unteren Grenzwert J_o analog zu I_o nach Gl. 4.09 und eine kritische Temperatur $T_{nuc,J}$ durch eine universelle Bedingung zu definieren:

$$J_o/J_{oo} = \exp(-\epsilon_{nuc,J}); \quad \epsilon_{nuc,J} = 60 \tag{4.26}$$

Diese Festlegung von $\epsilon_{nuc,J}$ ist so gewählt, daß J_o nach Gl. 4.26 etwa von der Größenordnung der Blasenstromdichte (n f) in Gl. 4.01 bei beginnendem Blasensieden ist. Die durch Gl. 4.26 definierte Grenze der flächenbezogenen Keimbildungsrate ist zum Vergleich in Bild 4-05 mit dargestellt und führt auf etwa 1% höhere Werte $T_W = T_{nuc}$ als die Grenze ϵ_{nuc} = 80, Bild 4-01. T_{nuc} ist bei niedrigen Siededrücken $p_L \le 0{,}2\ p_c$ nur schwach druckabhängig. Oberhalb des Wertes J_o, d.h. bei Wandtemperaturen $T_W > T_{nuc}$, kann homogene Keimbildung in thermischen Grenzschichten an Heizflächen wesentlich zur Blasenbildung und zum Wärmeübergang beim Sieden beitragen.

Für Wasser ist mit $\epsilon_{nuc,J}$ = 60 die flächenbezogene Keimbildungsrate

$$J_o = 5{,}1\ 10^4\ m^{-2}\ s^{-1}\ .$$

Dieser Wert von J_o trägt durch Blasenbildung weniger zum Wärmeübergang bei als turbulente Konvektion bei beginnendem Blasensieden bei p_L = 1 bar, obwohl zur Erzielung von J_o eine mehr als 20-fach größere

Überhitzung der Heizfläche erforderlich ist. Jedoch führt eine geringe weitere Erhöhung der Heizwandtemperatur über den entsprechenden Wert $T_{nuc,J} = 0{,}895\ T_c \mathrel{\hat{=}} 580$ K dazu, daß Blasenbildung durch homogene Keimbildung zum vorherrschenden Wärmetransportmechanismus wird. Bei hohem Siededruck, $p > 0{,}4\ p_c$, ist homogene Keimbildung bereits bei einer technisch üblichen Überhitzung, $\Delta T = 0{,}04\ T_c$ (Für H_2O: $\Delta T = 26$ K), der dominierende Mechanismus der Blasenbildung, z.B. für Wasser bei $T = 330°C$, $p = 90$ bar, $\dot{q} = 20000\ W/m^2$:

$$\Delta T = 26\ K,\ J_{hom} = 0{,}2\ 10^{12}\ m^{-2}\ s^{-1}$$

Homogene Keimbildung wird nicht durch die Struktur oder Materialeigenschaften der Heizfläche beeinflußt. Ihr zum Kritischen Punkt hin stark zunehmender Beitrag zur Blasenbildung trägt zu dem mit $T_W \rightarrow T_c$ bzw. mit $p \rightarrow p_c$ zunehmenden Wärmeübergang beim Sieden und zur Abnahme des Einflusses der Heizflächeneigenschaften in diesem Temperaturbereich bei. Die Wahl eines Wärmeträgerfluids derart, daß seine Kritische Temperatur dicht über der Heizwandtemperatur liegt, $(T_c - T_W)/T_c \ll 1$, sodaß hohe homogene Keimbildungsraten auftreten, ist nur bedingt zweckmäßig, da bei hohen Siededrücken $p_L > 0{,}4\ p_c$ die kritische Wärmestromdichte $\dot{q}_{crit}$ mit Annäherung an den kritischen Punkt stark abnimmt, vgl. /204/, Ha 16 bis 18.

4.2. Heterogene Blasenkeimbildung

Heterogene Keimbildung ist gegenüber der homogenen Keimbildung durch verringerte Bildungsarbeit von Blasenkeimen an bereits vorhandenen Grenzflächen gekennzeichnet. Sie kann auftreten, wenn die siedende Flüssigkeit mit der Oberfläche einer "fremden" Phase einen Randwinkel $\gamma_{eq} > 0$ bildet, d.h. diese Oberfläche unvollständig oder nicht benetzt, besonders an nicht benetzbaren Heizflächen, Partikeln oder sonstigen Gegenständen /405/ und an dispergierten Tropfen oder Phasengrenzen von Flüssigkeiten wesentlich geringerer Oberflächenspannung /403/ als der der siedenden Flüssigkeit.

Die heterogene Keimbildungsarbeit ist bestimmt durch die 3 Grenzflächenspannungen der Grenzflächen zwischen der fremden Phase, der siedenden Flüssigkeit und dem entstehenden Dampf, sowie durch die Form der Keimstelle. Für feste Oberflächen ist die Keimbildungsarbeit vom Randwinkel γ_{eq} und von der Form der Keimstelle abhängig. Drei charakteristische Fälle der Oberflächengeometrie von Festkörpern werden betrachtet:

- glatte Oberflächen,
- achsensymmetrische Vertiefungen oder Poren,
- Berührungsstellen zweier Körper.

An einer glatten, unvollständig benetzten Festkörperoberfläche ist die Bildungsarbeit eines Blasenkeimes gegenüber der homogenen Bildung im Inneren der Flüssigkeit nach Abschnitt 3.3.1., Gl. 3.55, um einen Faktor $\psi < 1$ erniedrigt, der nur vom Randwinkel γ_{eq} abhängt.

$$W_{B,het} = \psi \, W_{B,hom} \tag{4.26}$$

Der Faktor ψ ist in Abschnitt 3.3 durch Gl. 3.56 bzw. in Bild 3-10 als Funktion des Randwinkels γ_{eq} dargestellt. Die Rate der heterogenen Keimbildung an einer glatten, unvollständig benetzen Festkörperfläche, bezogen auf die Flächeneinheit, läßt sich analog Gl. 4.06 ausdrücken /405/:

$$J_{het} = \left[\frac{d_L \, N_{mol}}{M_{mol}}\right]^{2/3} \left[\frac{3\sigma_{LV} \, N_{mol}}{\pi \, M_{mol}}\right]^{1/2} \frac{S}{\sqrt{\psi}} \exp\left[-\frac{\psi \, W_{B,act}}{kT}\right] \tag{4.27}$$

mit $S/\sqrt{\psi} = \sqrt{\frac{2}{2 + \cos\gamma_{eq}}}$

Als Eigenmaßstab wird wiederum die Größe J_{oo} nach Gl. 4.25 verwendet und als Grenzwert der heterogenen Keimbildung die Keimbildungsrate J_o nach Gl. 4.26 und die hierdurch definierte kritische Temperatur $T_{nuc,het}$.

Die Rate J_{het} der heterogenen Keimbildung an glatten Heizflächen in Wasser bei 1 bar ist im Bild 4-06 in Abhängigkeit von der Temperatur für verschiedene Werte des Randwinkels γ_{eq} bzw. des Erniedrigungsfaktors ψ der heterogenen Keimbildungsarbeit für p_L = 1 bar dargestellt. Auch bei dem relativ großen Wert des Randwinkels $\gamma_{eq} = 120^0$ könnte heterogene Keimbildung an einer glatten Heizfläche nur bei relativ hohen Heizflächentemperaturen

$$T_W \geq T_{nuc,het} > 0{,}85\ T_c$$

einen merklichen Beitrag zur Blasenbildung beim Sieden leisten, z.B.für Wasser bei 1 bar bei $\tau \geq 0{,}85$, $T_W > 280^0C$; diese Temperatur der Heizfläche liegt jedoch weit oberhalb der Wandtemperaturen, bei denen bei diesem Druck Blasensieden auftritt. Ein so großer Werte des Randwinkels ist außerdem bei Temperaturen nahe dem Kritischen Punkt der Flüssigkeit sehr unwahrscheinlich (vgl. Abschnitt 3.1.2.).

In unvollständig oder nicht benetzten Porenräumen ist die heterogene Keimbildungsarbeit gegenüber der homogenen u.U. erheblich erniedrigt oder verschwindet (s. Abschnitte 3.2.2. und 3.2.3.) in extremen Fällen, für Randneigungswinkel

$$\Gamma = \gamma + \beta \geq 180^0,$$

Heterogene Keimbildung führt ferner dazu, daß permanente Keimblasen schnell die Keimstellen benetzen, so daß periodisches Wachstum und Blasenablösung an die Stelle der Keimbildung tritt. In sehr großen Poren $r_p > R_{nuc}$ entstehen Dampfkeime an der Porenwand, ähnlich wie an einer ebenen Oberfläche; hierfür können die Beziehungen für heterogene Keimbildung Gl. 4.26 und 4.27 unter Berücksichtigung der vergrößerten Oberfläche angewendet werden.

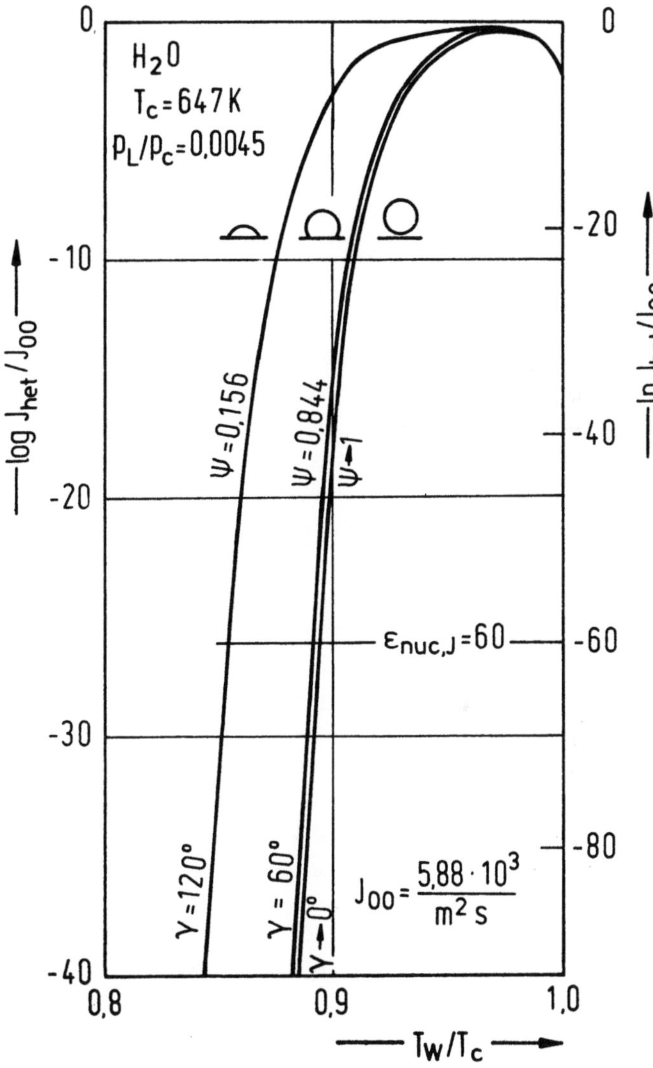

Bild 4-06 Rate der heterogenen Keimbildung an einer glatten Oberfläche in Wasser bei 1 bar für verschiedene Werte des Randwinkels γ.

Zur Berücksichtigung der Mikrostruktur der Oberfläche schlägt I. Thormälen die Erweiterung der Gl. 4.27 um einen Faktor c_2 vor /406/, jedoch ist unklar, wie c_2 ermittelt werden kann. Für idealisierte Keimstellenformen gibt Cole /407/ Ausdrücke zur Berechnung des Faktors ψ an. Die Porengeometrie einer rauhen oder porösen Oberfläche läßt sich jedoch nicht mit der erforderlichen Auflösung bestimmen, um hieraus die heterogene Keimbildungsrate quantitiv zu ermitteln.

Heterogene Keimbildung leistet, ähnlich wie homogene, an glatten oder rauhen Heizflächen bei tiefen Siededrücken keinen merklichen Beitrag zur Blasenbildung bei stationärem Sieden, auch deshalb, weil Stellen besonders geringer Keimbildungsarbeit bevorzugt durch permanente Keimblasen besetzt werden. Heterogene Keimbildung begrenzt jedoch auch bei Keimbildungsraten weit unterhalb der durch ϵ_{nuc} oder $\epsilon_{nuc,J}$ definierten Werte die Hysterese der Siedecharakteristik bei beginnendem Sieden durch Bildung von Keimblasen, d.h. durch Aktivierung von Keimstellen.

Ein Sonderfall ist die inhomogene Keimbildung an den Berührstellen unvollständig oder schlecht benetzter Körper, z.B. der Fasern eines PTFE-Gewebes, wie es in Abschnitt 7.1 als Siedeverstärker beschrieben wird. Hier lassen sich die Erniedrigung der Keimbildungsarbeit nach Abschnitt 3.4. und die Zahl der Keimstellen relativ gut abschätzen.

Nach Abschnitt 3.4.2. ist zu erwarten, daß sich bei $\gamma \leq 90^0$ Blasenkeime bevorzugt asymmetrisch an der Berührstelle zweier Partikel bilden. Solange die Blasenkeime klein gegenüber den Partikeln sind, gilt für die Erniedrigung ψ der Bildungsarbeit

$$\psi_{asym} \simeq 2\, \psi_{plan} - 1 ,$$

wobei ψ_{plan} der Wert von ψ nach Gl. 3.56 ist.

Wie in Abschnitt 3.3.2. gezeigt, verschwindet die Bildungsarbeit für $\gamma > 90^0$ bzw. wird negativ. An den Kontaktstellen nicht benetzter Partikel bilden sich spontan symmetrisch haftende Keimblasen, die auch bei Sättigung ($T = T_{sat}$) stabil sind. D.h., an die Stelle der heterogenen Keimbildung tritt die Existenz permanenter Keimblasen.

5. Periodische Blasenbildung und -ablösung beim Sieden

An einer "aktiven" Siedekeimstelle entstehen bei stationärem Sieden Dampfblasen in periodischer Folge. Beginnend mit dem Überschreiten des kritischen, kleinsten Radius R_K der Keimblase lassen sich zwei Zeitabschnitte eines Blasenbildungszyklus leicht eindeutig unterscheiden:

- die Zeit t_{vis} des sichtbaren Wachstums der haftenden Blase an der Heizfläche von ihrem Erscheinen bis zum Augenblick ihrer Ablösung,
- die Wartezeit t_{lat} vom Augenblick der Ablösung einer Blase bis zum Erscheinen der folgenden.

In einer aktiven Keimstelle durchläuft die freie Oberfläche des Dampfrestes nach Bild 3-16 zu Beginn seines Wachstums einen Zustand größter Krümmung $1/R_K$ bzw. kleinsten Radius' R_K mit dem zugehörigen Keimblasen- oder Keimstellenvolumen V_K. Die Keimblase beginnt schnell und sichtbar zu wachsen, wenn die umgebende Flüssigkeit die Überhitzung ΔT_{act} nach Gl. 3.76 überschreitet; dies ist die Aktivierung der Keimblase und der Beginn des Zeitintervalls t_{vis}. Jetzt gilt für das Volumen V_B der Blase:

$$V_B > V_K; \quad dR_B/dV_B > 0; \quad dV_B/dt > 0$$

$$\Delta T_W > \frac{2\,\sigma_{LV}}{R_B\,(dp/dT)_{sat}} \tag{5.01}$$

Die Blase wächst spontan ohne weitere Temperaturerhöhung, je größer ΔT_W ist, desto schneller.

Eine langsam wachsende Blase wird statisch instabil und beginnt sich abzulösen, wenn ihr Auftrieb die Oberflächenspannungskraft überwindet, d.h. wenn das Blasenvolumen den größeren der beiden Werte nach Gl. 3.83 oder 3.84 überschreitet. Eine schnell wachsende Blase wird durch die Trägheit der umgebenden Flüssigkeit bis zu einem größeren Blasenvolumen an der Heizfläche festgehalten, bis auch hier die Auftriebskraft überwiegt.

Der Blasenfuß schnürt sich bis zum Ablösen beschleunigt ein, verbunden mit einer beschleunigten radialen Strömung der umgebenden Flüssigkeit. Mit der Ablösung beginnt die Wartezeit t_{lat}. Der sich ablösenden Blase folgt eine schnelle Strömung, die Driftströmung /501/, welche überhitzte Flüssigkeit von der Heizfläche abführt; zugleich strömt kältere Flüssigkeit nahezu mit der Temperatur T_{sat} aus der Umgebung nach. Der Dampfrest in der Keimstelle beginnt zu kondensieren, wenn durch Senkung der Überhitzung der Keimstelle der Gleichgewichtsradius $R_{B,eq}$ den Radius des Dampfrestes überschreitet.

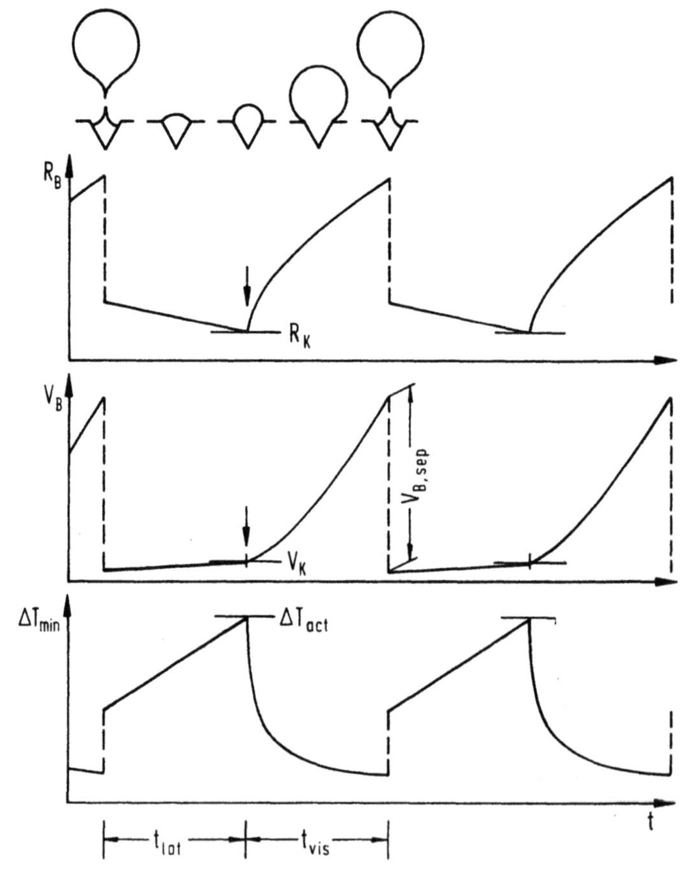

Bild 5-01 Änderung von Blasenvolumen V_B und Krümmungsradius R, bzw. erforderlicher Überhitzung ΔT_{min} mit der Zeit, schematisch

Nach Abklingen der Driftströmung werden die Heizfläche und die wandnahe Flüssigkeit an der Keimstelle durch instationäre Wärmeleitung wieder aufgeheizt, so daß $R_{B,eq}$ unter den aktuellen Wert von R sinkt und die Keimblase wieder wächst. Dabei nimmt oft der Krümmungsradius der freien Oberfläche zunächst mit wachsendem Keimblasenvolumen ab:

$$V_B < V_K; \quad dR_B/dV_B < 0 \; ;$$

Die Keimblase wächst erst über V_K hinaus, wenn die Überhitzung ΔT der Keimstelle so groß ist, daß $R_{B,eq} < R_B$ ist, d.h. wenn

$$\Delta T > \frac{2\,\sigma_{LV}}{R_B\,(dp/dT)_{sat}} > \Delta T_{act} \tag{5.02}$$

Mit dem Überschreiten von V_K endet t_{lat} und es tritt schnell wieder eine sichtbare, haftende Blase aus der Keimstelle aus.

Ein Blasenbildungszyklus umfaßt demnach drei Vorgänge (Bild 5-01):

- das Wachsen der haftenden Blase vom minimalen Keimblasenradius R_K bis zum maximal haftenden Volumen $V_{B,sep}$,
- die Ablösung der Blase nach Erreichen von $V_{B,sep}$, gefolgt von einer schnellen Konvektionsströmung und
- die instationäre Aufheizung der Heizfläche und der Flüssigkeit bis zur erneuten Aktivierung der Keimblase.

Eine Blase wächst durch Aufnahme der Wärmemenge:

$$dQ_B = \Delta h_{L,V}\, dM_V - V_B\, dp_V + \Sigma_{LV}\, dA_{LV} + (\Sigma_{SV} - \Sigma_{SL})\, dA_{SV} \tag{5.03}$$

Die Grenzflächenenthalpie, 3. und 4. Term r.S., und die Kompressionsarbeit, 2.Term r.S., sind kurz nach Überschreiten des Keimblasenvolumens V_K vernachlässigbar. Bei der Betrachtung wachsender Blasen an einzelnen Keimstellen ist meist auch das innere Keimstellenvolumen, d.h. das Keimblasenvolumen V_K, gegenüber dem äußeren Blasenvolumen vernachlässigbar. Die Wärmemenge dQ_B wird der haftenden Blase überwiegend durch instationäre Wärmeleitung aus der umgebenden Flüssigkeit und nur zum geringen Teil unmittelbar aus der Heizfläche zugeführt (Abschnitt 5.1.2.):

$$\frac{dQ_B}{dt} = \int_{A_{LV}} \lambda_L \left(\frac{\partial T_L}{\partial \zeta}\right)_{LV} dA - \int_{A_{SV}} \lambda_S \left(\frac{\partial T_S}{\partial z}\right)_{SV} dA \qquad (5.04)$$

In Gl. 5.04 ist ζ die auf der Phasengrenzfläche senkrechte, in die Flüssigkeit weisende Koordinate. An der festen Oberfläche A_{SV}, d.h. an der "trockenen" Aufstandsfläche der Blase, ist der Wärmeübergangswiderstand der Konvektion und Wärmeleitung auf der Dampfseite relativ groß; der zweite Term r.S. der Gl. 5.04 wird deshalb vernachlässigt.

Ein Flüssigkeitsfilm (Mikroschicht, vgl. Abschnitt 5.2.1.) zwischen Heizfläche und Blase oder kleine Flüssigkeitsmengen, die in Rauhigkeiten der Heizfläche unter der wachsenden Blase festgehalten werden, können die Flüssigkeitsoberfläche A_{LV} gegenüber ihrem sichtbaren Wert wesentlich erhöhen. Beer erklärt hiermit Unterschiede, die sich aus interferometrischen Messungen des Temperaturgradienten $(\partial T_L/\partial \zeta)_{LV}$ an der sichtbaren Blasenoberfläche einerseits und aus Messungen des Volumenzuwachses von Dampfblasen andererseits ergeben /502/.

Zwischen dem Dampf der Blase und der Flüssigkeit in einiger Entfernung von der Keimstelle besteht eine Druckdifferenz $p_V - p_{L\infty}$, die durch Beschleunigungs- und Reibungskräfte in der verdrängten Flüssigkeit, durch Grenzflächenkräfte und durch Beschleunigungskräfte infolge der Zustandsänderung des verdampfenden Fluids an der Phasengrenze bewirkt wird:

$$p_V - p_{L\infty} = \Delta p_{dyn} + \sigma_{LV} \left(\frac{1}{R_1} + \frac{1}{R_2}\right) \qquad (5.05)$$

Der Einfluß der Schwerkraft ist hier vernachlässigt. Δp_{dyn} ist der Beitrag der Beschleunigungskräfte und der viskosen Normalspannung in der Flüssigkeit. Druckunterschiede innerhalb der Blase werden i.a. vernachlässigt, da Trägheits- und Reibungskräfte im Dampf im Vergleich zu denen in der Flüssigkeit gering sind.

Die vollständige Berechnung des thermischen Blasenwachstums an einer Heizfläche muß die gleichzeitige Berechnung des Strömungs- und des Temperaturfeldes um die Blase und die Koppelung von beiden durch die Gleichungen 5.03 bis 5.05 einschließen. Sie ist bisher nicht einmal für eine stark idealisierte Keimstelle gelungen, vgl. Abschnitt 5.9..

Das Blasenvolumen ändert sich durch Erzeugung der Dampfmenge dM_V und infolge der Änderung dd_V der Dichte d_V des Dampfes:

$$dV_B/V_B = dM_V/M_V - dd_V/d_V \tag{5.06}$$

Modelle zur Berechnung des Blasenwachstums , d.h. der Änderung des Blasenvolumens und der Blasenform mit der Zeit, wurden für stark vereinfachende Annahmen entwickelt, z.B. für

- Kugelsymmetrie der Blase in einer homogen überhitzten Flüssigkeit ohne Einfluß der Schwerkraft und der Heizfläche, /503, 504/
- Kugelabschnittform der Blase mit einem die Blase von der Heizwand trennenden, wärmeleitenden Flüssigkeitsfilm, der Mikroschicht, /509/ oder
- langsames, Wachstum einer statisch haftenden achsensymmetrischen Blase quasi im thermischen Gleichgewicht bis zum Augenblick ihres Instabilwerdens /310/.

Diese idealisierten Grenzfälle beschreiben jeweils nur spezielle Gesichtspunkte des Blasenwachstums. Wechselwirkungen zwischen benachbarten oder aufeinanderfolgenden Blasen sind dabei nicht berücksichtigt.

5.1. Wachstum freier Kugelblasen in gleichförmig überhitzten Flüssigkeiten

Das Wachstum einer freien Kugelblase in einer gleichförmig überhitzten Flüssigkeit der Temperatur T_0 unter Vernachlässigung der Gravitation ist ein eindimensionales Problem: Form und Größe der Blase sind durch den Blasenradius als Funktion der Zeit vollständig beschrieben:

$$R_B = R = R(t) \tag{5.07}$$

Für eine Blase in einer Flüssigkeit konstanter Dichte vereinfacht sich die Kontinuitätsgleichung zu

$$v_r = R^2 \, (dR/dt)/r^2 \, , \tag{5.08}$$

wenn man das Volumen der verdampfenden Flüssigkeit zunächst vernachlässigt.

5.1.1. Dynamisches Blasenwachstum

Nach Überschreiten des Radius $R_o = R_{B,eq}$ wird das Blasenwachstum zunächst durch die Trägheit der umgebenden Flüssigkeit und eventuell durch Reibungskräfte kontrolliert. Mit Gl. 5.08 lautet die Impulsgleichung in einer vereinfachten, von der Blasenoberfläche bis ins Unendliche integrierten Form für Newton'sche Flüssigkeiten,

$$p_V = p_{L\infty} + d_L \, R \, \ddot{R} + \frac{3}{2} d_L \, \dot{R}^2 + 4\mu_L \, \dot{R}/R + 2\sigma_{LV}/R \tag{5.09}$$

wobei $\dot{R}$ und $\ddot{R}$ die erste, bzw. zweite Ableitung des Blasenradius nach der Zeit t sind und der letzte Term der rechten Seite der Gl. 5.09 den Krümmungsdruck berücksichtigt, vgl. /505/.

Durch Verdampfung von Flüssigkeit in die Blase reduziert sich die radiale Geschwindigkeit der Flüssigkeit gegenüber Gl. 5.09 im Verhältnis:

$$\dot{R}_L/\dot{R} = 1 - \frac{dM_V/dt}{4\pi\ R^2\dot{R}\ d_L} \tag{5.10}$$

Die Änderung des Radialimpulses durch die Volumenänderung der Verdampfung bewirkt die zusätzliche Druckdifferenz an der Phasengrenze:

$$\Delta p_{acc} = \left[\frac{dM_V/dt}{4\pi\ R^2}\right]^2 \left[\frac{1}{d_V} - \frac{1}{d_L}\right] \tag{5.11}$$

Eine für $R \gg R_0$ unproblematische Vereinfachung der Gln. 5.06 bis 5.11 gewinnt man durch Annahme konstanter Dichte des Dampfes in der Blase:

$$d_V = d_{V,sat}(p_L) = \text{konstant}$$

$$dM_V/dt = 4\pi\ R^2\ \dot{R}\ d_V; \quad \dot{R}_L = \dot{R}\ (d_L - d_V)/d_L = \epsilon\ \dot{R} \tag{5.12}$$

Mit Gl. 5.12 folgt aus Gl. 5.09 durch Einsetzen von R_L für R und unter Berücksichtigung von Δp_{acc} nach Gl. 5.11.:

$$p_V = p_{L\infty} + (d_L - d_V)R\ \ddot{R} + \frac{\epsilon}{2}\ (3d_L - d_V)\ \dot{R}^2 + 4\ \mu_L\ \epsilon\ \frac{\dot{R}}{R} + \frac{2\sigma_{LV}}{R} \tag{5.13}$$

Der Einfluß der Viskosität, in den Gln. 5.09 bzw. 5.13 jeweils 4. Term der rechten Seite, ist häufig vernachlässigbar, (wenn $Ja^2 \gg Pr$ ist,) ebenso die Dichte d_V des Dampfes gegenüber der dreifachen Dichte d_L der Flüssigkeit in Gl. 5.13, 2. Term r.S.:

$$p_V = p_{L\infty} + \epsilon\ d_L(R\ \ddot{R} + \frac{3}{2}\ \dot{R}^2) + \frac{2\sigma_{LV}}{R} \tag{5.14}$$

In ausreichendem Abstand von der Kritischen Temperatur, $T < 0{,}8\ T_c$, gelten: $d_V \ll d_L$; $\epsilon \simeq 1$. Gl. 5.14 geht in die sog. Rayleigh-Gleichung über:

$$d_L(R\ \ddot{R} + \frac{3}{2}\ \dot{R}^2) = p_V - p_{L\infty} - \frac{2\sigma_{LV}}{R} \tag{5.15}$$

Der Dampfdruck p_V in der Blase hängt von der Überhitzung ΔT_{LV} der verdampfenden Flüssigkeit an der Blasenoberfläche ab, in linearer Näherung:

$$p_V = p_L + \Delta T_{LV}\,(dp/dT)_{sat}\ ;\quad \Delta T_{LV} = T_{LV} - T_{sat} \tag{5.16}$$

Die Überhitzung der Blasenoberfläche $\Delta T_{LV} = T_{LV} - T_{sat} \leq T_o - T_{sat}$ ist durch den Wärmestrom und den Widerstand der instationären Wärmeleitung in der die Blase umgebenden Temperaturgrenzschicht bestimmt. Mit den Anfangsbedingungen für t = 0

$$R_{t=0} = R_o = R_{B,eq};\quad T = T_o;\quad p_{V,t=0} = p_V(T_o) = p_L + 2\sigma_{LV}/R_o$$

erhält man aus Gl. 5.14:

$$\epsilon\, d_L(R\,\ddot{R} + \frac{3}{2}\dot{R}^2) = \frac{2\,\sigma_{LV}}{R_o}\,\frac{T_{LV} - T_{sat}}{T_o - T_{sat}} - \frac{2\,\sigma_{LV}}{R}$$

$$= -\frac{2\,\sigma_{LV}}{R_o}\,\frac{T_o - T_{LV}}{T_o - T_{sat}} + \frac{2\,\sigma_{LV}}{R_o}\left[1 - \frac{R_o}{R}\right] \tag{5.17}$$

Für beginnendes Blasenwachstum, $T_{LV} = T_o$, jedoch $R > R_o$, vereinfacht sich Gl. 5.17 zu

$$\epsilon\, d_L(R\,\ddot{R} + \frac{3}{2}\dot{R}^2) = \frac{2\,\sigma_{LV}}{R_o} = (T_o - T_{sat})\,(dp/dT)_{sat}\ , \tag{5.18}$$

bzw. mit der Clausius - Clapeyron'schen Gleichung:

$$\epsilon\, d_L(R\,\ddot{R} + \frac{3}{2}\dot{R}^2) = \frac{d_V\,\Delta h_{L,V}}{T_{sat}}\,(T_o - T_{sat}) \tag{5.19}$$

Gl. 5.19 ergibt unter Vernachlässigung von R_o gegen R(t) die sog. Rayleigh-Lösung:

$$R(t) \simeq \left[\frac{2\,d_V\,\Delta h_{LV}\,(T_o - T_{sat})}{3\,d_L\,T_{sat}}\right]^{1/2} t \tag{5.20}$$

Für $R > R_o$ wird $T_{LV} \simeq T_{sat}$; die rechte Seite der Gl. 5.17 wird zu 0.

5.1.2. Blasenwachstum durch instationäre Wärmeleitung

Die Voraussetzungen der Rayleigh-Lösung 5.20 sind für $p \ll p_c$ nach überschreiten von R_0 sehr schnell näherungsweise erfüllt; dann sinkt T_{LV} auf T_{sat} ab. Das Wachstum der Blase wird im weiteren Verlauf vorwiegend durch die Zunahme des Dampfvolumens infolge instationärer Wärmeleitung der Flüssigkeit bestimmt. Für das Temperaturfeld der die Blase umgebende Flüssigkeit gilt die Energiegleichung in der Form:

$$\frac{\partial T}{\partial t} + \epsilon \dot{R} \left(\frac{R^2}{r^2}\right) \frac{\partial T}{\partial r} = a_L \left[\frac{\partial^2 T}{\partial r^2} + \frac{2}{r} \frac{\partial T}{\partial r}\right] \qquad (5.21)$$

Als Randbedingungen an der Blasenoberfläche r = R dienen Gl. 5.04, deren 2. Term r.S. vernachlässigt wird, und die Annahme $T_{LV} = T_{sat}$:

$$\dot{q}_{LV} = - \lambda_L \left(\frac{\partial T}{\partial r}\right)_{L,r=R} = d_V \, \Delta h_{L,V} \, \dot{R} \qquad (5.22)$$

hierbei werden Änderungen der Dampfdichte d_V in der Blase vernachlässigt. Das Blasenvolumen wächst kinematisch mit der entstehenden Dampfmenge. Analytische Lösungen dieses Problems /503/, /504/, /505/ beruhen auf der Annahme der Eigenähnlichkeit der Lösungen:

$$T(r,t) = T(s),$$

mit

$$2\,s = r\,(a_L t)^{-1/2}$$

Die asymptotischen Näherungslösungen für $R \gg R_0$ erhalten die Form (Scriven, /505/):

$$R = \beta\,(a_L t)^{1/2} \quad \text{mit } \beta = f(Ja) \qquad (5.23)$$

Die Jakobzahl Ja ist hierbei:

$$Ja = \frac{d_L \, c_L \, (T_L - T_{sat})}{d_V \, \Delta h_{L,V}} \qquad (5.24)$$

Aufgrund verschiedener Näherungsansätze für die Anfangsbedingungen kommen verschiedene Autoren zu verschiedenen Ausdrücken für den Koeffizienten β, welche proportional der Jakob-Zahl Ja sind und sich oft nur durch konstante Faktoren unterscheiden:

Forster-Zuber /5.03/

$$\beta = \sqrt{\pi}\ \mathrm{Ja}$$

Plesset + Zwick /5.04/

$$\beta = (12/\pi)^{1/2}\ \mathrm{Ja}, \quad \text{bzw.}$$

$$\beta = \frac{2}{\sqrt{\pi}}\ \mathrm{Ja} \qquad \text{für dünne Temperaturgrenzschicht, d.h. für Ja} \gg 1$$

Scriven /5.05/

$$\beta = \mathrm{Ja}/2 \qquad \text{für Ja} \ll 1$$

$$\beta = (12/\pi)^{1/2}\ \mathrm{Ja} \qquad \text{für Ja} \gg 1$$

Der letztere Wert für β stimmt mit dem von Plesset und Zwick /504/ überein. Die Abhängigkeit (β; Ja) wird von Scriven /5.05/ durch eine Funktion

$$\mathrm{Ja} = \phi\ (\epsilon,\ \beta)$$

dargestellt, die auch mit der Vereinfachung

$$\epsilon = (d_L - d_V)/d_L \simeq 1$$

nicht analytisch aufgelöst werden kann. Für beginnendes Blasenwachstum bei vielen Siedebedingungen an Heizflächen ist eine brauchbare Lösung in Übereinstimmung mit /5.04/ und /5.05/:

$$\beta = \sqrt{12/\pi}\ Ja$$

$$R = \sqrt{12/\pi}\ Ja \sqrt{a_L\ t} \simeq 2\ Ja \sqrt{a_L\ t} \qquad (5.25)$$

Die Jakobzahl ist hiernach die bestimmende Kennzahl für das Blasenwachstum und meist $Ja \gg 1$. Nach Gl. 5.23 bzw. 5.25 wächst eine Blase umso schneller, je größer Ja ist. Dies gilt qualitativ auch für Blasen, welche an Heizflächen wachsen. Vergleicht man Fälle gleicher Überhitzung ΔT bei verschiedenen Werten des Drucks p_L, so wächst Ja vor allem mit abnehmender Dampfdichte d_V, d.h. mit abnehmendem Siededruck, bzw. mit abnehmender Sättigungstemperatur. Die Abhängigkeit $Ja = f(T/T_c, \Delta T/T_c)$ ist für Wasser bei verschiedenen Überhitzungen in Bild 5-02, bzw. für 3 verschiedene Fluide für $\Delta T/T_c = 0{,}01$ in Bild 5-03 dargestellt.

Den Einfluß des dynamischen Ungleichgewichts, d.h. des vom Phasengleichgewicht bei $p_{L\infty}$ abweichenden Dampfzustandes in der Blase und der dynamischen Druckterme, 2. - 4. Term r.S. der Gl. 5.13, hat Nagasaka /506/ untersucht und gefunden, daß merkliche Abweichungen von Lösungen, welche Sättigung bei $p_{L\infty}$ in der Blase annehmen, /503/, /504/, /505/, bzw. Gln. 5.23 und 5.25, nur in der Nähe des Kritischen Punktes auftreten. Beim Wachstum von Dampfblasen an Heizflächen sind die Voraussetzungen der Wachstumsfunktionen Gl. 5.23 bzw 5.25 durch drei Effekte in ihrer Gültigkeit verletzt:

- An Heizflächen ist das Flüssigkeitsgebiet einseitig begrenzt. Die punktsymmetrische Lösung kann günstigstenfalls näherungsweise auf den von der Flüssigkeit gefüllten Halbraum mit der Keimstelle als Zentrum, d.h. für eine Halbkugelblase, angewendet werden.
- Bei hoher Wärmestromdichte treten merkliche Temperaturgradienten an der Heizfläche auf; die Annahme homogener Überhitzung der Flüssigkeit ist unzutreffend, d.h. Gl. 5.23 und 5.25 gelten nur näherungsweise für große Dicke l_T der Temperaturgrenzschicht:

$$R \ll l_T = \lambda_L\ \Delta T_W/\dot{q}$$

- Die haftende Blase wird durch Auftriebskräfte deformiert.

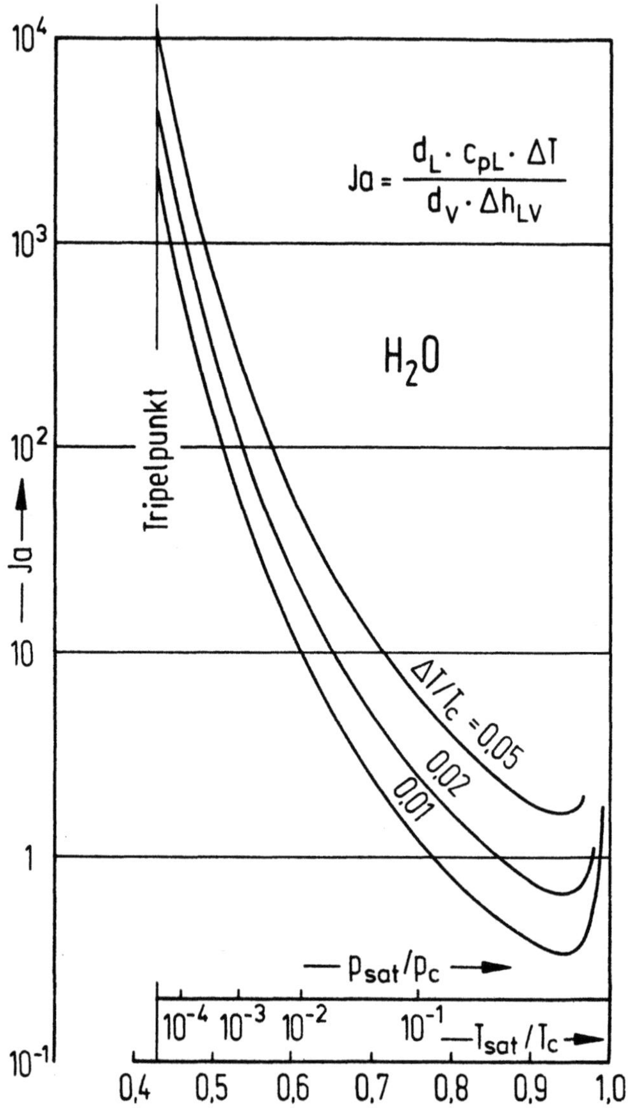

Bild 5-02 Jakobzahl Ja für verschiedene Werte der reduzierten Überhitzung $\Delta T/T_c$, aufgetragen über der reduzierten Sättigungstemperatur T_{sat}/T_c bzw. dem reduzierten Druck p/p_c für Wasser

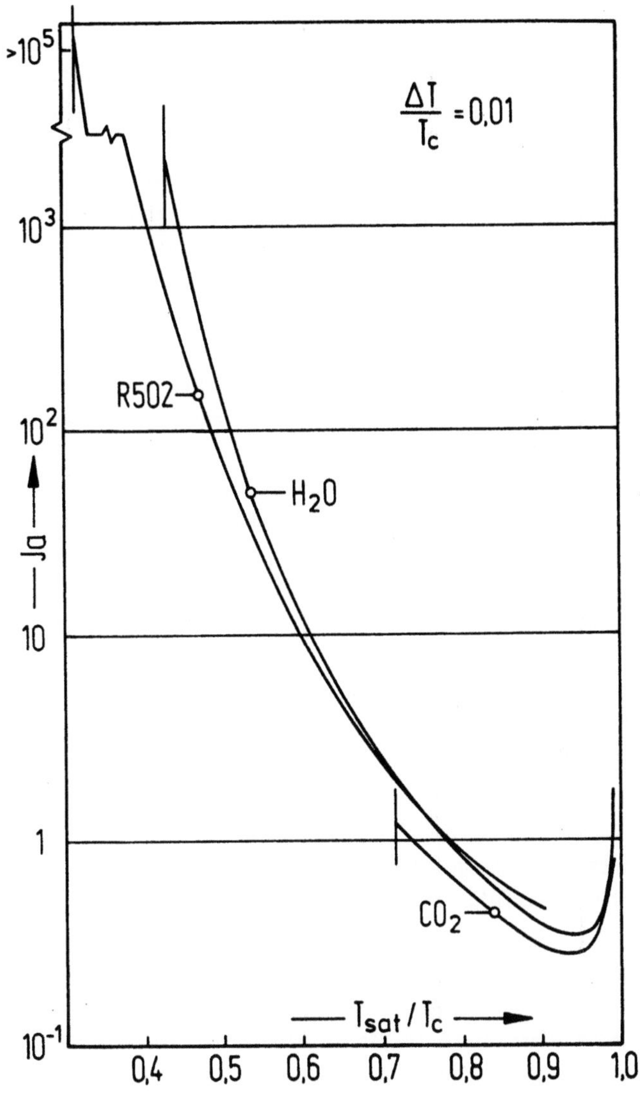

Bild 5-03 Jakobzahl für verschiedene Fluide bei $\Delta T/T_c$ = 0,01, aufgetragen über der reduzierten Sättigungstemperatur T_{sat}/T_c

5.2. Blasenwachstum an Heizflächen

Haftende Blasen wachsen an Heizflächen nicht punktsymmetrisch und nur in speziellen Fällen achsensymmetrisch. Abweichungen von der Punktsymmetrie berücksichtigen einige Modelle, welche meist Achsensymmetrie der Blase bezüglich einer zur Heizfläche normalen Symmetrieachse annehmen. Vor allem zwei dieser Modelle wurden mehrfach diskutiert:

- das Modell der **Mikroschicht**, einer dünnen, wärmeleitenden Flüssigkeitsschicht, die an der Heizfläche unter einer schnell wachsenden Blase zurückbleibt /507/, /509/, /510/ und in die Blase hinein verdampft, und
- das Modell der **Marangonikonvektion**, einer tangentialen Flüssigkeitsbewegung an der Blasenoberfläche vom Blasenfuß zum Scheitel, welche durch einen tangentialen Temperaturgradienten an der Blasenoberfläche bzw. durch die resultierende Oberflächenspannungsdifferenz angetrieben wird /501/ /511/.

5.2.1. Mikroschichtverdampfung

Von Snyder /507/ wurde die Annahme eines dünnen Flüssigkeitsfilms an der Heizfläche unter der schnell wachsenden Blase formuliert. Diese 'Mikroschicht' leistet hiernach einen wesentlichen Beitrag zum Wachstum der Blase, indem sie Wärme von der Heizfläche an die Unterseite der Blase leitet und durch Verdampfung in die Blase abgibt. Moore und Mesler /508/ erklärten Schwankungen der örtliche Heizflächentemperatur durch den veränderlichen thermischen Widerstand der Mikroschicht.

Cooper et al. /509, 510, 511/ zeigen durch Hochgeschwindigkeitsaufnahmen und hochauflösende Temperaturmessungen, daß die Temperatur der Heizfläche unter einer Blase zu Beginn des Blasenwachstums stark absinkt, und führen dies auf starke Wärmeableitung durch die Mikroschicht zurück. Sie unterscheiden vier Abschnitte des zeitlichen Verlaufs der Heizflächentemperatur unter der Blase während eines Blasenzyklus, vgl. Kurven in Bild 5-04:

- Temperaturabfall durch Mikroschichtverdampfung,
- Temperaturanstieg im 'dry spot' unter der Blase,
- Temperaturabfall durch Überflutung der Keimstelle bei der Ablösung,
- Temperaturanstieg mit Bildung einer neuen thermischen Grenzschicht durch instationäre Wärmeleitung.

Zur Berechnung der Mikroschichtdicke verwenden Cooper und Lloyd /509/ folgende Annahmen:

- Die Blase ist halbkugelförmig (Bild 5-05).
- Die Mikroschicht entsteht unter dem Rand der wachsenden Blase mit einer Dicke δ_0 in einer Entfernung r_t von der Keimstelle, welche gleich dem Radius $R(t_r)$ der halbkugelförmigen Blase zur Zeit t_r ist, für $t = t_r$: $\rho = \rho_0$; $r_t = R(t_r)$; $\delta_0 = f(t)$
- Die Anfangsdicke $\delta_0(r)$ der Mikroschicht ist nur durch hydrodynamische Vorgänge bestimmt.
- Die Dicke der Mikroschicht ändert sich nach ihrer Entstehung nur durch Verdampfung in die Blase, nicht durch Strömung (Drainage).
- Die Wärmekapazität der Mikroschicht ist vernachlässigbar.

Cooper vereinfacht die Navier-Stokes-Gleichung (Impulsgleichung) in tangentialer, radialer (r-) Richtung durch die Annahmen:

- daß die Strömung näherungsweise eben (zweidimensional) sei,
- daß Geschwindigkeitskomponenten normal zur Wand vernachlässigbar seien,
- daß die Ableitungen der Geschwindigkeit nach der tangentialen Koordinate r vernachlässigt werden können und
- daß die Blase näherungsweise halbkugelförmig sei, vgl. Bild 5-05.

Für eine mit $R \sim t^{1/2}$ wachsende Blase gilt nach /509/:

$$\delta_0 = C_2 \, [\nu_L \, t(r)]^{1/2} \tag{5.26}$$

$$C_2 = 0{,}8$$

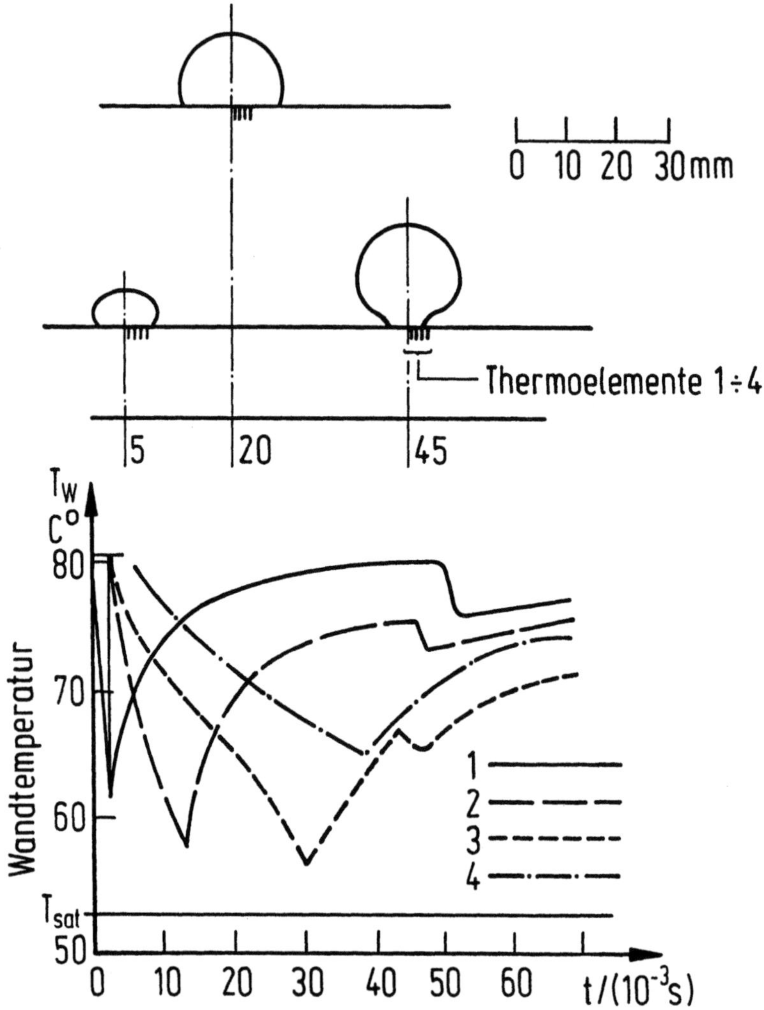

Bild 5-04 Zeitlicher Verlauf der Wandtemperatur unter einer wachsenden Blase nach /509/

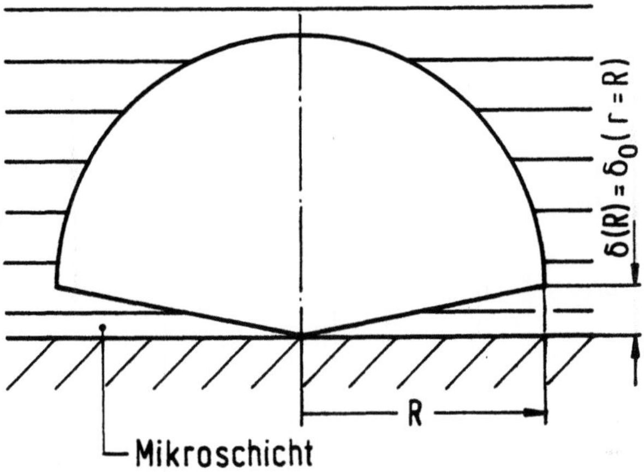

Bild 5-05 Blase mit Mikroschicht, schematisch

Hierbei sind ν_L die kinematische Viskosität der Flüssigkeit und t(r) die Zeit, zu der r = R ist. Die Anfangsdicke der Mikroschicht für eine Blase vom Radius R = R(t) ist

$$\delta_0 = C_2 \frac{r}{R} (\nu_L \; t)^{1/2} = C_2 \frac{r}{R} Pr_L{}^{1/2} \; (a_L \; t)^{1/2} \tag{5.27}$$

bzw. mit dem Wert der Konstanten $C_2 = 0{,}8$:

$$\delta_0 = 0{,}8 \frac{r}{R} \sqrt{Pr_L \; a_L \; t}$$

Die jeweils aktuelle Dicke der Mikroschicht ist infolge der Verdampfung

$$\delta < \delta_0 .$$

Unter Vernachlässigung der Wärmekapazität der Mikroschicht erhält Cooper für den Radius der nur durch Wärmeleitung durch die Mikroschicht wachsenden Halbkugelblase:

$$R(t) = \frac{2\ Ja_W\ (\nu_L t)^{1/2}}{C_2 \left[Pr_L + \frac{2\ d_V}{C_2\ d_L}\ Ja_W \right]} \tag{5.28}$$

Für nichtmetallische Fluide ist der 2. Term in (...) des Nenners wegen $d_V/d_L \ll 1$ oft vernachlässigbar;

$$R(t) = \frac{2}{C_2}\ Ja_W \sqrt{a_L\ t/Pr_L}\ ;\quad C_2 \simeq 0{,}8 \tag{5.29}$$

$$= 2{,}5\ Ja_W \sqrt{a_L\ t/Pr_L}$$

mit Gl. 5.27 folgt $\delta_0/r = 0{,}32\ Pr_L^{1/2} Ja^{-1}$. Unter Einschluß der instationären Wärmeleitung an der Halbkugelfläche mit der Annahme homogener Flüssigkeitstemperatur $T_L = T_W$ erhält man:

$$R = (2{,}5/\sqrt{Pr_L} + \sqrt{12/\pi})\ Ja_W \sqrt{a_L t} \tag{5.30}$$

Die Voraussetzung der Gl. 5.30, Wärmezufuhr auch an der Blasenkalotte, ist eher für kleine Blasen $R \ll \lambda_L\ \Delta T/\dot{q}$ erfüllt, die Voraussetzung der Gl. 5.28, Wärmezufuhr nur durch Mikroschichtverdampfung, eher für große Blasen $R \gg \lambda_L\ \Delta T/\dot{q}$, verglichen mit der Dicke der thermischen Wandgrenzschicht.

Der Wert R(t) nach Gl. 5.29 für große, mit Mikroschicht wachsende Blasen weicht für H_2O nur wenig von dem nach Gl. 5.25 ab, wenn man für T_L den Wert von T_W einsetzt, obwohl die Wärmetransportmodelle sehr verschieden sind; für siedendes Wasser bei 1 bar ist der Unterschied 3,5%. Gl. 5.29 berücksichtigt jedoch einen Einfluß der Prandtlzahl. Das Blasenvolumen der Halbkugelblase nach G. 5.29 ist jedoch geringer als das der Kugelblase nach Gl. 5.25.

Konstante Wandtemperatur T_W, bzw. konstante Wandüberhitzung ΔT_W läßt sich näherungsweise annehmen, wenn der thermische Widerstand in der Wand viel geringer ist als der thermische Widerstand der Mikroschicht; dies trifft nicht zu, wenn die Flüssigkeit ein sehr guter Wärmeleiter, z.B. ein siedendes Metall, oder die Heizfläche ein sehr schlechter Wärmeleiter, wie Glas, Keramik oder Kunststoff ist. Für den umgekehrten Fall, daß der Widerstand der Wand wesentlich größer ist als derjenige der Mikroschicht, leitet Cooper die Beziehung für den Blasenradius ab:

$$R = \frac{2}{\pi} \left[\frac{\lambda_W \, d_W \, c_W}{\lambda_L \, d_L \, c_{pL}}\right]^{1/2} Ja_W \sqrt{a_L \, t} \tag{5.31}$$

Cooper /509/ gibt für den Fall, daß die thermischen Widerstände von Flüssigkeit und Heizwand von gleicher Größenordnung sind, d.h. daß ihr Verhältnis, gekennzeichnet durch

$$\xi = \left[\frac{\lambda_W \, d_W \, c_W}{\lambda_L \, d_L \, c_{pL}}\right]^{1/2}, \tag{5.32}$$

von der Größenordnung 1 ist, die Lösung an:

$$R = \frac{2 \, Ja_W \sqrt{a_L \, t}}{c_2 \sqrt{Pr_L} + \sqrt{\pi/\xi}} \; ; \quad C_2 = 0{,}8 \tag{5.33}$$

Dabei ist Ja für die Wandüberhitzung zu Beginn des Blasenwachstums definiert.

Trotz der starken Vereinfachungen des Modells von Cooper,

- zeitliche Mittelung der Mikroschichtdicke und
- Vernachlässigung der Wärmekapazität der Mikroschicht in Gl. 5.29,

liefert Gl. 5.33 eine plausible Berücksichtigung des Einflusses der Wärmeleitung in der Heizfläche. Für gleiche Abreißdurchmesser und gleiche Wachstumszeit der Blasen beim Sieden von Wasser an Heizflächen aus verschiedenen Metallen ergibt sich nach Gl. 5.33 ein Unterschied der Temperaturdifferenz ΔT von etwa 20%. Wie in Abschnitt 6.2 gezeigt wird, ist der experimentell gefundene Einfluß des Heizflächenmaterials auf die Temperaturdifferenz bei gleicher Wärmestromdichte mindestens doppelt so groß.

Das Verhältnis des aus dem Flüssigkeitsvolumen $V_{L,\delta}$ der Mikroschicht erzeugbaren Dampfvolumens $V_{V,\delta}$ zum Blasenvolumen V_B ergibt sich aus den Gln. 5.27 und 5.29:

$$V_{L,\delta} = 2\pi \int_0^R r\, \delta_0\, dr = 0{,}32 \frac{Pr_L}{Ja} V_B$$

$$V_{V,\delta} = V_{L,\delta}\, d_L/d_V = 0{,}32 \frac{d_L}{d_V} \frac{Pr_L}{Ja} V_B$$

$$V_{V,\delta}/V_B = 0{,}32 \frac{Pr_L\, \Delta h_{L,V}}{c_{pL}\,(T_W - T_{sat})} \tag{5.34}$$

Zwei Grenzfälle sind denkbar:

- Die Mikroschicht ist so dünn, daß das aus ihr entstehende Dampfvolumen $V_{V,\delta}$ gering gegen das Blasenvolumen ist:

$$V_{V,\delta}/V_B < 1; \quad \frac{Pr_L\, \Delta h_{L,V}}{c_{pL}\,(T_W - T_{sat})} = \frac{Pr_L}{d_V} \frac{d_L}{Ja} < 1 \tag{5.35}$$

  Dies ist nur bei extremer Überhitzung, wie sie bei stationären Sieden nicht auftritt, der Fall.
- Die Mikroschicht ist so dick, daß sie während des Blasenwachstums nicht verdampft. Die Position der Randlinie wird durch die Benetzung kontolliert. Sie bleibt bei sehr guter Benetzung, $\gamma \to 0$, am Rand der Keimstelle haften; die Ablösung erfolgt ähnlich, wie nach Gl. 3.84 bzw. nach /311/.

$$V_{V,\delta}/V_B > 1; \quad \frac{\Delta h_{L,V}\, Pr_L}{c_{pL}\,(T_W - T_{sat})} = \frac{d_L}{d_V} \frac{Pr_L}{Ja} > 1$$

In beiden Grenzfällen spielt Mikroschichtverdampfung keine Rolle. Das Auftreten einer Mikroschicht während der Bildung eines wesentlichen Teils des Blasenvolumens ist jedoch zu erwarten, wenn $V_{V,\delta}/V_B$ von der

Größenordung 1 oder größer ist, jedoch das Flüssigkeitsvolumen $V_{L,\delta}$ wesentlich kleiner als das Blasenvolumen ist, und wenn die Annahme guter Benetzung ($\cos \gamma_r \simeq 1$) für die Verdrängung der Flüssigkeit durch die wachsende Blase näherungsweise zutrifft; dies ist beim Sieden nichtmetallischer Fluide an metallischen Heizflächen bei schneller Änderung des Blasenvolumens besonders zu Beginn des Blasenwachstums meist anzunehmen. Z.B. ist nach Gl. 5.34 für siedendes Wasser bei $p = 1$ bar, $\Delta T = 10$ K:

$$Ja = 30 \; ; \; V_{V,\delta}/V_B = 27 \; ; \; V_{L,\delta}/V_B = 0{,}017$$

Das Blasenwachstum mit Mikroschichtverdampfung wird demnach, außer durch die Jakobzahl Ja_W, durch den Rückzugswinkel γ_r und an gut wärmeleitenden Heizflächen durch die Prandtlzahl Pr_L bzw. an schlecht wärmeleitenden Heizflächen durch die Kennzahl ξ nach Gl. 5.33, d.h. durch das Verhältnis der thermischen Widerstände, bestimmt.

An schlecht benetzten Heizflächen, bzw. in schlecht benetzenden Fluiden, $\cos \gamma_r < 1$, ist die Bildung einer Mikroschicht nicht zu erwarten.

5.2.2. Marangonikonvektion

Bisher wurde vorausgesetzt, daß die Blasenoberfläche isotherm sei, Druckdifferenzen im Inneren der Blase wurden vernachlässigt und Phasengleichgewicht - näherungsweise Sättigung - an der Blasenoberfläche angenommen. Die Annahme, daß die Blasenoberfläche zu einem Zeitpunkt isotherm ist, begründet die Annahme, daß die Oberflächenspannung σ_{LV} an ihrer ganzen Oberfläche gleich ist.

Ungleichförmige Wärmestromdichten an der Blasenoberfläche, wie sie infolge der Wärmezufuhr an einer Heizfläche auftreten, evtl. verstärkt durch Entmischung von Zwei- oder Mehrstofffluiden, z.B. durch Anreicherung von grenzflächenaktiven Bestandteilen einer Lösung, können an Oberflächen schnell wachsendender Blasen jedoch Differenzen von Temperatur, Konzentrationen und Oberflächenspannung verursachen, insbesondere in unmittelbarer Nähe der Heizfläche, am Blasenfuß und an der Oberfläche der Mikroschicht. Ein Oberflächenspannungsgradient an der Blasenoberfläche bewirkt eine Schubspannung

$$\tau_{\eta,LV} = \frac{d\sigma_{LV}}{d\eta}, \tag{5.36}$$

wobei η die zur Phasengrenzfläche tangentiale Koordinate, bei Achsensymmetrie in einer Schnittebene (r; z) durch die Symmetrieachse ist. In reinen (Einstoff-) Fluiden ist die Oberflächenspannung nur temperaturabhängig:

$$\tau_{\eta,LV} = \frac{dT}{d\eta} \left(\frac{d\sigma_{LV}}{dT}\right) \tag{5.37}$$

Der Temperaturkoeffizient ($d\sigma_{LV}/dT$) der Oberflächenspannung ist eine Stoffeigenschaft des Fluids.

In Zwei- oder Mehrstofffluiden oder bei grenzflächenaktiven Verunreinigungen des Fluids ist die Oberflächenspannung auch konzentrationsabhängig:

$$\tau_{\eta,LV} = \frac{\partial T}{\partial \eta} \left[\frac{d\sigma_{LV}}{dT}\right]_{c_i} + \sum \frac{\partial c_i}{\partial \eta} \left[\frac{\partial \sigma_{LV}}{\partial c_i}\right]_T \tag{5.38}$$

Am Blasenfuß, bzw. in der Mikroschicht, wo hohe Verdampfungsraten auftreten, reichert sich eine schwerer siedende Komponente an, am Blasenscheitel, wo die Verdampfungsrate gering oder negativ (Kondensation) ist, eine leichter siedende Komponente. Dies hat Konzentrationsgradienten und damit Schubspannungen zur Folge. Die Abhängigkeit der Oberflächenspannung von den Konzentrationen c_i ist stoffspezifisch. In siedenden Flüssigkeiten mit einer stark überwiegenden Komponente (Lösungsmittel) und einer Komponente geringer Konzentration (gelöster Stoff) hat letztere einen speziellen Einfluß, wenn sie grenzflächenaktiv ist, d.h. die Oberflächenspannung stark erniedrigt, und schwerer siedend ist; Stoffe mit diesen Eigenschaften heißen Detergentien oder Tenside. Sie sind in sehr geringer Konzentration ($c \lesssim 10^{-5}$ Mol/Mol) wirksam, u.U. auch in sogenannten "technisch reinen" Fluiden. In Wasser in technischen Apparaturen spielen solche Stoffe oft eine Rolle, da die relativ hohe Oberflächenspannung von Wasser durch praktisch alle löslichen organischen Substanzen (Verunreinigungen) auch in sehr geringer Konzentration erniedrigt wird.

Folgende mechanischen Wirkungen der Schubspannung nach Gl. 5.37 infolge von Oberflächenspannungsgradienten an der Oberfläche einer nicht isothermen Blase lassen sich unterscheiden:

- Erzeugung einer Konvektion in der die Blase umgebenden Flüssigkeit, Marangonikonvektion, Bild 5-06 nach /512/,
- Erzeugung einer resultierenden Kraft, welche die Blase an der Heizfläche festhält,
- Erzeugung einer Konvektion in der Mikroschicht.

Die Konvektionsbewegungen wirken in der Richtung eines Ausgleichs der treibenden Temperatur- oder Konzentrations- bzw. Oberflächenspannungsunterschiede. Aus der Schubspannung τ an der Blasenoberfläche resultiert eine Kraft, welche bei einem Temperaturgradienten $dT/dz < 0$ die Blase an die Heizfläche drückt. Für ein "reines" Einstofffluid, dessen Oberflächenspannung nur temperaturabhängig ist, gilt bei Kugelform der Blase

$$F_{\tau,z} = \int_0^{\pi} \frac{d\sigma_{LV}}{dT} \frac{dT}{d\phi} 2\pi R_B \sin\phi \, d\phi \,, \qquad (5.39)$$

wobei ϕ der Zentriwinkel ist. Einige Lösungen von Gl. 3.39 für einfache Blasenformen, für $d\sigma_{LV}/dT$ = konstant und für spezielle Temperaturverläufe T(z) sind im Bild 5-07 dargestellt; siehe hierzu auch Abschnitt 5.3.2..

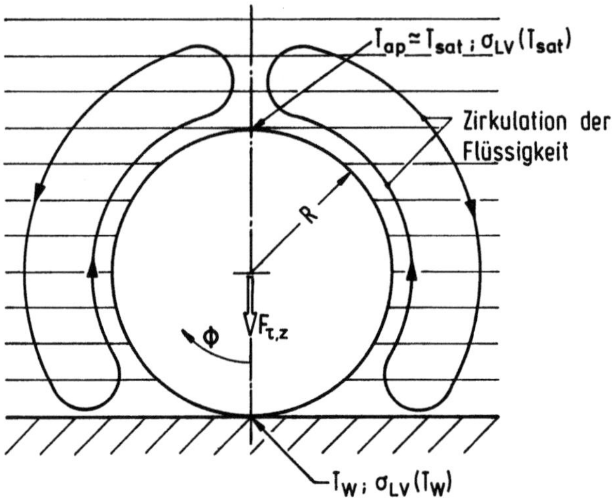

Bild 5-06 Marangoni-Konvektion an der wachsenden Blase nach Beer /512/

Für die Marangoni-Konvektion um eine Blase nach Bild 5-06 definiert Beer /512/ die charakteristische Geschwindigkeit

$$v = \frac{\Delta T \; d\sigma_{LV}/dT}{\eta_L} \tag{5.40}$$

und mit dieser eine Reynoldszahl der Marangonikonvektion

$$Re_{B,\Delta\sigma} = \frac{2 \; R_{sep} \; \Delta\sigma_{LV}}{d_L \; \nu_L^2 \; \Delta\phi} \tag{5.41}$$

mit dem charakteristischen Wert

$$\Delta\sigma_{LV}/\Delta\phi = \Delta T \; d\sigma_{LV}/dT \tag{5.42}$$

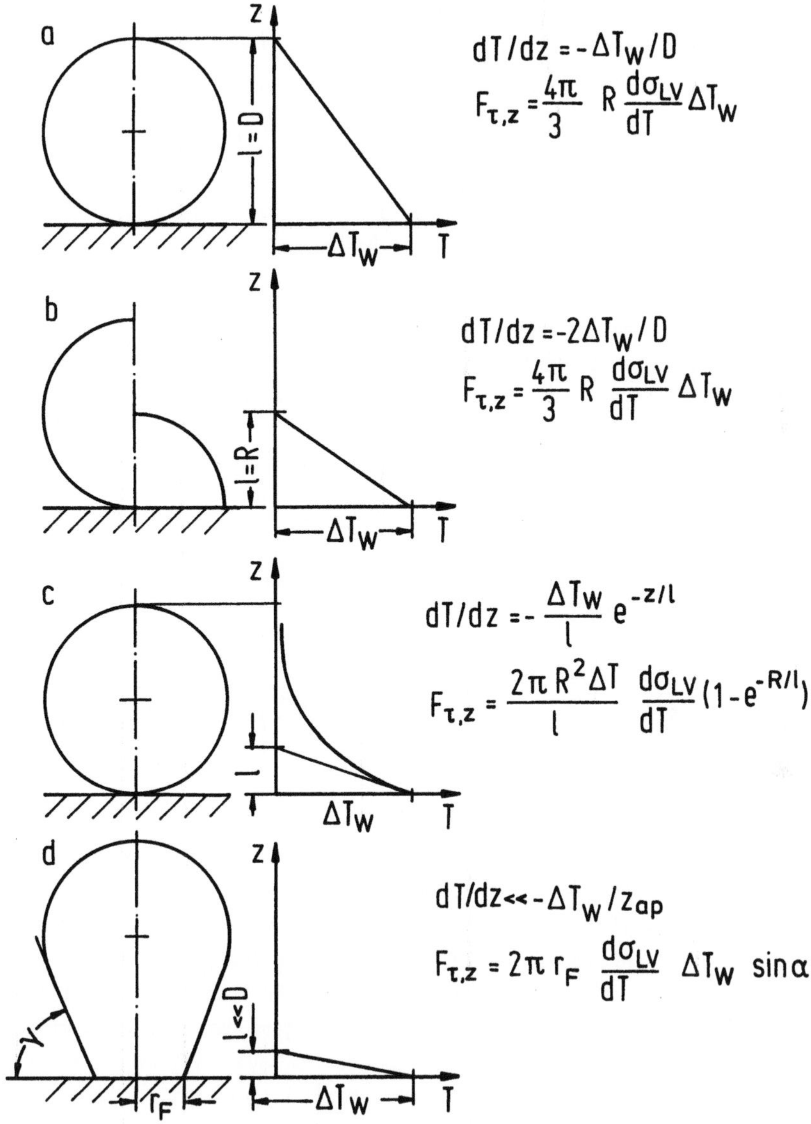

Bild 5-07 Auf die Heizfläche gerichtete Maragonikraft $F_{\tau,z}$ für verschiedene Modellannahmen von Temperaturverläufen (z; ΔT)

Aus einer Auswertung des von verschiedenen Autoren beobachteten Blasenwachstums bis zur Ablösung gelangt Beer zu einer Beziehung

$$Nu = \frac{\alpha\ 2\ R_{sep}}{\lambda_L} = 0{,}039\ Re_{B,\Delta\sigma}^{\ 0{,}55}\ Pr_L^{\ 1/3} \tag{5.43}$$

mit $$\alpha = \left[\frac{\dot{Q}_B}{A_B\ \Delta T_W}\right]_{sep} = \frac{d_V\ \Delta h_{LV}\ R_{B,sep}}{3\ t_{vis}}\ , \tag{5.44}$$

wobei Re und Nu mit dem Abreißdurchmesser $D_{B,sep} = 2\ R_{B,sep}$ der Blase und mit der Wachstumszeit t_{vis} der sichtbaren Blase definiert sind. Eingesetzt werden jeweils der Durchmesser bzw. der doppelte Radius der volumengleichen Kugel

$$D_{B,sep} = (6\ V_{B,sep}/\pi)^{1/3} = 2\ R_{B,sep}$$

Aus Gl. 5.43 folgt durch Umformung die Beziehung zwischen Abreißradius und Wachstumszeit

$$R_{B,sep} = 0{,}177\ \frac{\lambda_L}{d_V\ \Delta h_{LV}} \left[\frac{d_L\ \Delta T\ d\sigma_{LV}/dT}{\nu_L^{\ 2}}\right]^{0{,}55} Pr_L^{\ 1/3}\ (\Delta T\ t_{vis})^{0{,}69}$$

$$R_{B,sep} \sim \Delta T^{1{,}07}\ t_{vis}^{\ 0{,}69} \tag{5.45}$$

Gl. 5.44 ist offenbar geeignet, die Zuordnung (t_{vis}; $R_{B,sep}$) von Wachstumsdauer und Abreißdurchmesser beobachteter Blasen tendenziell zu beschreiben, nicht jedoch die zeitliche Änderung (t; R_B) des Radius einer einzelnen Blase während des Wachstums. Trotz breiter Streuung der beobachteten Werte (t_{vis}; $R_{B,sep}$) ist die Wiedergabe durch Gl. 5.44 relativ gut, dies bedeutet möglicherweise, daß der Marangoni-Effekt die Ablösung der Blasen beeinflußt, nicht durch die Kraft $F_{\tau,z}$ normal zur Heizfläche, sondern durch radiale Verschiebung der Haftlinie und Änderung der Haftkraft, vgl. Abschnitt 5.3..

Die äquivalenten Durchmesser der von Beer, nach Messungen von Cole und Shulman /513/, herangezogenen Blasen wachsen in der ersten Hälfte der Wachstumszeit näherungsweise mit $t^{1/2}$. (Bild 5-08). Im weiteren Verlauf wachsen die Blasen nach /513/ langsamer; die Wachstumskurve würde durch einen Wert unter 0,5 für den Exponenten der Wachstumszeit besser als durch den Wert 0,69 der Gl. 5.45 wiedergegeben.

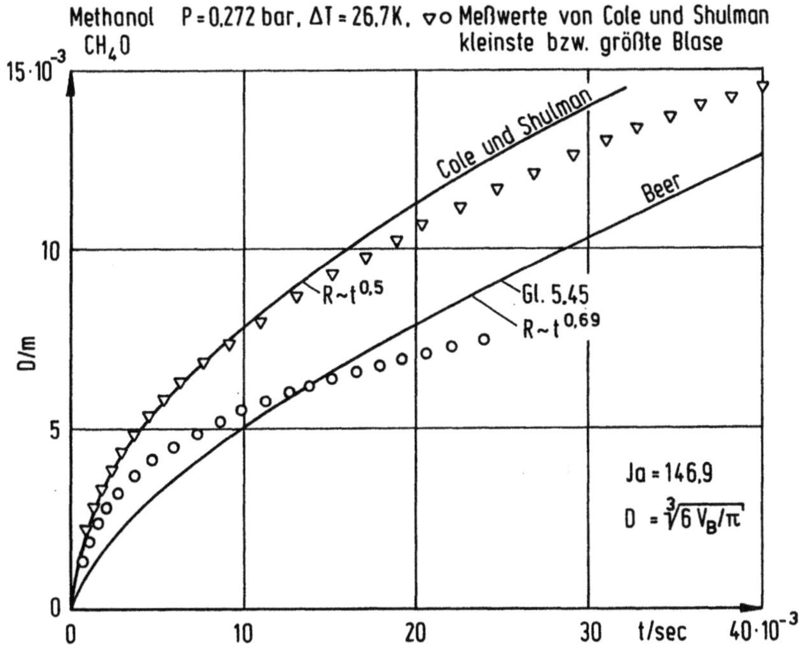

Bild 5-08 Wachstumsverlauf von Dampfblasen nach Beer /512/ bzw. nach Cole und Shulman /513/

Das Verhältnis der durch Marangonikonvektion in der Flüssigkeit bzw. durch Wärmeleitung transportierten Wärmeströme wird durch die Marangonizahl charakterisiert:

$$Ma = \frac{L\ (d\sigma_{LV}/dT)\ \Delta T_W}{a_L\ \eta_L} \qquad (2.09)$$

Bildet man ihren Wert mit der Laplacelänge L nach Gl. 2.05 und der Wandüberhitzung ΔT_w, so erhält man z.B. für siedendes Wasser bei p = 1 bar, ΔT_w = 10 K, Ja = 30:

$$Ma \simeq 100$$

Diese Größenordnung zeigt an, daß Marangonikonvektion einen wesentlich größeren Beitrag zum tangentialen Wärmetransport in der Flüssigkeit entlang dem Blasenumfang leistet als Wärmeleitung, jedoch ist der tangentiale Wärmetransport durch Wärmeleitung gegenüber dem radialen bei üblichen Jakobszahlen Ja $\gg$ 1 sehr gering.

Mit Gl. 2.19 für den Blasenabreißdurchmesser ist die Reynoldszahl der Marangonikonvektion, Gl. (5.41):

$$Re_{B,\Delta\sigma} = 0{,}0146\ \gamma\ Ma\ Pr^{-1}$$

Wie in Abschnitt 5.4. gezeigt wird, führen in Einstofffluiden bereits kleine Abweichungen der Flüssigkeitstemperatur an der Phasengrenze von der Sättigungstemperatur zu sehr hohen Verdampfungs- bzw. Kondensationsraten und damit zum schnellen Temperaturausgleich an der Blasenoberfläche (Wärmerohreffekt). Beim Sieden reiner Flüssigkeiten führt der beschriebene Temperaturausgleich innerhalb einer Blase dazu, daß beim Sieden eher Temperaturschwankungen der Heizwand als Temperaturunterschiede innerhalb der Blase auftreten. Wenn die Heizfläche dennoch der Blasenoberfläche am Blasenfuß einen Temperaturgradienten aufprägt, so beschränkt sich dessen Einfluß auf einen sehr geringen Teil der Blasenoberfläche, dies gilt auch für die Marangonikonvektion. Nur bei sehr niedrigem reduzierten Druck (H_2O: $p/p_c \ll 10^{-3}$) ist der Temperaturausgleich innerhalb einer Blase wegen der geringen Dampfdichte nicht mehr ausreichend, um merkliche Temperaturdifferenzen zu verhindern. Dann wachsen Blasen jedoch wegen der hohen Jakobzahl so schnell, daß Marangonikonvektion auch in diesem Fall kaum wirksam wird.

Die Beobachtung von Marangonikonvektion an Luftblasen in Öl durch Klein und Feuerbacher /514/ widerspricht dem nicht, da der Diffusionswiderstand der Luft den Partialdruckausgleich des Öldampfs im Blaseninneren hemmt.

In Lösungen (Mehrstofffluiden) führt die höhere Verdampfungsrate der leichter siedenden Komponente zur Erhöhung der Konzentration der schwerer siedenden am Blasenfuß. Ist die grenzflächenaktive (oberflächenspannungserniedrigende) Komponente schwerer siedend, so reichert sie sich an der Blasenoberfläche nahe dem Blasenfuß an, durch Konzentrationsunterschiede entsteht Marangonikonvektion etwa nach Bild 5-06. Ist die grenzflächenaktive Komponente leichter siedend, so ist die Richtung der Konvektion entgegengesetzt. Spuren von Inertgasen oder grenzflächenaktiven Stoffen können auch in sogenannten "technisch reinen" Fluiden auf diese Weise noch Marangonikonvektion an Siededampfblasen bewirken.

5.3. Kräfte an wachsenden Blasen und Blasenablösung

Die in den Abschnitten 5.1 und 5.2 vorgestellten Modelle beschreiben das Wachstum von Blasen, nicht aber das Volumen $V_{B,sep}$ mit dem sich eine Dampfblase von der Heizfläche ablöst. Dies Volumen und die Wachstumszeit t_{vis} bestimmen den Wärmetransport an einer Keimstelle wesentlich. Verschiedene Untersuchungen haben das Ziel, die Kräfte, welche auf eine haftende Blase wirken, abzuschätzen und zu bilanzieren. Ablösung wird erwartet, sobald die Bilanz ein Überwiegen der ablösenden Kräfte ergibt; /501, 515, 306/. In einem anschaulichen Konzept hat Beer /501/ fünf Kräfte auf eine haftende Blase unterschieden,

- die Haftkraft am Blasenfuß aufgrund der vertikalen Komponente der Oberflächenspannungskraft,
- die Widerstandskraft, welche aus einer vereinfacht definierten Ausdehnungsgeschwindigkeit der Blase und einem Widerstandsbeiwert bestimmt wird,
- die Druckkraft auf die Aufstandsfläche A_{SV} unter dem Blasenfuß,
- die Auftriebskraft und
- die Trägheitskraft zur Beschleunigung der umgebenden Flüssigkeit.

Auf eine an einer horizontalen Fläche haftende Blase wirken i.a. die beiden erstgenannten als haltende, die drei letztgenannten als ablösende Kräfte. Alle Kräfte außer der Haftkraft können als Wirkungen von Normalspannungen bzw. Druckdifferenzen oder von Schubspannungen auf die Blasenoberfläche verstanden werden. Vor allem die Trägheitskraft hält schnell wachsende Blasen nach Überschreiten des größten statisch haftenden Blasenvolumens nach Gl. 3.82 an der Heizfläche fest und bewirkt, daß die Abreißdurchmensser schnell wachsender Blasen größer sind als diejenigen langsam wachsender Blasen, vgl. Abschnitt 5.6..

5.3.1. Normal- und Tangentialkräfte auf einem Element einer bewegten Blasenoberfläche

Auf ein Element einer Blasenoberfläche nach Bild 5-09 mit den Kantenlängen $R_1\ d\phi_1$ bzw. $R_2\ d\phi_2$ wirken folgende Drücke bzw. Spannungen:

Normal,

- der Druck p_L der Flüssigkeit,
- die viskose Normalspannung $2\mu_L(\partial v_\zeta/\partial\zeta)$,
- der Druck p_V des Dampfes,
- der Krümmungsdruck $\sigma_{LV}(1/R_1 + 1/R_2)$ infolge der Oberflächenspannung des gekrümmten Flächenelementes,
- die Druckdifferenz Δp_{acc} infolge der Geschwindigkeitsänderung beim Phasenübergang;

tangential,

- die Marangoni-Schubspannung $d\sigma_{LV}/d\eta$ aufgrund von Oberflächenspannungsgradienten vgl. Abschnitt 5.2.2. und
- die Schubspannung τ_L aufgrund von Reibungs- und Trägheitskräften in der Flüssigkeit.

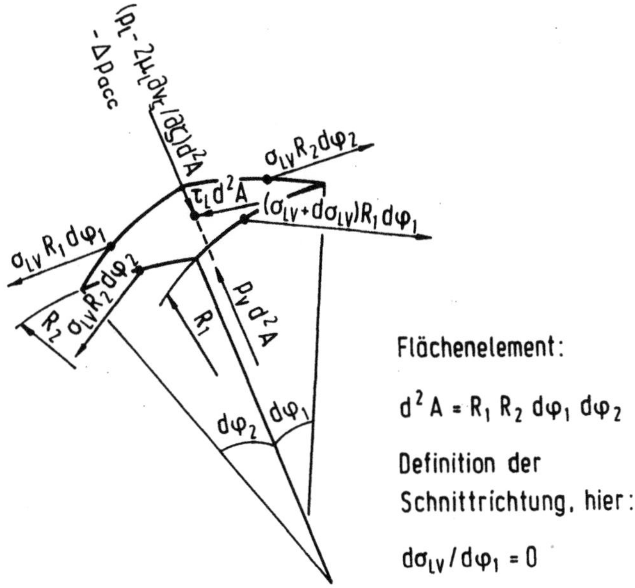

Bild 5-09 Kräfte an einem Oberflächenelement einer wachsenden Blase

R_1 und R_2 sind Krümmungsradien in zwei zueinander und zur Grenzfläche senkrechten Ebenen. Die Kanten der Länge $R_1\ d\phi_1$ sind parallel zu einer Isothermen bzw. zu einer Linie konstanter Oberflächenspannung gewählt. Vernachlässigt wird der geringe Druck Δp_{acc} auf die Oberfläche infolge der Impulsänderung von Molekülen bei Verdampfung oder Kondensation, s. Abschnitt 5.4.. Die Normalkräfte auf ein Element der kugelförmigen Blasenoberfläche erfüllen die Normalspannungsbedingung, bei Annahme Newton'schen Verhaltens von Flüssigkeit und Dampf und konstanter Dichte:

$$p_V - 2\mu_V \left[\frac{\partial v_\zeta}{\partial \zeta}\right]_{V,LV} = p_L + \sigma_{LV} \left[\frac{1}{R_1} + \frac{1}{R_2}\right] - 2\,\mu_L \left[\frac{\partial v_\zeta}{\partial \zeta}\right]_{L,LV} \tag{5.46}$$

Da Dichte und Viskosität des Dampfes gegenüber denen der Flüssigkeit i.a. gering sind, werden dynamische Druckdifferenzen und die viskose Normalspannung (Gl. 5.46, 2. Term, l.S.) in der Dampfphase vernachlässigt.

Die Normalspannungen von Dampf und Flüssigkeit an der Phasengrenze lassen sich unter Gravitation für eine achsensymmetrische Blase an einer horizontalen Heizfläche in je drei Terme zerlegen

- den statischen Druck $p_{L,o}$ bzw. $p_{V,o}$ auf dem Niveau $z = 0$
- den höhenabhängigen Zusatzdruck $- d_L\ g\ z$ bzw. $- d_V\ g\ z$ infolge der Schwerkraft und
- die dynamische Druckdifferenz $\Delta p_{L,dyn}$ infolge von Trägheits- und Reibungskräften; diese wird nur in der Flüssigkeit berücksichtigt.

z ist die vertikale Koordinate.

Die geschwindigkeitsabhängigen Terme der Normalspannung in Gl. 5.46, r.S., lassen sich zur dynamischen Druckdifferenz $\Delta p_{L,dyn}$ zusammenfassen:

$$\Delta p_{L,dyn} = p_L - p_{L,o} + d_L\ g\ z - 2\,\mu_L \left[\frac{\partial v_\zeta}{\partial \zeta}\right]_{L,LV} \tag{5.47}$$

$$p_{L,o} = \lim_{r \to \infty} p_{L,z=0}$$

Für den Dampfdruck gilt bei Vernachlässigung dynamischer Druckdifferenzen im Dampf:

$$p_V = p_{V,o} - d_V\, g\, z \tag{5.48}$$

$$p_{V,o} = p_{V,z=0}$$

Mit den Gln. 5.46 und 5.47 erhält man unter Vernachlässigung des 2. Terms l.S. in Gl. 5.46:

$$p_{V,o} - p_{L,o} = \sigma_{LV} \left[\frac{1}{R_1} + \frac{1}{R_2}\right] - (d_L - d_V)\, g\, z + \Delta p_{L,dyn}$$

$$\Delta p_{L,dyn} = p_{V,o} - p_{L,o} - \sigma_{LV} \left(\frac{1}{R_1} + \frac{1}{R_2}\right) + (d_L - d_V)\, g\, z \tag{5.49}$$

der dynamische Druck $p_{L,dyn}$ der Flüssigkeit nach Gl. 5.49 läßt sich aufteilen in den nur zeitabhängigen Anteil $(p_{V,o} - p_{L,o})$, der nicht ohne weiteres bestimmt werden kann, und den ortsabhängigen Anteil,

$$(d_L - d_V)\, g\, z - \sigma_{LV} \left(\frac{1}{R_1} + \frac{1}{R_2}\right),$$

der aus der Blasenkontur eines Zeitpunktes berechnet werden kann.

Für eine Kugelblase in einem Newton'schen Fluid bei Vernachlässigung der Gravitation geht Gl. 5.47 in die Rayleigh-Gleichung 5.13 über, die dynamische Druckdifferenz hat für $d_V \ll d_L$ den Wert:

$$\Delta p_{L,dyn} = d_L \left(R\, \ddot{R} + \frac{3}{2}\, \dot{R}^2\right) + 4\mu_L\, \dot{R}/R = p_V - \frac{2\, \sigma_{LV}}{R} - p_{L,o} \tag{5.50}$$

Gl. 5.50 für den punktsymmetrischen Fall mit $g = 0$ ist lösbar, wenn der zeitliche Verlauf (t; R) des Blasenwachstums bekannt ist. In Bild 5-10 a, b ist die Druckdifferenz $p_{V,o} - p_{L,o}$ für zwei verschiedene Wachstumsverläufe

$$R/R_{sep} = (t/t_{vis})^{1/2} \tag{5.51}$$

bzw.

$$R/R_{sep} = 1 - \exp(-0{,}6\ t/t_{vis}) \qquad (5.52)$$

dimensionlos dargestellt. Der erstere Verlauf nach Gl. 5.51 entspricht dem Blasenwachstum durch instationäre Wärmeleitung z.B. nach Gl. 5.25, der zweite nach Gl. 5.52 einer von Lösing /306/ angegebenen empirischen Beziehung. In beiden Fällen sind für den maximalen (äquivalenten Kugel-) Radius und die Wachstumszeit die Werte $R_{B,sep}$ = 3mm, t_{max} = 15ms und die Stoffwerte von siedendem Wasser bei 1 bar angenommen. Bei einem Blasenwachstum nach Lösing, Gl.5.52, sinkt der Dampfdruck in der Blase unter den Ruhedruck der Flüssigkeit, $(p_{Vo} - p_{Lo}) < 0$, dies ist vor allem auf den "Beschleunigungsterm" $R\ddot{R}$ in Gl. 5.14 bzw 5.50 zurückzuführen, während in einer nach Gl. 5.51 wachsenden Blase der Dampf stets einen Überdruck aufweist.

Tangentialspannungen an einer Blasenoberfläche treten nach Abschnitt 5.2.2. infolge von tangentialen Temperatur- oder Konzentrationsgradienten auf. Tangential wirkt an einer nicht isothermen Blasenoberfläche die Marangoni-Schubspannung,

$$\tau = \frac{dT}{R_2\, d\phi_2} \frac{d\sigma_{LV}}{dT} \qquad (5.53)$$

welche eine entgegengesetzt gleiche Scherspannung infolge von Reibung und Trägheit des Fluids und eine Zirkulation der Flüssigkeit nach Bild 5-06 hervorruft. Andere Scherkräfte an der Blasenoberfläche, z.B. aufgrund von Oberflächenviskosität, treten in Einstofffluiden i.a. nicht in Erscheinung.

Blasenkonturen einer wachsenden Dampfblase für verschiedene Zeitpunkte nach Erscheinen sind in Bild 5.12 gezeigt. Für eine Kontur (14,6 ms nach Erscheinen) wurde der ortsabhängige Term der Gl. 5.49

$$(d_L - d_V)\, g\, z - \sigma_{L,V} \left(\frac{1}{R_1} + \frac{1}{R_2}\right)$$

-Blasenwachstum nach Gl. 5.51

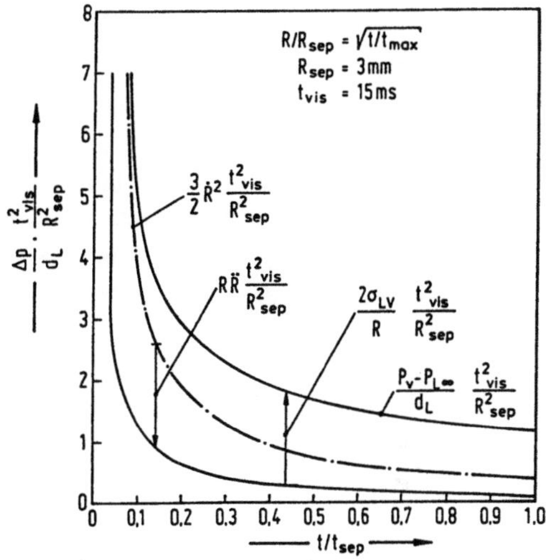

-Blasenwachstum nach Gl. 5.52

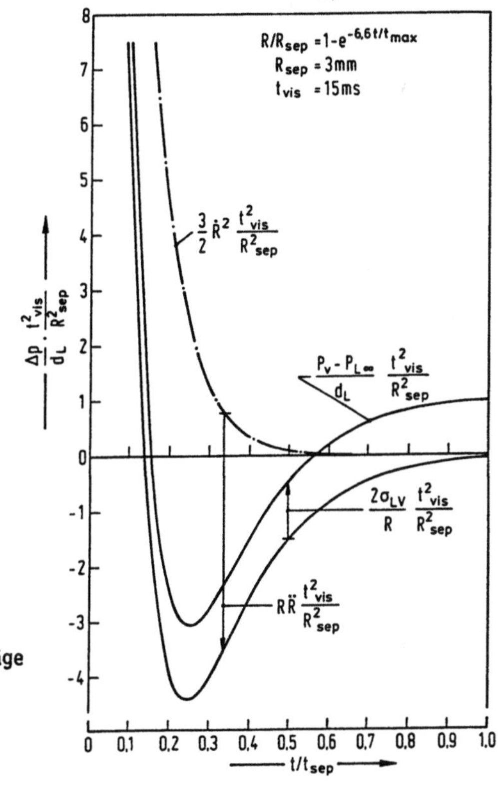

Bild 5-10
Zeitlicher Verlauf der Beiträge zur Druckdifferenz $p_V - p_L$, ohne Gravitation, für 2 verschiedene Wachstumsgesetze

bestimmt und dargestellt. Dieser Ausdruck ist für den Blasenscheitel, wo der Dampf die Flüssigkeit verdrängt, positiv, d.h. er zeigt einen relativen, dynamischen Überdruck in der Flüssigkeit an; nahe dem Blasenfuß, wo die Blase zurückweicht, ist er negativ, d.h. hier herrscht ein relativer, dynamischer Unterdruck. Die absoluten Werte des dynamischen Drucks hängen nach Gl. 5.49 außerdem von der Druckdifferenz ($p_{V,o}$ - $p_{L,o}$) für den betrachteten Zeitpunkt ab, die einer seitlichen Parallelverschiebung der Kurve in Bild 5-12 entspricht.

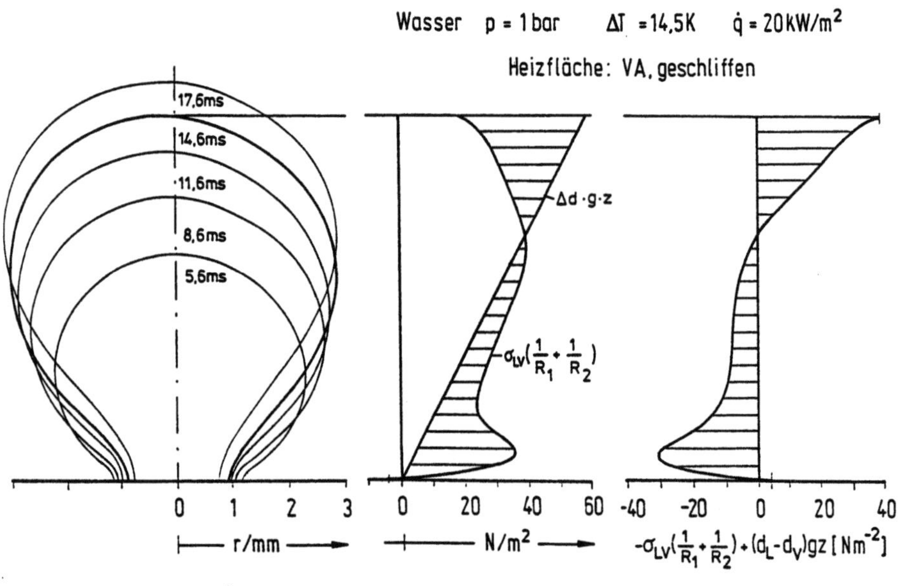

Bild 5-11 Konturen einer wachsenden Blase und Druckverteilung zu einem Zeitpunkt (t = 14,6 10 $^{-3}$ s)

5.3.2. Kräfte auf eine achsensymmerische Blase

Auf achsensymmetrische, an einer horizontalen Fläche haftende oder abgelöste Blasen wirken nur Kräfte normal zur Haftfläche bzw. in vertikaler (z-) Richtung. Für eine Kräftebilanz wird eine Kontrollfläche definiert, welche die Blasenoberfläche eng umschließt und bei haftender Blase den Blasenfuß unmittelbar über der Haftfläche durchschneidet; Bild 5-12. Auf eine haftende achsensymmetrische Blase wirken folgende Kräfte:

- die resultierende Kraft aus der Normalspannung ($p_L - 2\,\mu_L\,\partial v_\zeta/\partial\zeta$) der umgebenden Flüssigkeit auf die freie Blasenoberfläche,
- die Kraft infolge des Dampfdruckes p_V auf die Haftfläche (die viskose Normalspannung im Dampf wird vernachlässigt),
- die Haftkraft an der Dreiphasenlinie,
- das Gewicht des in der Blase enthaltenen Dampfes.
- die Kraft infolge von Schubspannungen an der freien Blasenoberfläche (Marangoni-Kraft),

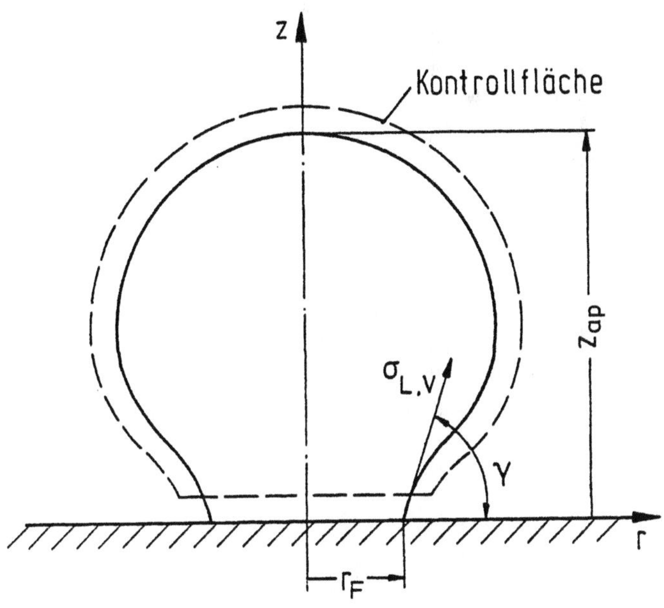

Bild 5-12 Kontrollfläche für die Bilanz der Kräfte auf eine haftende Blase

Auf eine Blase nach Bild 5-12 wirkt die resultierende Kraft in z-Richtung:

$$\Sigma F_Z = 2\,\pi \int_0^{z_{ap}} (p_L - 2\,\mu_L\, \partial v_\zeta/\partial\zeta)\; r\, \frac{\partial r}{\partial z}\, dz \tag{5.54}$$

$$+ \pi\, r_F^{\,2}\, p_{V,o}$$

$$- 2\pi\, r_F\, \sigma_{LV}\, \sin\gamma$$

$$- d_V\, g\, \pi \int_0^{z_{ap}} r^2\, dz$$

$$+ 2\,\pi \int_0^{z_{ap}} \frac{\tau\; r\; (\partial z/\partial r)\; dz}{[1 + (\partial z/\partial r)^2]}$$

wobei (r; z) die Zylinderkoordinaten von Blasenkonturpunkten sind. Die Schubspannung τ der Flüssigkeit ist der Marangoni-Schubspannung nach Gl. 5.36 für jedes Element der Blasenoberfläche (r; z) entgegengesetzt gleich, wenn die Oberflächenviskosität vernachlässigbar ist. Für die Komponente in z-Richtung gilt:

$$\tau_z = \frac{d\sigma_{LV}}{dT}\,\frac{dT}{dz}\,\sin\phi = \frac{(d\sigma_{LV}/dT)\;(dz/dr)}{[1 + (dz/dr)^2]}\,(dT/dz)$$

Die aus der Schubspannung resultierende Kraft, Gl. 5.54, 5. Term. r.S., vgl. Gl. 5.39, ist damit:

$$F_{\tau,z} = 2\,\pi\,\frac{d\sigma_{LV}}{dT}\int_0^{z_{ap}} \frac{\partial T}{\partial z}\,\frac{r\;(dz/dr)^2}{[1 + (dz/dr)^2]}\,dz \tag{5.55}$$

In Bild 5-07 wurden verschiedene Fälle dargestellt, für die sich $F_{\tau,z}$ analytisch bestimmen läßt. Einsetzen von (5.46), (5.47) und (5.48) ergibt nach Einführen des Blasenvolumens V_B und Integration entlang der Blasenkontur in z-Richtung:

$$\Sigma F_z = V_B\,(d_L - d_V)\,g \qquad (5.56)$$

$$+\ 2\,\pi \int_0^{z_{ap}} \Delta p_{L,dyn}\, r\, \frac{\partial r}{\partial z}\, dz$$

$$+\ (p_{V,o} - p_{L,o})\,\pi\, r_F^{\,2}$$

$$-\ 2\,\pi\, r_F\, \sigma_{LV}(T_W)\, \sin\gamma$$

$$+\ F_{\tau,z}$$

Der erste, zweite und vierte Term von Gl. 5.55, r.S., sind aus der Blasenkontur berechenbar. Die Druckdifferenz $(p_{V,o} - p_{L,o})$ läßt sich jedoch aus der Kontur einer dynamisch wachsenden Blasen nicht bestimmen.

Wenn der Temperaturabfall an der Blasenkontur von T_W auf T_{sat} in einem engen Bereich nahe dem Blasenfluß stattfindet, so gilt statt Gl. 5.54 mit 5.55 vereinfacht:

$$\Sigma F_z = V_B\,(d_L - d_V)\,g \qquad (5.57)$$

$$+\ 2\,\pi \int_0^{z_{ap}} \Delta p_{L,dyn}\, r\, \frac{\partial r}{\partial z}$$

$$+\ (p_{V,o} - p_{L,o})\,\pi\, r_F^{\,2}$$

$$-\ 2\,\pi\, r_F\, \sigma_{LV}(T_{sat})\, \sin\gamma$$

d.h. in diesem Fall läßt sich die Marangoni-Kraft in der resultierenden Kraft ΣF_z vereinfacht berücksichtigen, indem der Wert der Oberflächenspannung σ_{LV} bei T_{sat} statt bei T_W in die Haftkraft $(2\,\pi\, r_F\, \sigma_{LV})$ eingesetzt wird.

Für große Reynoldszahlen der ablösenden Blase

$$Re_B = \frac{D_{B,sep}^{\;2}}{\nu_L \, t_{vis}} \gg 1 \tag{5.58}$$

ist die viskose Normalspannung, in Gl. 5.47, letzter Term r.S., vernachlässigbar, dies ist für $Ja^2 \gg Pr$, d.h. für die Bedingungen der meisten Siedeversuche, näherungsweise der Fall.

Für die resultierende Kraft normal zur Haftfläche erhält man durch Einsetzen von Gl. 5.49 in Gl. 5.57, 2. Term r.S., und Umformen:

$$\Sigma F_z = V_B \, (d_L - d_V) \, g \tag{5.59}$$

$$- 2 \pi \int_0^{z_{ap}} \sigma_{LV} \left(\frac{1}{R_1} + \frac{1}{R_2}\right) - (d_L - d_V) \, g \, z \, r \, \frac{\partial r}{\partial z} \, dz$$

$$- 2 \pi \, r_F \, \sigma_{LV}(T_{sat}) \sin \gamma$$

Alle Therme der rechten Seite der Gl. 5.59 sind für eine bekannte Kontur $(r; z)_t$ einer achsensymmetrischer Blase berechenbar.

Außer der resultierenden Kraft ΣF_z geht nur noch die Beschleunigungskraft $F_{b,V}$ des Dampfes der Blase normal zur Heizfläche in eine Kräftebilanz ein:

$$\Sigma F_z + F_{b,V} = 0$$

Da die Trägheit des Dampfes gering und die Kraft $F_{b,V}$ zu seiner Beschleunigung klein gegenüber den in ΣF_z zusammengefaßten äußeren Kräften ist, ist $\Sigma F_z = -F_{b,V}$ sowohl für die haftende als auch für die abgelöste Blase eine kleine Differenz großer, aus Modellannahmen nicht genau bestimmbarer Kräfte. Deshalb ist eine Kräftebilanz, bzw. die resultierende äußere Kraft ΣF_z zur Beurteilung der Ablösungstendenz von schnell wachsenden Dampfblasen nicht geeignet.

Bei langsamem Blasenwachstum haben dynamische Kräfte in der Flüssigkeit vor dem Überschreiten des maximalen Gleichgewichtsvolumens nur geringen Einfluß. Gl. 5.59 vereinfacht sich für eine haftende, isotherme Blase im statischen Gleichgewicht zu

$$\Sigma F_{z,stat} = V_B (d_L - d_V)\, g + \left[\frac{2\,\sigma_{LV}}{R_{ap}} - (d_L - d_V)\, g\, z_{ap}\right] \pi\, r_F^2 - 2\,\pi\, r_F\, \sigma_{LV} \sin\gamma \qquad (5.60)$$

In Gl. 5.60 ist die Druckdifferenz am Blasenfuß aus dem Scheitelradius der Blase bestimmt worden:

$$p_{V,o} - p_{L,o} = \frac{2\,\sigma_{LV}}{R_{ap}} - g\,(d_L - d_V)\, z_{ap}$$

Auch in diesem relativ einfachen Fall lassen sich die geometrischen Größen wie R_{ap}, z_{ap} und r_F einer Blase von bestimmtem Maximalvolumen nur durch Berechnung der Blasenkontur mit einem iterativen Verfahren z.B. nach /310/ bestimmen. Insbesondere der Blasenfußradius r_F hat erheblichen Einfluß auf die Bilanz der Normalkräfte; sein Wert wird aber durch Radialkräfte bestimmt.

Im Fall statischen Gleichgewichts ist $\Sigma F_z = 0$. Eine beobachtete, nicht statische Blase löst ab, wenn Gl. 5.60 ergibt: $\Sigma F_{z,stat} > 0$. Die Blase kann in ein statisches Gleichgewicht zurückkehren, wenn $\Sigma F_{z,stat} < 0$ ist. Genauere Aussagen über die Blasenablösung sind durch gekoppelte Lösungen der Erhaltungsgleichungen unter Berücksichtigung der freien Oberflächen nach Abschnitt 5.9. zu erwarten.

5.4. Druckdifferenzen in einer Blase und Temperaturdifferenzen an ihrer Oberfläche

Örtliche Druckdifferenzen innerhalb einer Blase und Temperaturdifferenzen an einer Blasenoberfläche wurden bisher vernachlässigt. Druckdifferenzen in einer Blase können bewirkt werden

- durch Beschleunigung oder Verzögerung des Dampfes innerhalb der Blase,
- durch Reibung und
- durch Dampfdruckdifferenzen infolge von Temperaturdifferenzen der Blasenoberfläche.

Bei Übertragung eines Wärmestroms $\dot{q}$ durch Verdampfung wird der übertragene Stoffstrom beim Durchgang durch die Phasengrenze beschleunigt. Dadurch entsteht zwischen Flüssigkeit und Dampf die Druckdifferenz

$$\Delta p_{acc} = \frac{\dot{m}^2}{2} \left[\frac{1}{d_V} - \frac{1}{d_L}\right] = \frac{\dot{q}^2 \, \epsilon}{2 \, d_V \, \Delta h_{L,V}^{\,2}} \qquad (5.61)$$

An einer nach Cooper/509/ mit Mikroschicht wachsenden Halbkugelblase ist die mittlere Wärmestromdichte durch die Mikroschicht

$$q_{mic} = 2 \, d_V \, \Delta h_{L,V} \, \dot{R} \qquad (5.62)$$

Hieraus ergibt sich an der verdampfenden Mikroschicht die dynamische Druckdifferenz

$$\Delta p_{acc} = d_V \, c_V^2/2 = 2 \, \epsilon \, \dot{R}^2 \, d_V$$

und mit der Ableitung von Gl. 5.29 für $\epsilon \simeq 1$:

$$\Delta p_{acc} = 3{,}1 \, Ja^2 \, d_V \, a_L/(t \, Pr) \qquad (5.63)$$

Für eine in Wasser bei 1 bar, $\Delta T = 10K$, $Ja = 30$, wachsende Blase ergibt dies bei einer Wachstumsdauer von 20ms nach Gl. 5.25:

$$R = 3{,}5 \text{ mm}; \quad \Delta p_{acc} = 8 \; 10^{-3} \text{ Pa} < 2 \, \sigma_{LV}/R$$

Der dynamische Druck Δp_{acc} des Dampfstromes ist für den größten Teil der Wachstumszeit und für die Ablösung gegenüber dem Krümmungsdruck vernachlässigbar. Dies gilt auch für andere Fluide und andere Siedebedingungen. Reibung in der Blase reduziert nur Geschwindigkeitsunterschiede von Dampfströmungen und die geringen Diferenzen des dynamischen Drucks auf die Blasenoberfläche: Ihre Wirkung ist ebenfalls vernachlässigbar.

Im Phasengleichgewicht kompensieren der aus der Flüssigkeit verdampfende und der aus der Dampfphase kondensierende Stoffstrom einander:

$$\dot{m}_{L,V} - \dot{m}_{V,L} = 0$$

Bei Behandlung des Dampfes als ideales Gas gilt für den Strom der auf die Grenzfläche auftreffenden Dampfmoleküle, z.B. abgeleitet aus /516, S. 873/874, Gl. 25.2.8)/:

$$\dot{m}_{L,V} = \dot{m}_{V,L} = \frac{M_{mol}}{N_{mol}} Z_W = d_{V,sat}\sqrt{\frac{\Re T}{2\pi}} \tag{5.64}$$

Bei Übertragung eines Wärmestromes durch die Phasengrenze durch Verdampfung oder Kondensation sind die beiden Massenströme $\dot{m}_{LV}$ und $\dot{m}_{VL}$ verschieden; der Stoffübergang zwischen den Phasen wird charakterisiert durch den Nettomassenstrom:

$$\Delta \dot{m}_{L,V} = \dot{m}_{L,V} - \dot{m}_{V,L} = \dot{q}_{L,V}/\Delta h_{L,V} \tag{5.65}$$

Der Wärmestrom $\dot{q}$ durch die Phasengrenze ist mit einem Temperatursprung T_L-T_V an der Phasengrenze und mit der mittleren Geschwindigkeit c_V nach Gl. 5.62 des erzeugten Dampfes relativ zur Phasengrenze verbunden. Zur Berechnung von T_L-T_V wird angenommen, die Dampfphase sei bei der Temperatur T_V gesättigt, die Massenstromdichte der auf die Flüssigkeitsoberfläche auftreffenden Dampfmoleküle sei nach Gl. 5.64:

$$\dot{m}_{V,L} = d_{V,sat}\sqrt{\Re\, T_V/(2\pi)} \tag{5.66}$$

Die Flüssigkeit habe an der Blasenoberfläche den Zustand (T_L; p_L) mit:

$$T_L > T_V; \quad p_L = p_V - \sigma_{LV}/R$$

Ihr Dampfdruck sei entsprechend Gl. 3.27 für eine näherungsweise zylindrisch gekrümmte Grenzfläche, $R < r_F$ und mit Gl. 3.34 (Clausius-Clapeyron) für kleine Temperaturdifferenzen $T_L - T_V < T_V$:

$$p_{V(L)} = p_V + \frac{\Delta h_{L,V}}{T_V (v_V - v_L)} (T_L - T_V) - \frac{\sigma_{L,V}}{R} \frac{d_V}{(d_L - d_V)} \qquad (5.67)$$

bzw. bei Behandlung des Dampfes als ideales Gas und für $d_V < d_L$, wobei auch der 2. Term r.S. vernachlässigt wird:

$$p_{V(L)} = p_V \left[1 + \frac{\Delta h_{L,V}}{\Re T_V^2} (T_L - T_V)\right] \qquad (5.67a)$$

Die Dichte des aus der Flüssigkeitsoberfläche austretenden Dampfes ist

$$\begin{aligned} d_{V(L)} &= p_{V(L)}/(\Re T_L) \\ &\simeq d_V \left[1 + \frac{\Delta h_{L,V}}{\Re T_V^2} (T_L - T_V) - \frac{(T_L - T_V)}{T_V}\right] \end{aligned} \qquad (5.68)$$

bzw. der in der Dampfblase austretende Massenstrom:

$$\begin{aligned} \dot{m}_{L,V} &= d_{V(L)} \sqrt{\frac{\Re T_L}{2\pi}} \\ &\simeq d_V \sqrt{\frac{\Re T_V}{2\pi}} \left[1 + \frac{\Delta h_{L,V}}{\Re T_V^2} (T_L - T_V) - \frac{T_L - T_V}{2 T_V}\right] \end{aligned} \qquad (5.69)$$

Der Nettomassenstrom nach Gl. 5.65 ist dann mit Gl. 5.66:

$$\Delta \dot{m}_{L,V} = d_V \sqrt{\frac{\Re T_V}{2\pi}} \left[\frac{\Delta h_{L,V}}{\Re T_V} - 0{,}5\right] \frac{(T_L - T_V)}{T_V} \qquad (5.70)$$

In Gl. 5.67 ist angenommen, daß die Oberfläche der Flüssigkeit nahe der Randlinie näherungsweise zylindrisch gekrümmt sei:

$$\Delta p_{L,V} = \sigma_{LV}/R; \quad R < r_F$$

Für die Annahme, daß die Flüssigkeit am Blasenfuß an einer Teilfläche A' der Blasenoberfläche A_{LV} die Wandüberhitzung aufweise, $T_L = T_W$, und unter der Vernachlässigung der Krümmung der Phasengrenze läßt sich die örtliche Dampfstromdichte durch die Blasenoberfläche nahe der Dreiphasenlinie nach Gl. 5.70 berechnen und der Teil A' der Blasenoberfläche bestimmen, der dabei für das Blasenwachstum erforderlich ist,

$$A'/A_{LV} = \frac{d_V\,\dot{R}_B}{\Delta\dot{m}_{L,V}} = \frac{\dot{R}_B}{\sqrt{\Re\,T_V/(2\,\pi)}\left[\dfrac{\Delta h_{L,V}}{\Re\,T_V} - 0{,}5\right]\dfrac{\Delta T}{T_V}} \tag{5.71}$$

d.h. für eine nach Gl. 5.25 wachsende Blase:

$$A'/A_{LV} \simeq \frac{T_V\;Ja\;\sqrt{a_L/t}}{\sqrt{\Re\,T_V/(2\,\pi)}\;[\Delta h_{L,V}/(\Re\,T_V) - 0{,}5]\;\Delta T} \tag{5.72}$$

Für siedendes Wasser bei 1 bar, ΔT = 10K, Ja = 30, t = 0,01s ist

$$A'/A_{LV} = 2 \times 10^{-3} < 1$$

Der Widerspruch, daß das Blasenwachstum einerseits durch Annahme instationärer Wärmeleitung an der Blasenoberfläche (Gl. 5.25) bzw. in der Mikroschicht (Gl. 5.29) in seiner Größenordnung relativ gut beschrieben wird, und daß andererseits nach Gl. 5.72 die Verdampfung nur an einem verschwindend kleinen Bruchteil der Blasenoberfläche stattfinden soll, ist damit zu erklären, daß die Annahme konstanter Wandtemperatur für Gl. 5.72 nicht zutrifft. Die sehr hohe Verdampfungsrate für ΔT_W am Blasenfuß nach Gl. 5.72 führt zu Beginn des Blasenwachstums zu einer schnellen Absinken der Wand- und der Flüssigkeitstemperatur an der Dreiphasenlinie nahezu auf T_{sat}, so daß dann die Annahme einer isothermen Blasenoberfläche gut erfüllt ist, die Annahme konstanter Wandtemperatur aber nicht.

Unmittelbar an der Dreiphasenlinie und evtl. am Übergang von der Mikroschicht zur Blasenkuppe können extrem hohe Wärmestromdichten der Verdampfung auftreten. Dort kann der dynamische Druck des erzeugten Dampfstroms Werte annehmen, die eine starke örtliche Krümmung der Phasengrenze bewirken. Diese Zonen können photographisch i.a. nicht aufgelöst werden, deshalb sind erhebliche Unterschiede zwischen beobachteten und tatsächlichen mikroskopischen Randwinkeln möglich. Die örtlichen Temperaturunterschiede der Blasenoberfläche sind auch hier gering gegenüber der Überhitzung ΔT_W der Heizfläche und können z.B. Marangonikonvektion in reinen Flüssigkeiten nicht erklären.

Mit Gl. 5.70 erhält man für einen Wärmestrom $\dot{q}_{L,V}$ durch die Phasengrenze unter Vernachlässigung der Krümmung die Temperaturdifferenz:

$$T_L - T_V = \frac{\dot{q}_{L,V}\, T_V}{d_{V,sat}\, \Delta h_{L,V} \sqrt{\Re\, T_V/(2\,\pi)}} \left[\frac{\Delta h_{L,V}}{\Re\, T_V} - 0{,}5\right]^{-1} \tag{5.73}$$

Mit Gl. 5.61 und der Ableitung von 5.29 folgt für den Temperatursprung an der Oberfläche der Mikroschicht einer wachsenden Blase

$$T_L - T_V = 6{,}3 \sqrt{\frac{a_L}{t\, Pr_L\, \Re\, T_V}}\; \frac{T\, Ja_W}{\Delta h_{L,V}/(\Re\, T_V) - 0{,}5} \tag{5.74}$$

z.B. ist der Temperatursprung an der Oberseite der Mikroschicht unter einer Blase für H_2O, $p = 1$ bar, $\Delta T_W = 10$ K, $t = 10$ ms, d.h. etwa nach der halben Wachstumsdauer:

$$Ja_W = 30$$

$$T_L - T_V \simeq 0{,}04 \text{ K} \ll \Delta T_W$$

Beim Sieden vom Einstofffluiden sind für den überwiegenden Teil der Wachstumsdauer Druckdifferenzen im Dampfvolumen von Blasen und Abweichungen von Sättigungszustand an der Blasenoberfläche vernachlässigbar, die Blasenoberfläche ist praktisch isotherm. Für sehr kleine Blasen zu Beginn des Wachstums läßt Gl. 5.74 am ehesten einen Temperatursprung zu und damit auch einen Temperaturgradienten entlang der Blasenkontur, doch ist hier die Annahme isothermer Blasenoberfläche wegen $R \ll l = \lambda_L \Delta T_W/\dot{q}$ gut erfüllt.

Interferometrische Aufnahmen von Mayinger /518/ zeigen nahezu parallel zur Blasenkontur verlaufende Interferenzlinien in nächster Nähe der Blasenoberfläche; dies bestätigt die Annahme, daß Temperaturdifferenzen entlang der Blasenoberfläche gering sind.

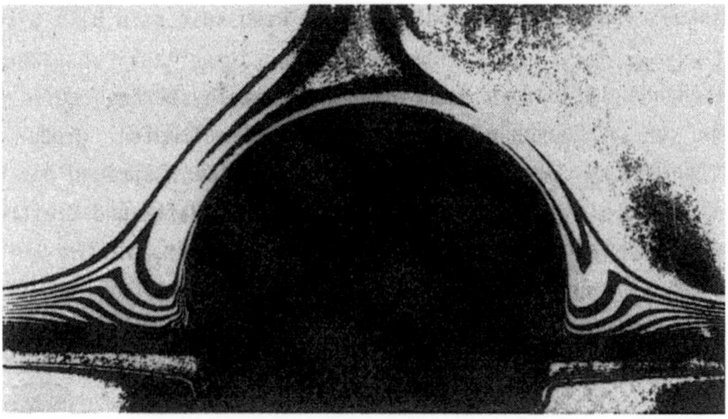

Bild 5-13 Interferenzaufnahme einer wachsenden Dampfblase nach Mayinger /518/

Gl. 5.73 gilt mit wechselndem Vorzeichen auch für Kondensation, z.B. am Blasenscheitel, die Temperaturdifferenz T_L-T_V ist auch hier vernachlässigbar. Abweichungen von dieser Modellbetrachtung, wie sie durch Verdampfungs- oder Kondensationskoeffizienten, vgl. z.B. /517/ beschrieben werden, z.B. durch elastische Reflektion von Dampfmolekülen an der Grenzfläche, sind hier außer Betracht geblieben. Jedoch gilt das qualitative Ergebnis einer "isothermen" Blasenoberfläche auch bei Berücksichtigung von Verdampfungskoeffizienten der Größenordnung 0,1 bis 0,6 wie sie in /517/ angegeben werden.

5.5. Randwinkelhysterese am Blasenfuß

Der beobachtete Blasenfußradius r_F einer Blase wächst anfangs mit ihrem Volumen bis zu einem maximalen Wert und schrumpft danach bis zur Ablösung, d.h. die Flüssigkeit weicht zunächst aus der Umgebung der Keimstelle zurück und rückt nach Erreichen des größten Wertes von r_F wieder zur Keimstelle hin vor. Mit der Abnahme des Blasenfußradius' beginnt die dynamische Ablösung der Blase; die Ablösung selbst folgt auch ohne weitere Volumenzunahme zwangsläufig.

Randwinkelmessungen an (isothermen) Platten bei wandernder Randlinie der Flüssigkeit zeigen nach E. Dussan /519/ häufig eine Abhängigkeit des Randwinkels von der Geschwindigkeit der Randlinie nach Bild 5-14.

Bei stehender Randlinie kann die Randwinkelhysterese $\gamma_v' - \gamma_r'$, z.B. infolge von Druckänderung in einem liegenden Tropfen, größer sein als die Differenz der Grenzwerte $\gamma_v - \gamma_r$ bei kleinen Beträgen der Geschwindigkeit. Dies gleicht dem Unterschied zwischen Haft- und Gleitreibung in der Mechanik starrer Körper.

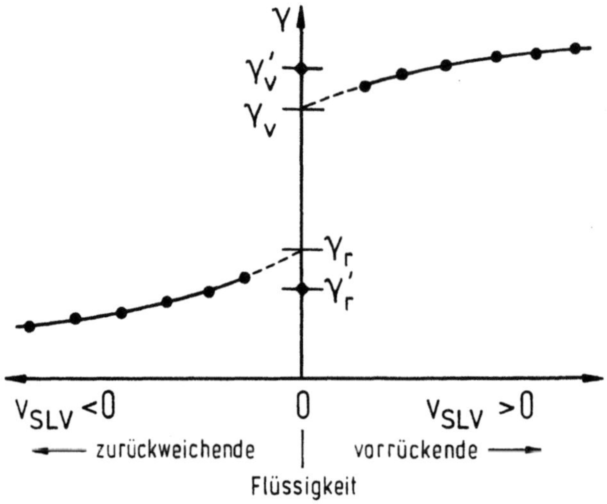

Bild 5-14 Anhängigkeit des Randwinkels von der Geschwindigkeit der Randlinie nach Dussan /519/; γ_v', γ_r' sind Grenzwerte des Randwinkels bei stehender Randlinie

Mit zunehmender Geschwindigkeit gewinnen Beschleunigungs- und Reibungskräfte in der Flüssigkeit in unmittelbarer Nähe der Randlinie an Einfluß. Eine quantitative allgemeingültige Beschreibung der Randwinkelhysterese als Funktion der Vorrück- oder Rückzugsgeschwindigkeit ist noch nicht bekannt. Von Dussan in /519/ wiedergegebene Ansätze verschiedener Autoren gelten nur für spezielle Fluide und Versuchsanordnungen.

Änderungen des beobachteten Randwinkels der Flüssigkeit am Fuß einer wachsenden Blase können oft durch eine Hysterese nach Bild 5-13 nicht erklärt werden. So zeigen Beobachtungen von Dampfblasen beim Sieden von Wasser bei 1 bar, Bild 5-15 nach /306/, ein Minimum des Randwinkels, das etwa gleichzeitig mit dem Maximum des Blasenfußradius' auftritt.

Eine gut benetzende Flüssigkeit läßt unter der wachsenden Blase zu Beginn der Wachstumsperiode einen scheibenförmigen Flüssigkeitsfilm, die Mikroschicht (vgl. Abschnitt 5.2.1.) an der Heizfläche zurück. Der äußere Rand der Mikroschicht mit dem beobachtbaren Randwinkel bildet den beobachteten, scheinbaren Blasenfuß, während die nicht beobachtbare Dreiphasenlinie mit dem mikroskopischen (physikalischen) Randwinkel den inneren Rand der Mikroschicht bildet. Der innere Rand wandert durch Verdampfung auch ohne Strömung nach außen, bis der Blasenfuß seinen größten Radius erreicht und die Mikroschicht aufgezehrt ist. Qualitativ läßt sich für den mikroskopischen Randwinkel der punktierte Verlauf in Bild 5-15 annehmen, der besser im Einklang mit einer Randwinkelhysterese nach 5-14 steht, als die beobachtete Änderung des Randwinkels.

Bei der Beobachtung des Randwinkels am Fuß von Siededampfblasen treten erhebliche Abbildungsfehler durch Dichtegradienten in der Temperaturgrenzschicht der Flüssigkeit mit Verfälschungen der Werte von Blasenfußradius und Randwinkel auf /510, 540/. Randwinkelbeobachtungen an Siededampfblasen können hierdurch zu große Werte von $\sin\gamma$, d.h. für unvollständige Benetzung zu große, für Nichtbenetzung zu kleine Werte von γ ergeben.

Für das Zurückweichen einer schlecht benetzenden Flüssigkeit mit $\gamma > 0$ oder das Vorrücken einer gut benetzenden mit $\gamma < \pi/2$ (voreilende Randlinie) rechtfertigen Beobachtungen nicht die Annahme, daß die zurückweichende Phase einen haftenden Film hinterläßt. Hier muß eine Bewegung der

Randlinie, d.h. der wandnächsten Fluidmoleküle mit endlicher Geschwindigkeit angenommen werden. Das Strömungsfeld an der wandernden Randlinie wurde u.a. von Hu und Scriven /520/ und von E. Dussan /519/ untersucht. Danach ist bei vorrückender Flüssigkeit, d.h. bei schrumpfendem Blasenfuß, an der Randlinie ein Strömungsfeld nach Bild 5-16 zu erwarten.

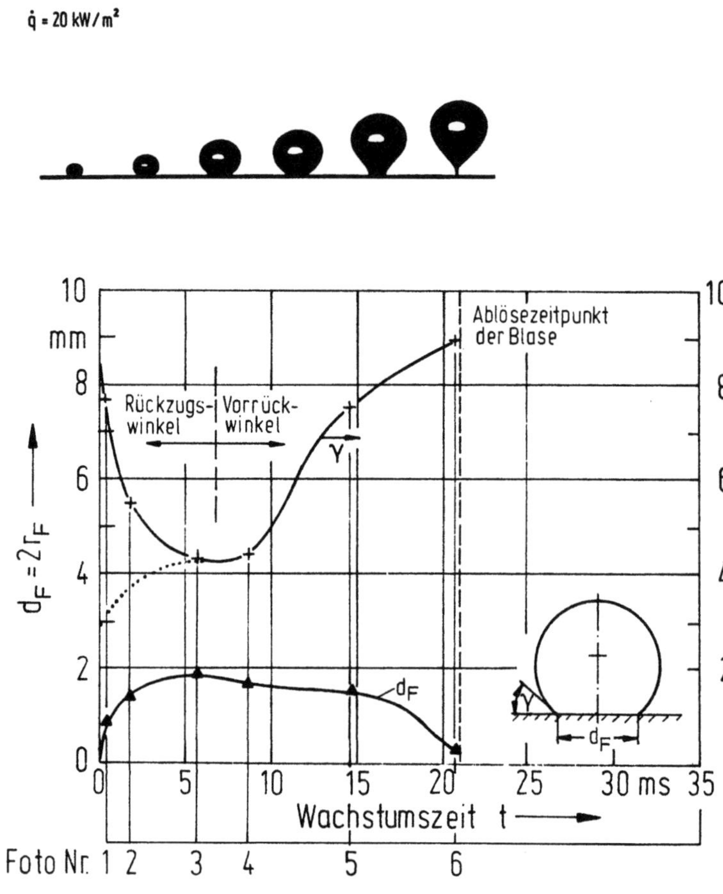

Bild 5-15 Wachstum einer Dampfblase: zeitliche Änderung von Blasenfußradius r_F und Randwinkel γ, nach Lösing /306/; H_2O, p = 1 bar, ΔT = 13,5 K

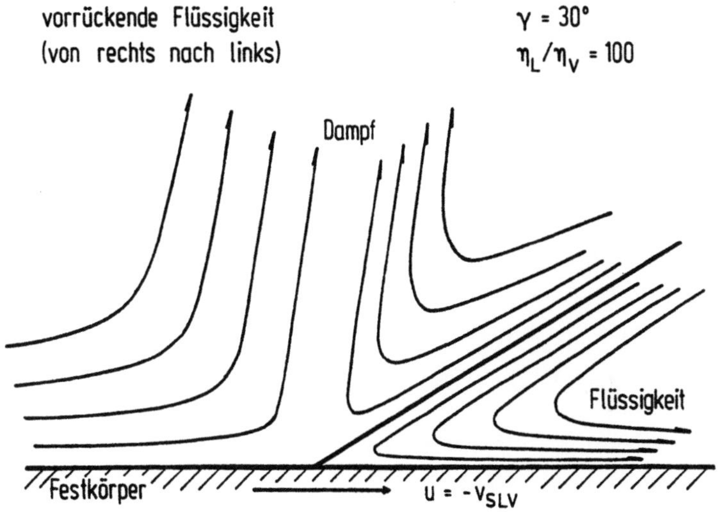

Bild 5-16 Geschwindigkeitsfeld in der Umgebung einer wandernden Randlinie, dargestellt für einen mitwandernden Betrachter, nach /520/

Wenn an der gesamten Wand die Haftbedingung gilt, d.h. für die tangentiale Geschwindigkeitskomponente

$$v_{r,W} = \lim_{z \to 0} v_r = 0 ,$$

außer an der Randlinie selbst, dann stellt die mit $v_{SLV} \neq 0$ wandernde Randlinie (SLV) bei der Behandlung der Strömung als Kontinuum eine Singularität mit unendlichen Werten der Schubspannung und der tangentialen Reibungskraft an der Wand dar /519, 520/. Das Problem entsteht durch Vernachlässigung der molekularen Struktur des Fluids bzw. des endlichen mittleren Molekülabstandes b_{mol} in der Kontinuumsmechanik. Die Bewegung benachbarter Moleküle relativ zueinander mit einer Geschwindigkeitsdifferenz Δv in kondensierten Phasen kann physikalisch höchstens durch einen Geschwindigkeitsgradienten der Größe $\Delta v/b_{mol}$ interpretiert werden bzw. durch eine maximale Schubspannung der Größenordnung:

$$\tau = \mu_L \, \Delta v/b_{mol}$$

An einer mit v_{SLV} wandernden Randlinie treten zwischen relativ wenigen Molekülen mittlere Relativgeschwindigkeiten der Größenordnung $\Delta v \simeq v_{SLV}$ auf. Die Arbeit W_μ zur Verschiebung eines Moleküls um b_{mol} gegen die Reibungskräfte ist dabei von der Größenordnung

$$W_\mu = \tau \, b_{mol}^3 = \mu_L \, v_{SLV} \, b_{mol}^2 \tag{5.75}$$

Demgegenüber ist die Arbeit zur Verschiebung eines Moleküls aus der Flüssigkeit in die freie Oberfläche,

$$W_{\sigma,LV} = \sigma_{LV} \, b_{mol}^2 \tag{5.76}$$

bzw. an die Festkörperoberfläche (mit der Young'schen Gleichung):

$$W_{\sigma,S} = (\sigma_{SL} - \sigma_{SV}) \, b_{mol}^2 = \sigma_{LV} \, b_{mol}^2 \cos\gamma_{eq} \tag{5.77}$$

Das Verhältnis dieser Arbeiten ist durch die Kapillaritätszahl Ca charakterisiert

$$W_\mu/W_{\sigma,LV} = Ca = \mu_L v_{SLV}/\sigma_{LV} \, , \tag{5.78}$$

bzw.

$$W_\mu/W_{\sigma S} = Ca/\cos\gamma_{eq} = \mu_L v_{SLV}/(\sigma_{LV} \cos\gamma_{eq}) \, .$$

Für Bewegungen der Randlinie bei thermischer Blasenbildung ist $Ca \ll 1$, z.B. für die nach Bild 5-15 wachsende Blase bereits nach 10% der Wachstumsdauer t_{vis}:

$$Ca \lesssim 2 \; 10^{-4}$$

Das Verhältnis der Arbeit W_{acc} der Beschleunigung eines Moleküls von 0 auf v_{SLV} zu $W_{\sigma,LV}$ ist die molekulare Weberzahl:

$$W_{acc}/W_{\sigma,LV} = We_{mol} = d_L \, v_{SLV}^2 \, b_{mol}/\sigma_{LV} \tag{5.79}$$

Für die Randlinie wachsender Blasen ist auch $We_{mol} \ll 1$, im Fall des Bildes 5-15, nach 10% der Wachstumsdauer:

$$We_{mol} \leq 0{,}2\ 10^{-6}$$

D.h., auch unmittelbar an der wandernden Randlinie des Blasenfußes sind sowohl Reibungs- als auch Beschleunigungskräfte gering gegenüber den die Grenzflächenspannung bestimmenden zwischenmolekularen Kräften. Deshalb ist anzunehmen, daß die molekulare Ordnung und der hierdurch bestimmte mikroskopische Randwinkel nur wenig von ihrem Gleichgewichtswert abweichen, abgesehen von Abweichungen durch Inhomogenität und Unebenheit der Heizfläche.

Zur angemessenen Behebung der Singulariät an der wandernden Randlinie in der Kontinuumsbetrachtung muß nur angenommen werden, daß die Haftbedingung über eine Distanz von der Größenordnung b_{mol} aufgehoben ist, z.B. durch einen Ansatz

$$v_{r,W} = v_{SLV}\ e^{-\Delta r^2/b_{mol}^2}$$

oder durch einen Ansatz für den Slipfaktor nach /520/:

$$B \equiv \frac{\mu_L\ (dv_r/dz)}{v_{r,W}} = \mu_L \sqrt{b_{mol}^{-2} + \Delta r^{-2}}$$

wobei $\Delta r = r - r_{SLV}$ der tangentiale Abstand von der Randlinie ist. Unterschiede solcher Ansätze sind höchstens von der Größenordnung der Abweichungen der Bewegungen einzelner Moleküle von Kontinuumsbeschreibungen des Geschwindigkeitsfeldes. In der Dampfphase kennzeichnet die mittlere freie Weglänge statt des Molekülabstandes die Unschärfe der Kontinuumsbetrachtung.

Nahe der Randlinie können Reibungs- und Impulskräfte eine so starke Krümmung der Grenzfläche bewirken, daß der beobachtbare makroskopische Randwinkel von mikroskopischen stark abweicht. Hinzu kommen Abbildungsfehler nach /510, 540/.

5.6. Blasenabreißdurchmesser, Wachstumszeit und Ablösefrequenz

Die vollständige Trennung einer Blase von der Heizfläche erfolgt bei schnellem Wachstum später als das Überschreiten des maximalen Radius' oder Volumens des statischen Gleichgewichts, da Flüssigkeit unter die Blase nur mit endlicher Geschwindigkeit, d.h. in endlicher Zeit nachströmt. Bei mittleren und niedrigen Jakobzahlen, wie sie beim Sieden von Wasser bei Umgebungsdruck oder darüber vorliegen, nimmt der Blasenabreißdurchmesser näherungsweise Werte nach Gl. 2.19 mit $\gamma = \gamma_V$ an. Gegen Ende von t_{vis} wächst die Blase nur noch langsam, da die Überhitzung der angrenzenden Flüssigkeit abgebaut und die Mikroschicht verdampft ist.

Bei hohen Jakobzahlen, wie sie bei niedrigem Siededruck auftreten, und bei hohen Wärmestromdichten lösen sich Blasen nicht mit dem Maximalvolumen des statischen Gleichgewichtes ab, sondern sie wachsen nach Überschreiten dieses Volumens durch instationäre Wärmeleitung bis zur vollendeten Ablösung merklich weiter.

5.6.1. Empirische Beziehungen für Blasenabreißdurchmesser und Wachstumsdauer

Die Beobachtung verschiedener Autoren, Blasenabreißvolumen und Wachstumsdauer seien von der Wärmestromdichte unabhängig, widerspricht der Abhängigkeit von der Jakobzahl nur scheinbar. Bei einem bestimmten Siededruck sind Blasen nur bei geringen Wärmestromdichten, im unteren Abschnitt der Siedekennlinie, einzeln beobachtbar. Wegen des steilen Verlaufs der Siedekennlinie ändern sich die Wandüberhitzung ΔT und die Jakobzahl nur wenig mit $\dot{q}$, so daß sich eine systematische Abhängigkeit des Abreißdurchmessers von ΔT bei der erheblichen Streuung der Ergebnisse nicht bemerkbar macht. Verschiedene Autoren geben empirische oder halbempirische Beziehungen für den Blasenabreißdurchmesser und für die Wachstumsdauer t_{vis} bzw. die Ablösefrequenz f der Blase an, welche einen Einfluß der Jakobzahl berücksichtigen, s. Übersicht in /522, Kap. 4/. Cole und Mitarbeiter /523, 524/ finden aus einer größeren Reihe von Messungen bei niedrigen Siededruck, $p \leq 1$ bar, in /523/ die Beziehung:

$$D_{B,sep} = 4\ 10^{-2}\ Ja\ L \tag{5.80}$$

Bei schnell wachsenden Blasen kann eine durch das Blasenwachstum verursachte, mit Ja zunehmende Beschleunigung neben der Gravitationsbeschleunigung g die Blasenablösung bestimmen. Ein mit Ja zunehmender Abreißdurchmesser nach Gl. 5.80 wird erwartet, wenn er den Wert von Fritz nach Gl. 2.19 überschreitet, dies ist für $Ja > 0{,}52\ \gamma$, z. B. für siedendes Wasser bei 1 bar, $\gamma = 90^0$, für $\Delta T > 16$ K der Fall.

Cole und Rohsenow /524/ finden, unter Einschluß von Meßwerten bei höheren Siededrücken, die von ΔT unabhängige Funktion

$$D_{B,sep} = K\ Ja_{cole}^{5/4}\ L \tag{5.81}$$

mit den Werten der Konstanten K:

$K = 1{,}5\ 10^{-4}$ für Wasser,

$K = 4{,}65\ 10^{-4}$ für andere Flüssigkeiten (organische Lösungsmittel) und mit der modifizierten Jakobszahl

$$Ja_{Cole} = Ja\ T_{sat}/\Delta T = \frac{d_L\ c_{pL}\ T_{sat}}{d_V\ \Delta h_{L,V}} \tag{5.82}$$

d.h. Cole und Rohsenow /524/ berücksichtigen keinen Einfluß der Überhitzung mehr. Die Jakob-Zahl nach Gl. 5.82 ist nur aus thermodynamischen Zustandsgrößen gebildet. Als Grund für die Substitution der Überhitzung ΔT in der Jakob-Zahl durch die Siedetemperatur T_{sat} geben die Autoren an, daß für die von ihnen verwendeten Messungen bei $p > 1$ bar die Überhitzung nicht angegeben ist. Der Vergleich mit dem Blasenabreißdurchmesser nach Gl. 2.19 von Fritz ergibt, daß Gl. 5.81 mit den gegebenen Werten von K bei 1 bar einem Randwinkel von ca. 47^0 für Wasser und von durchschnittlich 60^0 für die anderen (organischen) Fluide entspricht. Dies steht im Gegensatz zu der Beobachtung, daß organische Fluide beliebige Festkörper besser benetzen als Wasser, wenn nicht auch Wasser voll benetzt. Andererseits gibt Gl. 5.81 den häufig beobachteten Trend wieder, daß die Blasengröße beim Sieden mit steigendem Siededruck abnimmt.

Cooper und Chandratilleke /525/ geben für den Blasenabreißdurchmesser in gleichförmig überhitzter Flüssigkeit an einer ebenen Heizfläche unter normaler oder reduzierter Schwerkraft aus Messungen in einer einzigen Meßflüssigkeit, Hexan, an:

$$D_{B,sep} = 12\ (Ja^4\ a_L^2/g)^{1/3} \tag{5.83}$$

Die zugehörige Blasenwachstumsdauer beträgt nach /525/

$$t_{vis} = 4\ (Ja^2\ a_L/g^2)^{1/3} \tag{5.84}$$

d.h. t_{vis} nimmt mit $\Delta T^{2/3}$ zu. Die Gln. 5.83 und 5.84 lassen sich zusammenfassen zu:

$$D_{B,sep} = 6\ Ja \sqrt{a_L\ t_{vis}}$$

Hiernach wachsen die Blasen merklich schneller als nach den Gln. 5.25 oder 5.29.

Auch beim Sieden unter Schwerelosigkeit (g = 0) mit einem eingeprägten Temperaturgradienten tritt nach /525/ periodische Blasenablösung auf. In diesem Fall wird die Wachstumsdauer der Blase durch

$$t_{vis} = 10 \frac{a_L d_L}{\sigma_{LV}} \left[\frac{a_L^2 l^3 d_L}{\sigma_{LV}}\right]^{1/4} Ja^3 \tag{5.85}$$

wiedergegeben. Hierbei ist l die "Dicke der thermischen Grenzschicht" an der Heizwand, offenbar:

$$l = \lambda_L \Delta T_W / \dot{q} \tag{5.86}$$

Der entsprechende Blasenabreißdurchmesser bzw. das Blasenabreißvolumen sind

$$D_{B,sep} = 1{,}5 \sqrt[3]{\frac{\sigma_{LV} t_{vis}^2}{d_L}}, \tag{5.87}$$

$$V_{B,sep} = 2 \sigma_{LV} t_{vis}^2 / d_L , \tag{5.88}$$

wobei $D_{B,sep}$ in Gl. 5.87 nicht den kugelgleichen, sondern den Äquatordurchmesser der abreißenden Blase bezeichnet.

Auffällig ist, daß in die Beziehung (t_{vis}; $V_{B,sep}$) nach Gl. 5.88 weder die Temperaturleitfähigkeit a_L noch die Viskosiät μ_L eingeht.

Durch Einsetzen von Gl. 5.85 in 5.87 findet man

$$D_{B,sep} = 7\, Ja^2 a_L \sqrt{\frac{d_L l}{\sigma_{LV}}} \tag{5.89}$$

In Fällen gleicher thermischer Grenzschichtdicke ist beim Fehlen von Gravitation die Wachstumsdauer nach Gl. 5.85 der dritten Potenz der Jakobzahl und der Blasenabreißdurchmesser nach Gl. 5.89 dem Quadrat der

Jakobzahl proportional, bzw. das Abreißvolumen proportional Ja^6; allerdings ist der Einfluß der Wandüberhitzung durch den gegenläufigen Einfluß in der thermischen Grenzschichtdicke nach Gl. 5.86 verringert, z.B. bei Annahme von $\dot{q} \sim \Delta T^5$; $l \sim \Delta T^{-4}$:

$$t_{vis} \sim \Delta T^0; \quad D_{B,sep} \sim \Delta T^0$$

Dies steht im Widerspruch zu den Ergebnissen der Abschnitte 5.1. und 5.2. wonach der Ausdruck $D_{B,sep}{}^2/(a_L\ t_{vis})$ von Ja bzw. von ΔT abhängen sollte.

Da die Experimente von Cooper und Chandratilleke /525/ nur mit einer Flüssigkeit, Hexan, durchgeführt wurden, können die Gleichungen 5.85 bis 5.88 die Einflüsse der Betriebsgrößen ΔT und q und der variablen Gravitationsbeschleunigung wiedergeben, nicht jedoch Einflüsse der Stoffeigenschaften. Dies gilt umso mehr, als der Mechanismus der Blasenablösung unter Schwerelosigkeit physikalisch noch nicht verstanden wird.

Während Cooper und Chandratilleke /525/ beim Sieden an einer ebenen Platte unter Schwerelosigkeit periodische Blasenablösung beobachten, finden Straub et al. /526/ beim Sieden an einem Draht bei $g = 0$ keine Blasenablösung.

Siebert /527/ kommt zu dem Schluß, daß die verfügbaren empirischen Beziehungen für Blasenabreißdurchmesser beim Sieden an Rohren allesamt unbefriedigend sind, und stellt aus eigenen Messungen Kurven für die Abhängigkeit des Blasenabreißdurchmessers von reduzierten Druck für horizontale Rohre auf. Bemerkenswerterweise faßt er die Ergebnisse für verschiedene Fluide, Kältemittel und Alkane, in gemeinsamen Kurven zusammen, unterscheidet aber zwischen der Blasenbildung an Edelstahl- und an Cu-Heizflächen, Bild 5-17. Seine Kurven zeigen eine stärkere Abnahme des Blasenabreißdurchmessers mit steigendem Druck als nach der Gleichung von Fritz bei Annahme konstanten Randwinkels. Entsprechende Randwinkelmessungen liegen nicht vor und sind bei sehr hohen Drücken wegen der sehr kleinen Blasen nur in getrennten Experimenten möglich.

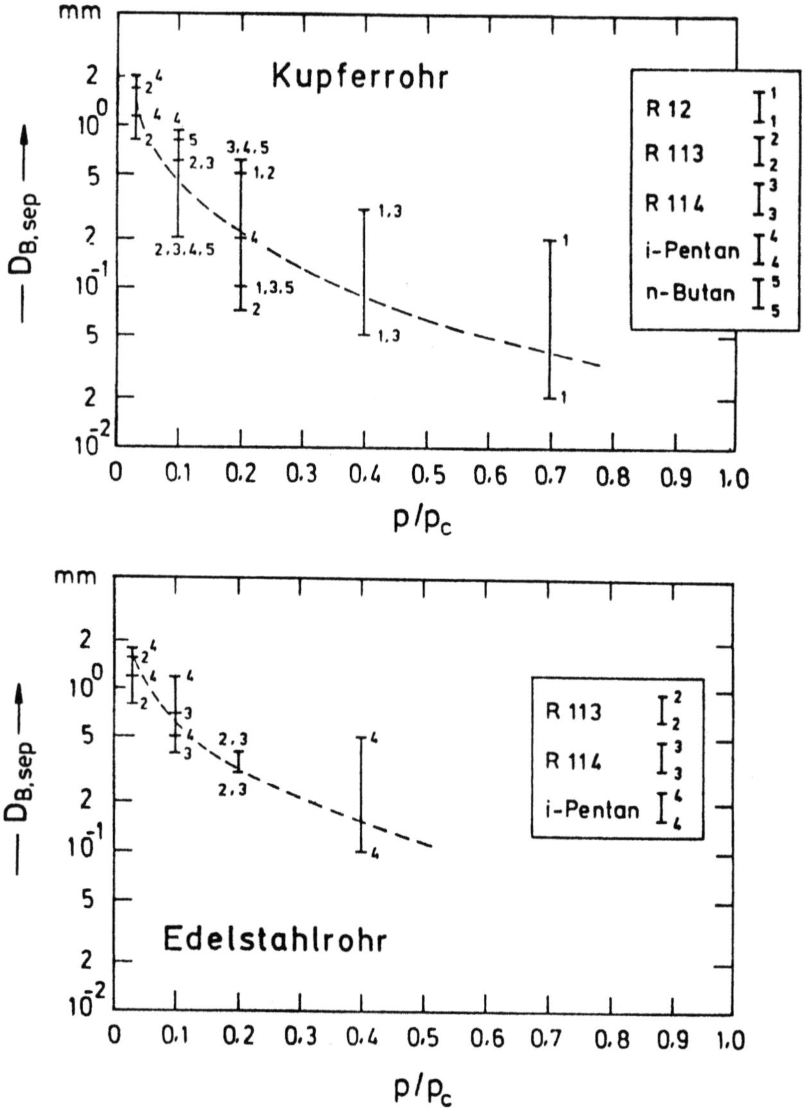

Bild 5-17 Blasenabreißdurchmesser an Edelstahl- und Kupferheizflächen nach Siebert /527/.

Es gilt zusammengefaßt: Der Blasenabreißdurchmesser unter Schwerkraftwirkung wird für langsames Blasenwachstum an horizontalen Flächen durch die Gleichung von Fritz gut beschrieben, wenn der beobachtete dynamische Randwinkel γ bei schrumpfendem Blasenfuß verwendet wird; dieser kann infolge von Reibungs- und Beschleunigungskräften erheblich vom Gleichgewichtsrandwinkel γ_{eq} bzw vom Randwinkel γ_v bei langsamem Vorrücken der Randlinie abweichen. Der Blasenabreißdurchmesser bei schnellem Blasenwachstum ist etwa proportional der Jakobzahl oder er nimmt etwas überproportional mit Ja zu. Im schwerelosen Zustand lösen sich beim Sieden an einer ebenen Heizfläche ebenfalls Blasen periodisch ab. Die Erklärung hierfür kann sein, daß statt der Erdbeschleunigung eine charakteristische Beschleunigung des Strömungsfeldes um die wachsende Blase, z.B.

$$Ja^4 \; a_L{}^2 / D_{B,sep}{}^3$$

wirksam ist. Eine universelle Beschreibung erscheint erst möglich, wenn der Stoffgrößeneinfluß auch unter Schwerelosigkeit näher untersucht ist.

An geneigten Heizflächen und an horizontalen Rohren haften Blasen so, daß der effektive Randwinkel γ im oberen Teil des Blasenfußes gleich dem Rückzugswinkel γ_r, d.h. kleiner, im unteren Teil des Blasenfußes gleich dem Vorrückwinkel γ_V, d.h. größer ist als der Gleichgewichtsrandwinkel, und daß eine Blase vor ihrer Ablösung über die Heizfläche oder über einen Teil des Rohrumfanges aufwärts wandern oder rollen kann, ehe sie sich ablöst. Hiermit unterscheidet sich auch das Bild der Driftströmung an einer geneigten Fläche oder am Umfang eines horizontalen Rohrs erheblich von dem an einer horizontalen Fläche. Dies wirkt sich insbesondere auf die Größen f und Q_{drift} in Gl. 1.09 aus und ist anscheinend eine Ursache für die Beobachtung daß die Steigung der Siedecharakteristiken von Rohren i.a. geringer ist als die von horizontalen Heizflächen.

5.6.2. Blasenablösefrequenz

Die Ablösefrequenz f von Blasen einer Keimstelle ist der Kehrwert der Summe aus der Wachstumsdauer t_{vis} und aus der Wartezeit t_{lat}:

$$f = (t_{vis} + t_{lat})^{-1} \qquad (5.90)$$

Die Wachstumszeit kann mit Berechnungsansätzen der Abschnitte 5.1. und 5.2. bestimmt werden, wenn der Abreißdurchmesser bekannt ist. Das Verhältnis der Wartezeit t_{lat} zur Wachstumszeit t_{vis} ist u.A. durch das Verhältnis der Widerstände der instationären Wärmeleitung in Wand und Flüssigkeit bestimmt, vgl. Abschnitt 6.4..

Erstmals vermutete Jakob /528/ aufgrund von Meßergebnissen, daß das Produkt aus Blasenabreißdurchmesser D_{sep} und Blasenfrequenz f einen konstanten Wert habe. Zuber /529/ gab hierfür die von ΔT bzw. Ja unabhängige Beziehung an:

$$f\, D_{B,sep} = 0{,}59\, \frac{\sigma_{LV}\, g\, (d_L - d_V)}{d_L^{\,2}} = 0{,}59\, \frac{\sigma_{LV}\, g\, \epsilon}{d_L} \qquad (5.91)$$

Mc. Fadden und Graßmann /530/ kommen anhand von Messungen mit siedendem Stickstoff und durch den Vergleich mit Ergebnissen anderer Autoren zu der Beziehung:

$$f^2\, D_{B,sep} = 0{,}314\, \frac{g\, (d_L - d_V)}{d_L} = 0{,}314\, g\, \epsilon \qquad (5.92)$$

Die Gleichungen 5.83 und 5.84 von Cooper et al. /525/ für Sieden unter Gravitation lassen sich kombinieren zu

$$f\, D_{B,sep}^{\,2} \leq D_{B,sep}^{\,2}/t_{vis} = 36\, Ja^2\, a_L$$

oder sie führen durch Elimination von Ja auf die Ungleichung:

$$f^2\, D_{B,sep} \leq D_{B,sep}/t_{vis}^{\,2} = 0{,}75\, g \qquad (5.93)$$

Der Vergleich der Gln. 5.92 und 5.93 führt auf die Beziehung zwischen Wachstumszeit zu Periodendauer der Blasenbildung:

$$t_{vis} = \sqrt{0,314\ \epsilon/0,75}\ f^{-1}$$

mit $\epsilon \simeq 1$:

$$t_{vis} = 0,65\ f^{-1} = 0,65\ (t_{lat} + t_{vis}) \qquad (5.94)$$

Für Blasenbildung im gravitationsfreien Raum erhält man aus den Gln. 5.85 und 5.87 nach Cooper /525/:

$$f^2\ D_{B,sep}{}^3 \le D_{B,sep}{}^3\ /t_{vis}{}^2 = 3,38\ \sigma_{LV}/d_L \qquad (5.95)$$

Zwischen den Beziehungen 5.93, 5.94 und 5.95 besteht der merkwürdige Zusammenhang:

$$\left[(f/D_{B,sep})_{Zuber}\right]^4 \le a\ (f^2\ D_{B,sep})_{Mc\ Fadden}\ (f^2\ D_{B,sep}{}^3)_{Cooper} \qquad (5.96)$$

mit dem Faktor a

$$a = \frac{0,59^4}{0,314\ 3,38} = 0,113$$

Für die Blasenbildung beim Sieden von Wasser bei Umgebungsdruck an verschiedenen Edelstahl-Heizplatten ohne bzw. mit PTFE-Beschichtung und an einem PTFE-Faden gibt Lösing /306/ die Beziehung an:

$$D_{B,sep}\ f^{0,7} = 0,053\ m\ s^{-0,7} = konstant$$

Die von Lösing verwendeten Meßwerte von Esters /532/ zeigen jedoch deutlich, daß der Wert eines Ausdrucks $D_{B,sep}\ f^n$ für $n > 0$ stets von ΔT bzw. von Ja abhängt, wobei für denselben Siedezustand in verschiedenen Blasenzyklen und an verschiedenen Keimstellen sehr verschiedene Werte von $D_{B,sep}$ und f beobachtet werden. Da die Blasenbildung vorwiegend durch instationäre Wärmeleitung kontrolliert wird, wird hier ein funktioneller Zusammenhang zwischen dem dimensionslosen Ausdruck $f\, D_{B,sep}{}^2/a_L$ und der Jakobszahl erwartet. Werte dieses Ausdrucks wurden aus den Meßwerten von Esters /532/ bestimmt und für Fälle gleicher Jakobszahl gemittelt. Die Auftragung der gemittelten Werte über Ja in Bild 5-18 zeigt eine Abhängigkeit, welche relativ gut durch die Beziehung

$$f\, D_{B,sep}{}^2/a_L = 1{,}9\ Ja^2 \qquad (5.97)$$

wiedergegeben wird. Demnach ist die (mittlere) Blasenfrequenz, unabhängig von Ja, proportional zum Kehrwert $1/t_{vis}$ der berechneten (nicht der beobachteten) Wachstumsdauer nach Gl. 5.25, 5.29 oder 5.33. Da die in /532/ untersuchten Heizflächen, auch die mit PTFE gesputterten, relativ kleine Rückzug-Randwinkel gegenüber Wasser aufweisen, $\gamma_r \simeq 25^0$, wird Blasenwachstum mit Mikroschicht nach Gl. 5.33 angenommen. (Die Sputterung wirkte nicht merklich benetzunghemmend). Mit den Annahmen

- Blasenwachstum mit Mikroschicht bei Berücksichtigung des thermischen Widerstands der Heizwand nach Gl. 5.34,
- äquivalenter Durchmesser der Halbkugelblase $D_B = R\, \sqrt[3]{4}$,
- Heizfläche mit den Eigenschaften von rostfreiem Stahl 18/8, $\xi = 5{,}5$,

erhält man die Beziehung:

$$f = 0{,}36/t_{vis}\ ; \qquad (5.98)$$

Mit Gl. 5.98 und ihren Voraussetzungen, Blasenwachstum mit Mikroschicht nach Gln. 5.33 bzw. 5.29, erhält man entsprechend Gl. 5.97 für siedendes Wasser bei p = 1 bar

- an Kupferheizflächen

$$f\, D_{B,sep}{}^2/a_L = 2{,}8\ Ja^2$$

- an ideal wärmeleitenden Heizflächen ($\lambda_W = \infty$)

$$f\, D_{B,sep}{}^2/a_L = 3{,}2\ Ja^2 \qquad (5.97a)$$

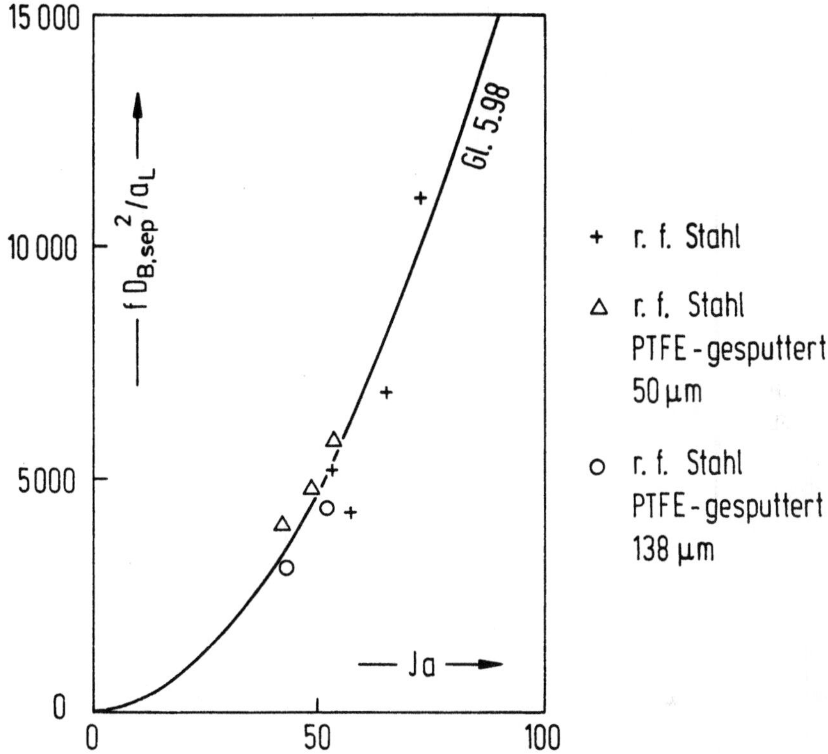

Bild 5-18 Abhängigkeit des dimensionslosen Ausdrucks $D_{B,sep}^2 f/a_L$ von der Jakobszahl, H_2O, p = 1 bar, VA-Heizflächen, Mittelwerte für insgesamt ca. 90 einzelne Blasen

Die Grenzen der Geltung der Gleichungen 5.91 bis 5.93 und 5.98 sind nicht definiert und bisher ist unklar, wie eine universelle Beziehung (f; D_{sep}) aussehen kann, welche die Fälle der Schwerelosigkeit und der Gravitation, großer Wärmestromdichten und sehr langsamer Blasenbildung einschließt. Die Beziehungen 5.91 bis 5.95 sind so formuliert, daß der Einfluß der Wandüberhitzung bzw. der Jakobzahl nicht erscheint. Merkwürdigerweise ist in den Gln. 5.91 bis 5.93 kein Einfluß der Prandtl-Zahl oder der Viskosität zu finden. Abreißdurchmesser und Ablösefrequenz der Blasen sind nach allen genannten Beziehungen auch unabhängig von der Struktur der Heizfläche.

Tabelle 5/01: Empirische Beziehungen zwischen Blasenabreißdurchmesser $D_{B,sep}$ und Blasenablösefrequenz f

Autor	Quelle	Jahr	Versuchsbedingung	Gleichung Nr.
Zuber	/529/	1959	Platte	$f\, D_{B,sep} = 0{,}59\ \frac{\sigma_{LV}\, g\, \epsilon}{d_L}$ (5.91)
Mc. Fadden, Graßmann	/530/	1962	Platte, N_2	$f^2\, D_{B,sep} = 0{,}314\ g\, \epsilon$ (5.92)
Cooper, Chandratilleke	/525/	1981	Platte $g \neq 0$	$f\, D_{B,sep}{}^2 \leq 36\ Ja^2\, a_L$ (5.83+5.84) $f^2\, D_{B,sep} \leq 0{,}75\ g$ (5.95)
			Platte $g = 0$	$f^2\, D_{B,sep}{}^3 \leq 3{,}38\ \sigma_{LV}/d_L$ (5.95)
Lösing	/306/	1985	Platte $g \neq 0$	$f^{0,7}\, D_{B,sep} = 53\ mm\ s^{-0,7}$ (H_2O)
Straub	/526/	1989	Draht $g = 0$	$f = 0$
diese Arbeit		1989	r f. St. Platte	$f\, D_{B,sep}{}^2 = 1{,}9\ Ja^2\, a_L$ (5.97)

Leistungsfähigere Bestimmungsgleichungen zur Ermittlung von $D_{B,sep}$ und f sind entweder empirisch durch neue Experimente unter gut definierten

Versuchsbedingungen oder durch vollständige Berechnung von Strömungsfeld, Temperaturfeld und beweglicher Blasenkontur während des Blasenzyklus bis zur Ablösung zu gewinnen. Experimente haben den Nachteil, daß die Versuchsparameter ΔT, q und Stoffeigenschaften kaum unabhängig voneinander variiert werden können. Für vollständige numerische Lösungen müssen Rechenverfahren teilweise noch entwickelt werden, vgl. Abschnitt 5.9.. Insbesondere fehlen bisher geeignete 3D-Rechenverfahren für Strömungen mit freien Oberflächen; solche Verfahren sind zur Berechnung nicht achsensymmetrischer Fälle, wie dem einer Blase am Umfang einer Rohrheizfläche, erforderlich.

Für die Blasenbildung an horizontalen Heizflächen scheinen folgende Annahmen relativ am besten verwendbar:

- Blasenabreißdurchmesser $D_{B,sep}$: größerer Wert nach Gl. 2.19 (Fritz), Gl. 3.84 (Chesters) oder Gl. 5.80 (Cole);
- Blasenfrequenz f: Gl. 5.91 (Zuber) für $D_{B,sep}$ nach Gl. 5.80; Gl. 5.97 für Blasenablösung nach Gl. 2.19 oder 3.84.

Folgende Beziehungen für den Blasenabreißdurchmesser gelten unter terrestrischen Bedingungen $g \neq 0$ und abhängig von der Überhitzung vorzugsweise in verschiedenen Druckbereichen:

- Gl. 5.80 (Cole) bei niedrigem Siededruck und hoher Jakobszahl,
- Gl. 2.19 (Fritz) bei "mittlerem" Siededruck, kleiner oder mittlerer Jakobszahl, nur bei unvollständiger oder schlechter Benetzung,
- Gl. 3.84 (Chesters) bei hohem Siededruck, kleiner Jabobszahl und vollständiger Benetzung.

Die Blasenablösung von horizontalen Rohren oder geneigten Heizflächen unterscheidet sich von der Ablösung von einer horizontalen Platte durch eine tangentiale Komponente der Gravitationsbeschleunigung. Blöchl /211/ findet mit Gl. 5.25 von Zuber /529/ eine gute Übereinstimmung seines Wärmetransportmodells mit seinen Wärmeübergangsmessungen an horizontalen Rohren.

5.7. Blasenwachstumsgesetze

Blasenabreißdurchmesser und Blasenablösefrequenz sind die wirksamen Einflußgrößen der Blasenbildung auf den Wärmeübergang beim Blasensieden. Der zeitliche Verlauf des Blasenwachstums interessiert besonders dann, wenn Blasen gegen Ende der Wachstumsperiode sehr langsam wachsen. In diesem Fall erhöht frühere Ablösung die Blasenfrequenz, ohne das Blasenabreißvolumen zu reduzieren, d.h. frühere Ablösung erhöht auf jeden Fall den Wärmeübergang.

Für viele, von verschiedenen Autoren beobachtete und vermessenen Blasen gilt im ersten Drittel der Wachstumsperiode recht gut, daß der Radius der volumengleichen Halbkugel R_{HK} der Gl. 5.25 bzw. der Gl. 5.29 gehorcht (obwohl beiden Gleichungen sehr verschiedene Wachstumsmodelle zugrunde liegen). Dabei ist R_{HK} um den Faktor $2^{1/3} = 1{,}26$ größer als der oft verwendete Radius R_B der volumengleichen Kugelblase:

$$R_B = D_B/2 = R_{HK}/\sqrt[3]{2} \tag{5.99}$$

Eine Entscheidung zwischen den Wärmetransportmodellen beider Gleichungen - Verdampfung an der Blasenkuppel oder an der Mikroschicht - erlaubt dieser Befund nicht, doch offenbar liefert die Kombination beider, Gl. 5.38, keine leistungsfähigere Beziehung für das Wachstum der Halbkugelblase.

Cole und Shulman /512/ finden aus kinematographischen Untersuchungen des Blasenwachstums bei hohen Jakobzahlen die Beziehung für den äquivalenten Blasenradius

$$R_B = 2{,}5\ Ja^{3/4}\ (a_L\ t)^{1/2} \tag{5.100}$$

in welcher die Zeitabhängigkeit $R \sim \sqrt{a_L t}$ der Gln. 5.25 oder 5.29 übernommen, jedoch der Einfluß der Jakobzahl schwächer ist.

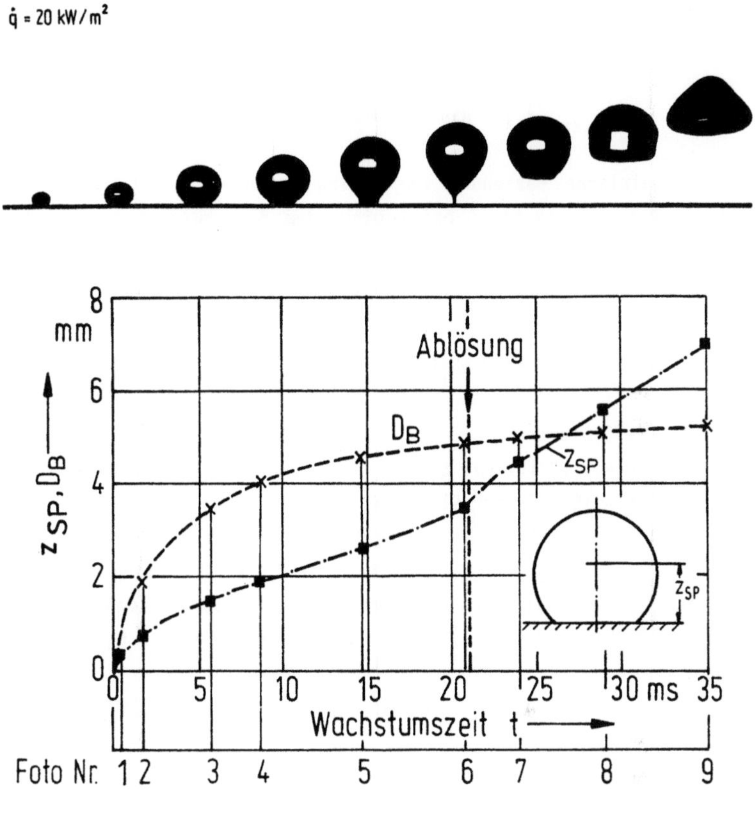

Bild 5-19 Äquivalenter Blasendurchmesser und Schwerpunktabstand von der Heizfläche in Abhängigkeit von der Zeit nach Lösing /306/ H_2O, p = 1 bar, ΔT = 13,5 K, $\dot{q}$ = 20 kW/m², vgl. auch Bild 5-15

Im Laufe der Wachstumszeit verlangsamt sich das Wachstum erheblich gegenüber der volumengleichen Halbkugel nach Gl. 5.25. Nach dem Mikroschichtmodell von van Strahlen /531/ reißt die Blase ab, wenn ihr Wachstum aufhört. Zum praktisch gleichen Ergebnis führte die kinematographische Untersuchung einer größeren Anzahl von Blasenzyklen /532, 306/, Bild 5-19. Aufgrund dieser Tatsache hat Lösing das Blasenwachstum durch eine Beziehung zwischen den mit D_{sep} normierten Blasendurchmesser und der mit t_{vis} normierten Wachstumszeit beschrieben:

$$D/D_{B,sep} = 1 - \exp(-6{,}6t/t_{vis}) \tag{5.52}$$

Diese empirische Beziehung von Lösing beachtet nicht die qualitative Abhängigkeit $R \sim (a_L t)^{1/2}$ bei beginnendem Blasenwachstum. Eine bessere Anpassung an Gl. 5.25, 5.29 oder 5.33 für beginnendes Wachstum einer Halbkugelblase liefert die Gleichung

$$(D_B/D_{B,sep})^2 = a' \left[1 - \exp(- b\, Ja^2\, a_L\, t/D_{B,sep}{}^2)\right] \tag{5.101}$$

mit den Koeffizienten

$b = 9{,}62$ für Gl. 5.25,

$b = 15{,}7/Pr$ für Gl. 5.29,

$b = 10{,}1/(0{,}8\ Pr_L + \pi/\xi)^2$ für Gl. 5.33

und $a \simeq 1$ so angepaßt, daß Gl. 5.01 die Beziehung ($t = t_{vis}$; $D_B = D_{B,sep}$) erfüllt. Mit dem Wert $b = 5{,}28$ entsprechend Gl. 5.33 für r.f. Stahl/H_2O gibt Gl. 5.101 den Wachstumverlauf des Bildes 5-19 gut wieder.

5.8. Driftströmung und konvektiver Wärmetransport

Die Ablösung einer Dampfblase von der Heizfläche verläuft im Verhältnis zur Wachstumsdauer t_{vis} der Blase sehr schnell. Dabei treten kurzzeitig hohe Geschwindigkeiten tangential und normal zur Heizfläche auf. Han und Griffith /103, part II/ erklären die hohen Wärmestromdichten beim Blasensieden durch die Vorstellung, daß die während eines Blasenzyklus durch instationäre Wärmeleitung aufgebaute Temperaturgrenzschicht durch Konvektion im Nachlauf der sich ablösenden Blase ins Innere der Flüssigkeit transportiert wird: "bulk convection of the transient thermal layer". Die Reichweite r_{dri} dieser Konvektionsbewegung tangential zur Heizfläche nehmen sie zu $r_{dri} = 2\ R_{B,sep} = D_{B,sep}$ an. Beer und Durst /104/ bezeichnen diesen Vorgang als Driftströmung. Ausgehend von der Betrachtung der Potentialströmung um eine aufsteigende kugelförmige Blase haben Beer und Durst /104/ die Abschätzung des Einflußbereiches der Blase von Han und Griffith ($r_{dri} = 2\ R_{B,sep}$) bestätigt, und die Driftströmung hinter einer abgelösten Blase sichtbar gemacht, Bild 5-20 . Das von der Driftströmung erfaßte Flüssigkeitsvolumen und seine mittlere Überhitzung haben sie abgeschätzt zu

$$V_{dri} = V_{B,sep}/2; \quad \Delta T_{dri} = \Delta T_W/2 \tag{5.102}$$

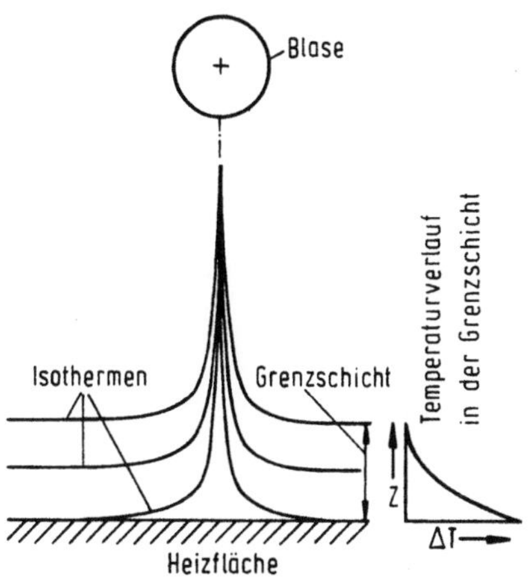

Bild 5-20 Driftströmung nach Beer und Durst /104/

Die mit einer Blase transportierte Wärmemenge Q_B ist nach Gl. 5.102 (Beer):

$$Q_B = V_B \, d_V \, \Delta h_{LV} \, (1 + 0{,}5 \, Ja(V_{dri}/V_{B,sep})) \qquad (5.103)$$

Der Vorfaktor 0,5 der Jakobzahl berücksichtigt die Annahme, daß die konvektiv abgeführte Flüssigkeit aus der Wandgrenzschicht im Mittel um $\Delta T/2$ überhitzt sei. Die mit jeder abgelösten Blase von einer Keimstelle abgeführte Wärmemenge ist damit:

$$Q_B = Q_{B,lat} + Q_{drift} = V_{B,sep} \, d_V \, \Delta h_{L,V} \, (1 + Ja/4) \qquad (5.104)$$

Die konvektiv abgeführte Wärme Q_{drift} ist unter Siedebedingungen meist wesentlich größer als die Latentwärme $Q_{B,lat}$ der Blase. Das Volumenverhältnis $V_{dri}/V_{B,sep}$ in Gl. 5.103 (Beer) ist konstant, das Verhältnis der Wärmemengen $Q_{drift}/Q_{B,lat} = Ja/4$ eine Funktion von Ja.

Nach dem Modell von Han und Griffith /103/ ist für den Transport fühlbarer Wärme statt des Driftströmungsvolumens nach Gl. 5.102 das Volumen der konvektiv abtransportierten instationären Grenzschicht im Einflußbereich $r_{dri} = D_{B,sep}$ maßgebend, bzw. das Volumenverhältnis:

$$V_{dri}/V_{B,sep} \simeq \pi \, r_{dri}^2 \, \delta/V_{B,sep} = 6 \, \delta/D_{B,sep} \qquad (5.105)$$

mit $\delta = \sqrt{\pi \, a_L/f}$

Unter Vernachlässigung der Grenzschichtverdrängung durch den Blasenfuß ist die in einem Blasenzyklus transportierte Wärme:

$$Q_B = Q_{B,lat} + Q_{drift} = V_{B,sep} \, d_V \, \Delta h_{L,V} \left[1 + \frac{12 \, Ja \sqrt{a_L/f}}{\sqrt{\pi} \, D_{B,sep}} \right] \qquad (5.106)$$

Der Anteil der Latentwärme $Q_{B,lat}$ an der gesamten mit einer Blase transportierten Wärmemenge Q_B ist hiernach für siedendes Wasser bei 1 bar von ähnlicher Größe wie nach dem Modell von Beer et al. /104/. Das Volumenverhältnis nach Han, Gl. 5.105, bzw. das Verhältnis δ/D_{sep} ist proportional 1/Ja, das resultierende Verhältnis $Q_{drift}/Q_{B,lat}$ ist von Ja unabhängig, wenn das Produkt (f t_{vis}) bzw. das Verhältnis t_{vis}/t_{lat} konstant ist. Es ist anzunehmen, daß das jeweils kleinere Volumenverhältnis nach Gl. 5.102 bzw. 5.105 maßgebend ist, da die konvektiv transportierte Wärme Q_{drift} bei kleiner Jakobszahl durch das Volumen der Driftströmung, d.h. kinematisch, bei größerer Jakobszahl durch die radiale Reichweite der Driftströmung und durch die Dicke der instationären thermischen Grenzschicht begrenzt ist. Damit ist für kleine Werte von Ja das Verhältnis $Q_{B,lat}/Q_B$ eine fallende Funktion von Ja, für große Werte von Ja ist dies Verhältnis näherungsweise konstant.

Die Entstehung der Driftströmung läßt sich folgendermaßen beschreiben: Bei Annäherung an die Ablösung wächst die Blase nur noch langsam, der Blasenschwerpunkt steigt, ohne daß die Blase sich sofort ablöst. Potentielle Energie der Lage der Flüssigkeit wird dabei in potentielle Energie der Blasenoberfläche umgewandelt. Der Überschuß der Oberflächenergie über den zum Einschließen des Blasenvolumens erforderlichen Wert (für die Kugelfläche) ist in der Oberfläche des gestreckten Blasenfußes gespeichert. Da der Blasenfuß schlanker und damit stärker konvex gekrümmt ist, als dem statischen Gleichgewicht entspricht, sinkt der Druck der ihn umgebenden Flüssigkeit; diese wird lokal zur Symmetrieachse hin beschleunigt. Der Blasenfuß kollabiert, die Oberflächenenergie des Blasenfußes wird in kinetische Energie der Flüssigkeit umgesetzt. In der Symmetrieachse entsteht eine Staulinie und die Strömung wird nach oben umgelenkt. Der Blasenboden bewegt sich solange schneller aufwärts als der Blasenschwerpunkt, bis der Blasenboden sich so stark konkav einwölbt, daß die Aufwärtsströmung durch den negativen Krümmungsdruck abgebremst wird. Es folgt eine Reihe schnell abklingender Druck- und Geschwindigkeitsfluktuationen der Flüssigkeit an der Blasenoberfläche, welche als Schwingungen der Blasenkontur beobachtbar sind, s. Bild 5-21.

Kondensation im Blasenscheitel spielt für den Wärmetransport nur bei unterkühltem Sieden eine Rolle; sie ist ebenso wie Marangonikonvektion in den Modellen von Han und Griffith /103/, Beer /104/ und Bier et al. /210/ nicht berücksichtigt.

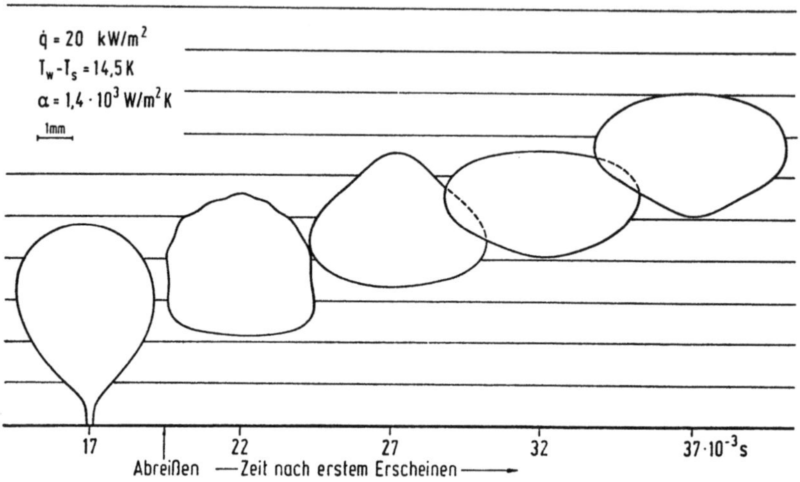

Bild 5-21 Schwingungen der Blasenoberfläche nach dem Ablösen

Auch ohne Einfluß der Haftfläche bewirkt das Gravitationsfeld nach der "Freigabe" einer zunächst kugelförmigen Blase eine viel stärkere örtliche Beschleunigung unterhalb der Blase als über dem Blasenscheitel. Walters und Davidson /533/ konnten für eine relativ große zylindrische Blase experimentell und durch 2-dimensionale Rechnung zeigen, daß nach dem "Loslassen" der Blase die Mitte der Blasenunterseite, des Blasenbodens sich schnell einstülpt und ein beschleunigter Flüssigkeitsstrahl von unten in die Blasen eintritt; die Oberflächenspannung war dabei bei einer Blasengröße $D_B \simeq 20$ L von geringem Einfluß.

Die in den Abschnitten 5.1. und 5.2. betrachteten Modelle des Blasenwachstums setzen eine Kugel oder Halbkugel als Gestalt der Blase voraus und bestimmen den Wachstumsverlauf aus einer im wesentlichen eindimensionalen Lösung der Impuls- und/oder der Energiegleichung oder aus einer Kombination solcher Lösungen. Solche Modelle können die schnelle Änderung der Blasenform bei der Ablösung und die Driftströmung nicht einmal qualitativ beschreiben.

5.9. Berechnung des Blasenwachstums und der Driftströmung durch numerische Lösung der Erhaltungsgleichungen

Ein angemessenes Rechenverfahren für Blasenkontur, Geschwindigkeits- und Temperaturfeld muß von der vollständigen 3-dimensionalen Lösung der Erhaltungsgleichungen ausgehen und die speziellen Randbedingungen an der freien Oberfläche bei Mitwirkung der Oberflächenspannung berücksichtigen.

Die Form der Blase während der Ablösung ist kinematisch durch das Geschwindigkeitsfeld bestimmt; sie darf nicht durch das Rechenverfahren festgelegt sein. Die zeitliche Entwicklung des Geschwindigkeits- und des Temperaturfeldes sowie der Blasenkontur, die Werte des Ablösevolumens $V_{B,sep}$, der Ablösefrequenz f und der konvektiv transportierten fühlbaren Wärme Q_{drift} könnten durch eine solche "vollständige" dreidimensionale Berechnung bestimmt werden.

Vier wesentliche Vereinfachungen der Berechnung des Geschwindigkeits- und des Temperaturfeldes um wachsende Dampfblasen in reinen (Einstoff-) Fluiden sind aufgrund der vorhergegangenen Betrachtungen dieses Kapitels gerechtfertigt:

- Die Temperatur der Flüssigkeit an der Blasenoberfläche kann als konstant und gleich der Sättigungstemperatur T_{sat} angenommen werden.
- Schubspannungen an der Blasenoberfläche und Marangonikonvektion sind vernachlässigbar.
- Die Dichte des Dampfs im Blaseninneren kann als konstant angenommen werden, $d_V = d_{V,sat}$.
- Impulskräfte aufgrund von Dampfströmungen in der Blase sind vernachlässigbar, $p_V = p_{sat,T}$.

An horizontalen Heizflächen mit achsensymmetrischen Keimstellen läßt sich Achsensymmetrie des Geschwindigkeits- und des Temperaturfeldes, d.h. eine mathematisch zweidimensionale Lösung, annehmen.

Die Erhaltungsgleichungen werden durch die Annahme konstanter Stoffwerte (d_L, v_L, a_L, d_V, v_V, a_V, a_W) innerhalb jeder Phase wesentlich vereinfacht, damit gelten für Newton'sche Flüssigkeiten:

die Kontinuitätsgleichung,

$$\nabla \cdot \underline{v} = 0 \tag{5.107}$$

die Impulsgleichung (Navier-Stokes-Gleichung),

$$\frac{D\underline{v}}{DT} = g - \frac{1}{d_L} \nabla p + \mu_L \nabla \cdot \underline{\underline{D}} \tag{5.108}$$

die Energiegleichung im Fluid unter Vernachlässigung der kinetischen und der potentiellen Energie sowie der Wärme aus der Dissipation mechanischer Energie,

$$\frac{DT}{Dt} = a_L \nabla^2 T \tag{5.109}$$

bzw. die Wärmeleitungsgleichung in der Heizfläche,

$$\frac{\partial T}{\partial t} = a_W \nabla^2 T \tag{5.110}$$

dabei sind $\underline{v}$ der Geschwindigkeitsvektor der Flüssigkeit, $\underline{\underline{D}}$ der Deformationstensor und D/Dt die zeitliche Ableitung für einen Massenpunkt (substantial derivative).

Als Randbedingungen gelten:

An der festen Wand, d.h. an der Heizfläche,
- die Haftbedingung,

$$(\underline{v})_{z=0} = 0 \tag{5.111}$$

An der freien Oberfläche der Blase,

- die Normalspannungsbedingung, Gl. 5.46,

$$p_L - 2\,\mu_L \frac{\partial v_\zeta}{\partial \zeta} = p_V - \sigma_{LV}\left(\frac{1}{R_1} + \frac{1}{R_2}\right) \tag{5.112}$$

- die Bedingung der Schubspannungsfreiheit,

$$\mu_L \left[\frac{\partial v_\zeta}{\partial \eta} + \frac{\partial v_\eta}{\partial \zeta}\right] = 0 \tag{5.113}$$

- und die kinematische Randbedingung für die Normalgeschwindigkeit der Flüssigkeit

$$v_\zeta - \frac{DT}{D\zeta}\,\frac{a_L\,c_L}{\Delta h_{L,V}} = v_{L,V} \tag{5.114}$$

v_ζ und v_η sind die relativen Geschwindigkeitskomponenten normal bzw. tangential zur freien Oberfläche, näherungsweise ist der 2. Term in Gl. 5.114 für den verdampfenden Flüssigkeitsstrom vernachlässigbar, so daß statt Gl. 5.114 gilt:

$$v_\zeta = v_{L,V} \tag{5.115}$$

- die Integralbedingung für die Änderung des Blasenvolumens

$$\frac{dV_B}{dt} = - \int\limits_{A_{LV}} \left[\frac{DT}{D\zeta}\right]_L a_L \,\frac{d_L\,c_L}{d_V\,\Delta h_{L,V}}\,dA \tag{5.116}$$

Als Rechenverfahren eignet sich ein Finite-Differenzen-Verfahren, z.B. ein Marker-und-Cell-Verfahren (MAC). Burow /534/ hat für die Berechnung dieses Problems ein explizites MAC-Verfahren und Zylinderkoordinaten gewählt. In einem konventionellen, starren Koordinatennetz, z.B. in Zylinderkoordinaten, schneidet die Blasenkontur Zellen des Netzes so, daß diese Zellen zugleich Flüssigkeit und Dampf enthalten. Die Geschwindigkeitskomponenten an der Blasenoberfläche müssen aus den diskreten Werten an den Grenzen dieser "Mischzellen" interpoliert werden. Die Fehler dieser Interpolationen führen zu Instabilitäten der Rechnung und "zu unsinnigen Ergebnissen" (Burow) bei der Bestimmung der Blasenkontur /534/. Das beschriebene Interpolationsproblem in den Mischzellen hat Burow gezwungen, die Blasenform vorzugeben und eine kugelabschnittförmige Blase mit einer getrennt zu berücksichtigenden Mikroschicht anzunehmen. Seine Ergebnisse beschreiben das Geschwindigkeits- und das Temperaturfeld um die wachsende haftende Blase, können aber den Zeitpunkt der Ablösung sowie die Gestaltänderung und das Geschwindigkeitsfeld um den Blasenfuß während des Ablösens quantitativ und qualitativ nicht befriedigend bestimmen. "Mischzellen" lassen sich vermeiden, indem ein an die Blasenkontur angepaßtes, sich mit ihr verschiebendes Rechennetz verwendet wird, dessen einen Rand die Blasenkontur bildet.

Ryskin, Leal et al. /335, 336/ berechnen Strömungsfelder und Konturen stationär aufsteigender achsensymmetrischer Blasen in konturangepaßten Koordinaten. Ihre Koordinatennetze sind orthogonal, was die Anpassung an konkave Oberflächen erschwert. Haftende Blasen und den Vorgang der Ablösung haben Ryskin und Leal nicht untersucht.

Gute Stabilität eines numerischen Lösungsverfahrens insbesondere bei der Berechnung der freien Oberfläche wird dadurch erreicht, daß die Lage der freien Oberfäche mit der Lösung der Erhaltungsgleichungen implizit berechnet wird /537/. Da Stabilitätsprobleme eher bei der Berechnung des Geschwindigkeitsfeldes als bei der des Temperaturfeldes mit freien Oberflächen zu erwarten sind, wurde zunächst die gekoppelte Lösung der Kontinuitäts- und der Impulsgleichung mit ihren Randbedingungen (isothermes Problem) in Angriff genommen. Die Volumenänderung einer Blase kann dabei zeitabhängig durch eine geeignete Rechenvorschrift vorgegeben oder vernachlässigt werden, wenn das Blasenvolumen bereits größer ist als das Maximalvolumen bei gegebener Haftbedingung, z.B. bei gegebenem Randwinkel an einer glatten Oberfläche. Die Vernachlässigung der Volumenänderung kann leicht aufgegeben werden; für die Berechnung der Driftstömung ist diese Vernachlässigung meist nicht problematisch, da das Blasenvolumen im Augenblick der Ablösung nur noch langsam wächst. Mit diesen Vereinfachungen hat Claes /537/ Strömungsfelder und Konturen von sich ablösenden und abgelösten Blasen berechnet.

Statt durch Lösung der Kontinuitäts- und der Navier-Stokes-Gleichungen wurden zunächst Geschwindigkeitsfelder und Blasenkonturen durch Lösung der Laplacegleichung für die Potentialströmung mit freien Oberflächen mit einem impliziten Finite-Differenzen-Verfahren berechnet. Bilder 5-22 bis 5-25.

Bild 5-22 zeigt eine 2-dimensional berechnete Kontur einer sich ablösenden (zylindrischen) Blase und das verwendete Rechennetz sowie einen Ausschnitt aus dem berechneten Geschwindigkeitsfeld (Wegen Symmetrie nur halbseitige Darstellung!). Die verwendeten Rechennetze wurden als Lösungen der Potential-Gleichung im Rechengebiet Blasenkontur-Symmetrieachse-Kreisbogen-Haftfläche bzw. Blasenkontur-Symmetrieache-Kreisbogen zeitabhängig bestimmt. Die Angaben zu Bild 5-22 bis 5-25 erfolgen in dimensionslosen Größen:

$$R^* = R_B/L, \qquad t^* = t\sqrt{g/R_B}$$

Für die Stoffwerte von siedendem Wasser bei 1 bar und normale Gravitation gilt für die Bezugsgrößen der dimensionslosen Darstellung:

$$R_B/R^* = L = 2{,}5 \text{ mm}; \quad t/t^* = (R_B/g)^{1/2} = 0{,}016 \text{ s} \quad \text{für } R_B = L$$

Auch ohne Volumenwachstum führt jede Anfangskontur einer haftenden Blase, deren Volumen größer ist als das statische Maximalvolumen für die angenommene Haftbedingung (vgl. Abschnitt 3.4.), zur Ablösung. Bild 5-23 zeigt eine Folge gerechneter Konturen der Blase aus Bild 5-22 bis zur Ablösung bei Vorgabe eines konstanten Randwinkels $\gamma = 90^0$. Beim Ablösen schließt sich die Flüssigkeit und damit das Rechengbiet unter der Blase. Hierbei ist ein Wechsel des verwendeten Typs von Rechennetz - von einem C-Netz nach Bild 5-22 o.r, in ein O-Netz nach Bild 5-24 o.r - erforderlich.

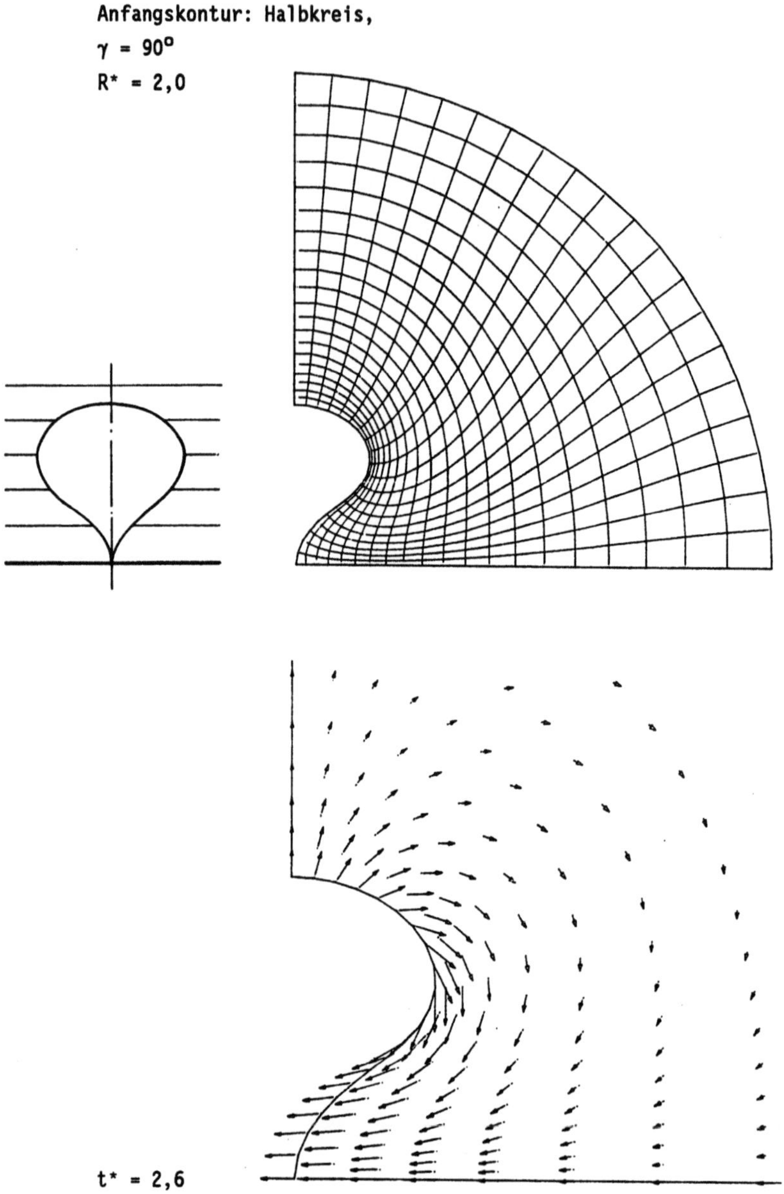

Bild 5-22 Kontur einer sich ablösenden Blase und angepaßtes Rechennetz (oben) sowie Ausschnitt aus dem Geschwindigkeitsfeld für Potentialströmung /537/

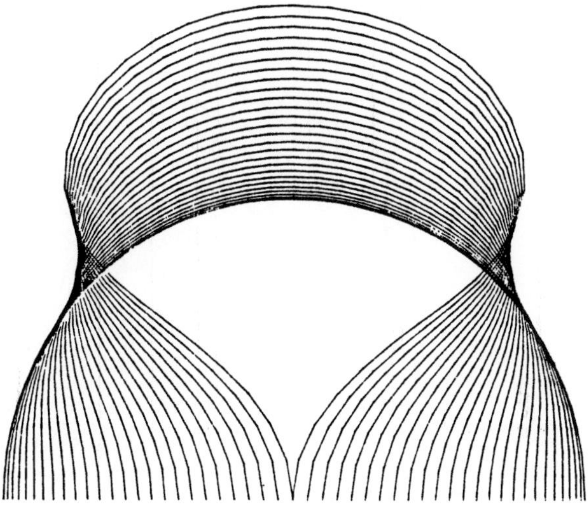

Bild 5-23 Nacheinander auftretende Konturen der sich ablösenden Blase aus Bild 5-22, Anfangskontur, Halbkreis, Randwinkel $\gamma = 90^0$, $R^* = 2$, /537/

Rechnungen für eine "losgelassene", zunächst kreisförmige 2-dimensionale (zylindrische) Blase ohne Oberflächenspannung, $R^* = \infty$, in Potentialströmungen zeigen, ebenso wie die Experimente von Walters und Davidson /533/, eine starke konkave Deformation der Blasenunterseite, begleitet von einem Strahl schneller Strömung in die Blase 5-24. Diese Deformation nimmt mit der Zeit schnell zu.

Der stärkere Einfluß der Oberflächenspannung schwächt bei kleineren Blasen die Bildung dieses Strahls ab. Bild 5-25 zeigt eine relativ kleine Blase, $R^* = 1$, bei der die Oberflächenspannung stärkeren Einfluß hat. Im Vergleich zu Bild 5-24 ist das Gebiet der Einstülpung des Blasenbodens wesentlich breiter; ein lokaler Flüssigkeitsstrahl in die Blase hinein bildet sich nicht aus. Obwohl mit Potentialströmung, d.h. ohne Berücksichtigung von Reibung gerechnet wurde, gleichen die berech-

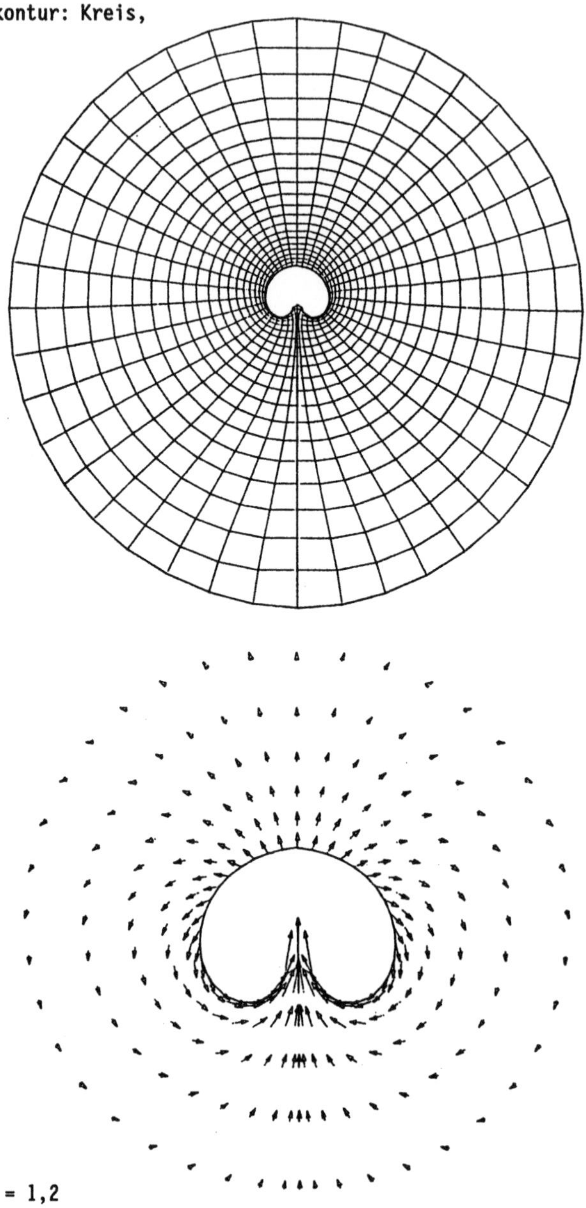

Bild 5-24 Kontur einer 'losgelassenen' Blase mit Darstellung des Rechennetzes sowie Ausschnitt aus dem berechneten Geschwindigkeitsfeld der Flüssigkeit, $\sigma_{LV} = 0$, /537/

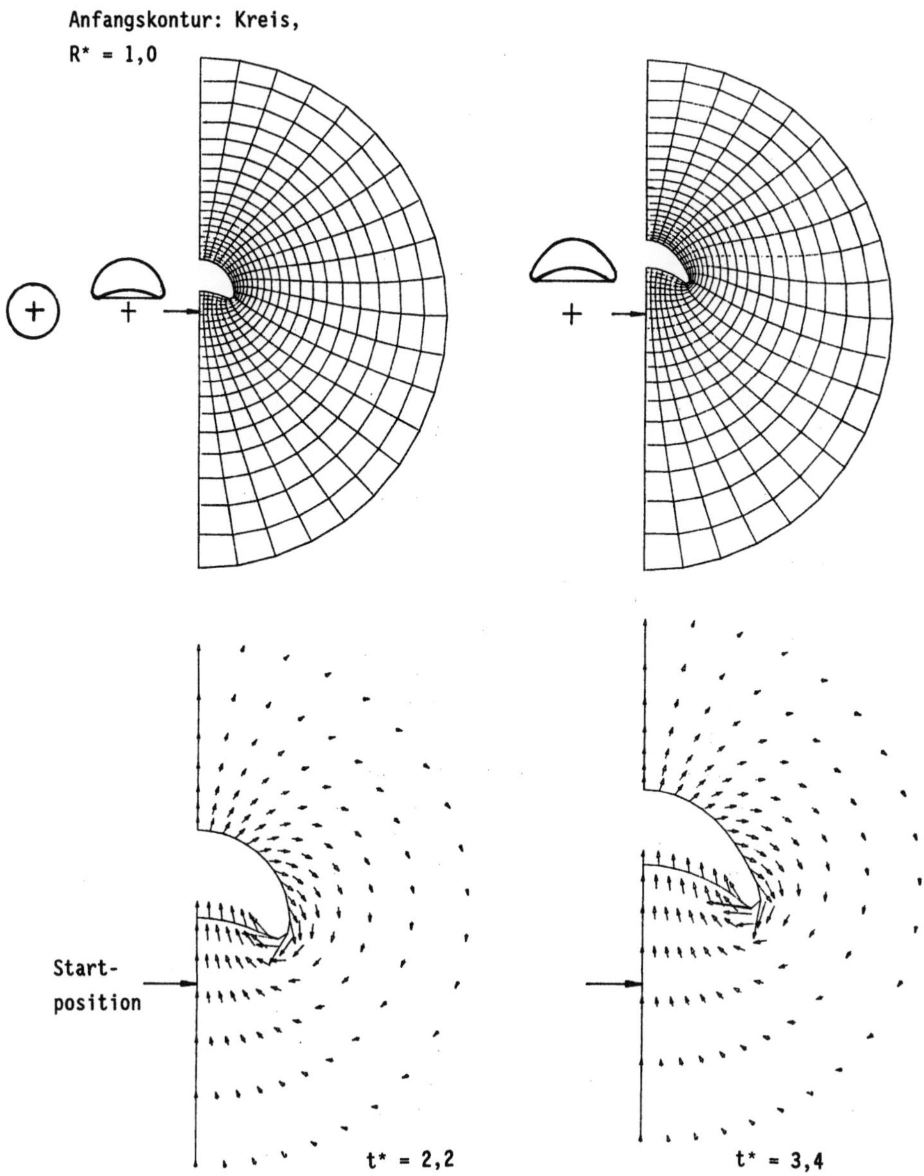

Bild 5-25 Kontur mit Rechennetz, Geschwindigkeitsfeld um eine losgelassene Blase mit $R^* = 1$, Potentialströmung

neten Blasenformen den von Bhaga und Weber /538/ beobachteten Formen aufsteigender Blasen in realen Flüssigkeiten.

Die Viskosität der Flüssigkeit bewirkt vor allem die Bildung einer Strömungsgrenzschicht an der Heizfläche. Auch zur gekoppelten Lösung der Kontinuitäts- und der Navier-Stokes-Gleichung für achsensymmetrische Fälle mit freien Oberflächen wurde ein 2-D-Rechenverfahren entwickelt /537,539/. Bild 5-26 zeigt Kontur, Rechennetz und Geschwindigkeitsfeld einer Flüssigkeit um eine sich ablösende achsensymmetrische Blase. Das Geschwindigkeitsfeld in der Nachbarschaft der Randlinie ist in einem Ausschnitt dargestellt; es läßt die Strömungsgrenzschicht an der Wand gut erkennen. Die Reibung in der Strömungsgrenzschicht reduziert die durch die Driftströmung abgeführte Menge überhitzter Flüssigkeit.

Die Bestimmung der charakteristischen Größen der Blasenbildung $V_{B,sep}$, Q_{Drift}, A_{Drift} und f ist für eine vollständige Beschreibung des makroskopischen Wärmeübergangs beim Blasensieden erforderlich. Umfangreiche Versuche verschiedener Autoren, für diese Größen aufgrund von Experimenten empirische Beziehungen aufzustellen, haben zu sehr verschiedenen Gleichungen geführt, deren Geltungsbereiche nicht klar definiert sind. Es ist zu erwarten, daß auch weitere Experimente nicht zu einer geschlossenen empirischen Beschreibung führen. Andererseits sind die wesentlichen Elemente eines mit konturangepaßten Koordinaten arbeitenden FD-Verfahrens entwickelt, das die Berechnung des Geschwindigkeitsfeldes mit freien Grenzflächen ohne Stabilitätsprobleme leistet, s. hierzu auch die soeben erschienene Dissertation von D. Claes /541/. Angesichts der schnellen Entwicklung von Rechnern und numerischen Verfahren sind die Chancen, dieses Verfahren zur Berechnung der o.g. Größen durch vollständige Berechnung des zeitabhängigen Strömungs- und Temperaturfeldes weiter zu entwickeln, zur Zeit besser als die Chancen zur Verbesserung oder Absicherung existierender empirischer Korrelationen durch weitere Experimente. Für eine vollständige Berechnung von Siededampfblasen muß die Lösung der Energiegleichung in das Rechenverfahren eingefügt werden. Dies erscheint angesichts der bereits überwundenen Probleme in näherer Zukunft erreichbar. Experimentelle Blasenuntersuchungen in begrenzten Umfang sind zur Prüfung numerischer Lösungen auch dann erforderlich.

$D_B/L = 2$
$Ar = 2\ 10^6$ (Def. Gl. 2.08)
Blasenkonturen

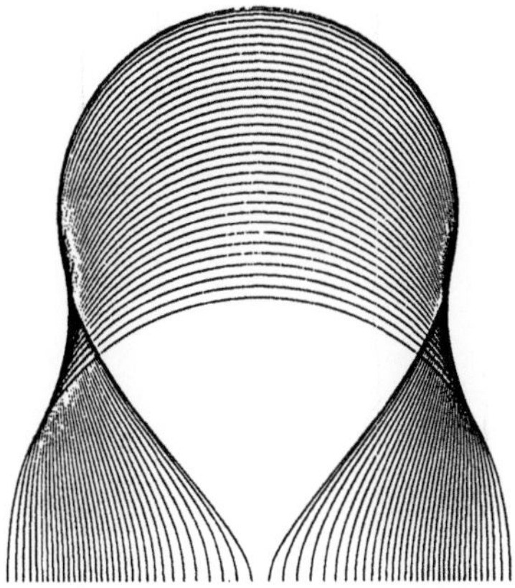

$t/\sqrt{D_B/g} = 1,3$

Koordinatennetz

Geschwindigkeitsfeld

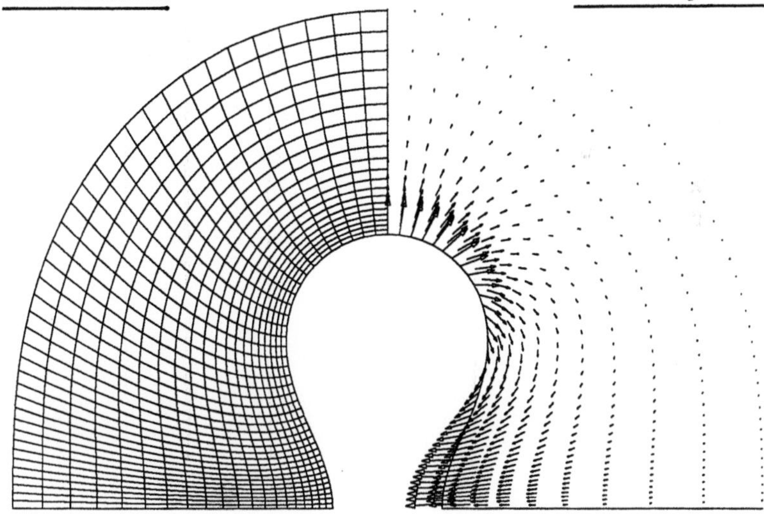

MAX. VELOCITY = 0.6020 AT I,J = 1 40 LENGTH = ⟶

Bild 5-26 Konturen, mit Koordinatennetz und Geschwindigkeitsfeld um eine sich ablösende Blase /537/

6. Einflüsse der Heizflächeneigenschaften

Eine wärmeabgebende Heizfläche (Heizwand) wirkt beim Sieden als Wärmebrücke zwischen Wärmequelle und siedendem Fluid und als Katalysator der Blasenbildung. Die Eigenschaften der Heizfläche, insbesondere ihre Oberflächenstruktur, ihre Wärmeleitfähigkeit und spezifische Wärmekapazität, ihre Benetzbarkeit, ferner ihre Form und Wandstärke und ggf. ihre Neigung zu chemischen Wechselwirkungen mit dem siedenden Fluid oder mit dessen Verunreinigungen bestimmen die Form der Blasenbildung beim Sieden und den Wärmeübergang. Drei Formen des Blasenwachstums treten, abhängig von der Form der Keimstelle und von der Benetzbarkeit der Heizfläche, nach Kap.5 beim Sieden auf:

- Blasenwachstum mit verdampfender Mikroschicht und variablem Blasenfußradius an Heizflächen mit kleinem Rückzug-Randwinkel $\gamma_r \simeq 0$, jedoch großer Randwinkelhysterese, z.B. beim Sieden von Wasser an metallischen Heizflächen;
- Blasenwachstum ohne Mikroschicht mit variablem Blasenfußradius bei großem Rückzug-Randwinkel γ_r, d.h. an schlecht benetzten Heizflächen; dies führt zu großen Blasenabreißdurchmessern und geringen Blasenfrequenzen;
- Blasenwachstum mit konstanten Blasenfußradius $r_F = r_K$ an sehr gut benetzten Heizflächen mit geringer Randwinkelhysterese, $\gamma_v \simeq 0$, an relativ großen Keimstellen mit relativ großen inneren Volumina; diese Form des Blasenwachstums liefert die kleinsten Blasenabreißdurchmesser und die größten Blasenfrequenzen.

Folgende Typen von Oberflächenstrukturen lassen sich unterscheiden:

- molekular glatte, homogene Oberflächen, z.B. von Gläsern oder Einkristallen,
- unregelmäßig rauhe oder inhomogene Oberflächen, wie sie durch polykristalline Erstarrung, durch Schmirgeln, Sandstrahlen o.ä. enstehen, mit einem geringen Anteil an inneren Poren,
- Strukturen mit einer Vorzugsrichtung tangential zur Oberfläche, wie sie durch mechanische Bearbeitung, Drehen, Hobeln, Gewindeschneiden, erzeugt werden,

- poröse Strukturen, evtl. mit untereinander verbundenen Hohlräumen, wie sie durch Aufsintern von Metallgranulaten oder durch spezielle mechanische Bearbeitung entstehen.

Die Benetzbarkeit einer Heizfläche, die weder einheitlich noch konstant sein muß, wirkt sich auf die Aktivierbarkeit von Keimstellen, auf die Hysterese der Siedekennlinie bei beginnenden Sieden und auf den Blasenabreißdurchmesser aus.

Die Wärmeleitfähigkeit und die volumetrische Wärmekapazität der Heizfläche begrenzen die örtlichen und zeitlichen Temperaturschwankungen infolge der Periodizität der Blasenbildung an ihrer Oberfläche. Diese Eigenschaften haben damit auch Einfluß auf die Blasenfrequenz und auf die Siedekennlinie.

Die Einflüsse der Struktur und der Wärmeleitfähigkeit von Heizflächen lassen sich nicht sicher unterscheiden, da hohe Wärmeleitfähigkeit stets mit geringer Härte des Materials einhergeht; die Härte hat naturgemäß Einfluß auf den durch eine mechanische Bearbeitung erzielten Wert der Glättungstiefe R_p und auf die mikroskopische Gestalt der erzeugten Oberflächenstrukturen.

Alterung von Heizflächen besteht in der Abtragung von Oberflächenstrukturen, z.B. von Kanten und Spitzen durch Korrosion, oder in der Füllung von zunächst aktiven Keimstellen durch Ablagerung schwer siedender Bestandteile, wie Kesselstein aus Wasser oder gelöstes Öl aus Kältemitteln. Alterung führt fast immer zu einer Verschlechterung des Wärmeübergangs. Manche Formen der Alterung können durch besondere Reinigung, wie Entkalken mit Säure, Sandstrahlen etc. behoben werden, andere erledigen sich durch Betriebspausen selbst, wie die Ablagerung von Öl in den Poren von Kältemittelverdampfern, welches durch Kondensat ausgewaschen wird. Viele sind irreversibel, wie Korrosion. Das Risiko der Alterung läßt sich für bestimmte Verdampferheizflächen und Fluide nur qualitativ abschätzen. Alterung durch Korrosion kann durch die Wahl geeigneten Heizflächenmaterials reduziert werden.

In diesem Kapitel sollen die Wirkungen von Eigenschaften der Heizfläche auf die Dichte der Keimstellen, auf die Dynamik der Blasenbildung und auf den Wärmeübergang im siedenden Fluid untersucht werden. Eine wichtige Rolle spielt dabei der Zusammenhang zwischen Heizflächenstruktur und Keimstellendichte bzw. die Größenverteilung der Keimstellen.

Bei ausgebildetem Blasensieden ist der durch α_{conv} beschriebene Wärmeübergang durch freie Konvektion zwischen den Keimstellen oft vernachlässigbar, so daß für die Wärmestromdichte statt Gl. 1.09 näherungsweise gilt:

$$\dot{q} = n\ f\ (Q_{B,lat} + Q_{drift}) = n\ f\ Q_B \qquad (6.01)$$

Die Dichte n aktiver Keimstellen, die mittlere Blasenfrequenz f und die mittlere, mit einer Blase transportierte Wärmemenge Q_B hängen einerseits von der Überhitzung ΔT der Heizfläche, anderseits von ihren Materialeigenschaften ab.

Aus den im 2. Kapitel wiedergegebenen empirischen Gleichungen verschiedener Autoren für den Wärmeübergang an rauhen Heizflächen sollen Aussagen über die Größenverteilung potentieller Keimstellen an technischen Heizflächen abgeleitet werden. Hierzu soll die Annahme der Strukturähnlichkeit von Heizflächen ähnlicher Herstellung aber verschiedener Glättungstiefe herangezogen werden. Der Blasenabreißdurchmesser bestimmt die maximale Keimstellendichte, bei der Blasensieden ohne Koaleszenz, d.h. ohne Dampffilmbildung möglich ist, bei quadratischer Anordung der Keimstellen

$$n_{max} = 1/D_{B,sep}^{\ 2}$$

bzw. bei hexagonal dichtester Anordnung der Einflußbereiche nach /103/ ohne Überlappung

$$n = 1/(2\sqrt{3}\ D_{B,sep}^{\ 2}) \simeq 0{,}29/D_{B,sep}^{\ 2}$$

Heizflächen mit diesen Werten der Keimstellendichte und mit jeweils gleich großen Keimstellen werden in Abschnitt 6.1.3. betrachtet, um den bei Wahl verschiedener Keimstellengrößen erreichbaren Wärmeübergang abzuschätzen. Im Anschluß an eine Betrachtung der Einflüsse von Benetzbarkeit, Wärmeleitfähigkeit und volumetrischer Wärmekapazität der Heizfläche sollen Kriterien für die Herstellung von besonders effizienten Verdampferheizflächen aufgestellt werden.

6.1. Rauhigkeit von Heizflächen

Verschiedene empirische Gleichungen zur Beschreibung der Siedecharakteristik von Heizflächen berücksichtigen einen Einfluß der Rauhigkeit /201, 204, 205 und 206/; oft enthalten sie, in Anlehnung an Stephan /201/, als Maß der Rauhigkeit die Glättungstiefe R_p nach DIN 4762 /213/, seltener auch eine andere die Rauhigkeit kennzeichnende Größe, die Rauhtiefe R_t oder R_z nach DIN 4762. Diesen Größen ist gemeinsam, daß sie die viefältige Gestalt einer rauhen, mikroskopisch zerklüfteten Oberfläche auf eine einzige kennzeichnende Länge, das verwendete Rauhigkeitsmaß, reduzieren. Die Glättungstiefe R_p ist z.B. definiert als Mittelwert des Abstandes zwischen einem Hüllprofil, das durch Abrollen einer Scheibe auf der Oberfläche erzeugt wird, und dem Oberflächenprofil, wie es mit einer Nadel abgetastet wird. Porenräume mit verengter Austrittsöffnung und verdeckte Flächen (Rücksprünge) des Oberflächenprofils werden von dem meist verwendeten Tastschnittverfahren nicht erkannt. Dies sind aber Strukturen, die als Siedekeimstellen besonders wirksam sein können (Bild 6-01 zeigt verschiedene Oberflächenstrukturen, welche bei einer Rauhigkeitsmessung mit einem Tastschnittgerät gleiche Werte der Glättungstiefe R_p aufweisen).

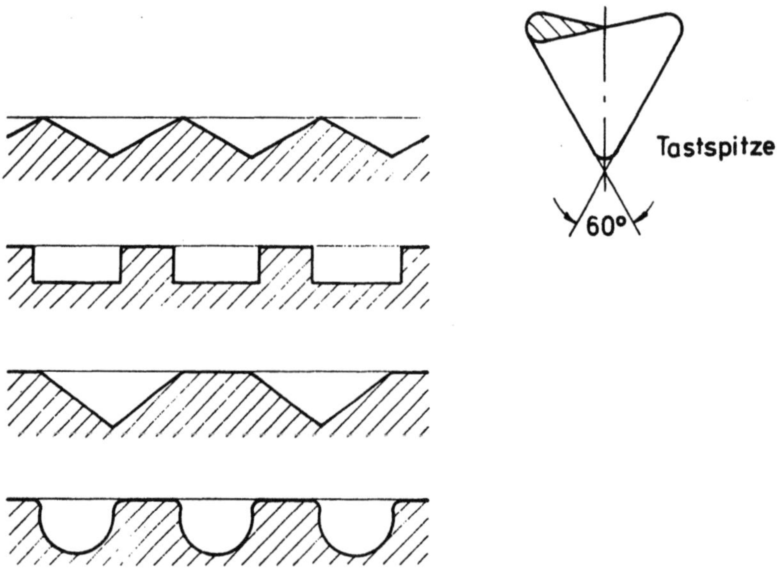

Bild 6-01 Typen von Rauhigkeitsstrukturen gleicher Glättungstiefe R_p

Dennoch ist die Glättungstiefe offenbar ein brauchbares Maß für den Einfluß der Rauhigkeit von Heizflächen auf die Siedecharakteristik, mindestens für den Vergleich von Heizflächen, deren Rauhigkeit auf ähnliche Weise, z.B. durch Schleifen oder Schmirgeln erzeugt wird. Dies hat vor allem zwei Gründe:

- Der Einfluß der Rauhigkeit ist relativ gering. Die Vergrößerung von R_p auf das Zehnfache reduziert die erforderliche Überhitzung ΔT bei gleicher Wärmestromdichte $\dot{q}$ nur um 26% nach Gl. 1.26 bzw. 1.25 mit den aus /201/ abgeleiteten Werten der Exponenten.
- Bei Untersuchungen des Einflusses der Rauhigkeit werden Flächen ähnlicher Bearbeitung, z.B. durch Schmirgeln mit verschiedenen Körnungen, bevorzugt miteinander verglichen; diese haben oft ähnliche Oberflächenstrukturen.

Eine rauhe oder poröse Heizfläche weist Vertiefungen und Poren unterschiedlicher Größe auf, die zum Teil als Keimstellen wirken können. Die Größe einer potentiellen Keimstelle kann durch den kleinsten, kritischen Radius R_K der Keimblase charakterisiert werden, der bei beginnendem Wachstum auftritt, vgl. Bild 3-17, Abschnitt 3.4. R_K hängt nur von der Form und Größe der Keimstelle und vom Randwinkel γ ab. Bei einer Überhitzung ΔT der Heizfläche sind nur Keimstellen aktiv, deren kritischer Keimblasenradius

$$R_K \geq R_{B,eq} \simeq \frac{2\sigma_{LV}}{(dp/dT)_{sat}\Delta T} \tag{6.02}$$

ist. Mit einer geeigneten charakteristischen Länge der Oberflächenstruktur, z.B. der Glättungstiefe R_p, werden hier ein dimensionsloser Keimstellenradius

$$\rho = r_K/R_p \ ,$$

und eine dimensionslose Keimstellendichte

$$n^* = n\, R_p^2 \tag{6.03}$$

definiert.

Die Größenverteilung potentieller Keimstellen bestimmt die Änderung der Dichte n aktiver Keimstellen mit dem Gleichgewichtsradius $R_{B,eq}$ bzw. mit der Heizwandüberhitzung ΔT. Wir definieren eine dimensionslose Größenverteilungsfunktion $f(\rho)$ so, daß mit $r_K \simeq R_K$ gilt:

$$f(\rho_{act}) = - \frac{R_p^3}{A} \frac{\partial N}{\partial R_{B,eq}} = - \left[\frac{\partial n^*}{\partial \rho_{act}}\right]_{R_p} \tag{6.04}$$

mit $$\rho_{act} = R_{B,eq}/R_p \simeq \frac{2\,\sigma_{LV}}{R_p\,(dp/dT)_{sat}\,\Delta T} \tag{6.05}$$

Bei gegebenem Benetzungsrandwinkel γ ist $f(\rho)$ charakteristisch für die Oberflächenstruktur einer Heizfläche. Geometrisch ähnliche Heizflächenstrukturen weisen, bei gleichem Benetzungsrandwinkel γ, dieselbe dimensionslose Größenverteilungsfunktion $f(\rho)$ potentieller Keimstellen auf.

Die Dichte der aktiven Keimstellen bei einer Überhitzung ΔT der Heizfläche ist in Umkehr von Gl. 6.04

$$n = n^*(\rho_{act})\, R_p^{-2} = R_p^{-2} \int_{\rho_{act}}^{\infty} f(\rho)\, d\rho \,, \tag{6.06}$$

wobei ρ_{act} der dimensionslose kritische Keimblasenradius der kleinsten, bei ΔT aktiven Keimstelle ist.

Messungen von Siedekennlinien unterschiedlich rauher Heizflächen ähnlicher Herstellung, z.B. durch Schmirgeln mit verschiedenen Körnungen, liefern zwei unabhängige Informationen:

- Für eine bestimmte Heizfläche (R_p = konstant) ist mit Gl. 6.01 und Gl. 2.47

  $$\dot{q} = n\, f\, (Q_{B,act} + Q_{drift}) \sim \Delta T^{\epsilon_{\Delta T}} \tag{6.07}$$

  mit typischen Werten $3 \leq \epsilon_{\Delta T} \leq 5$. Die Größen n, f, $Q_{B,lat}$ und Q_{drift} sind von ΔT abhängig.

- Für verschieden rauhe Heizflächen wird bei gleicher Überhitzung ΔT = konstant oft eine Abhängigkeit des Wärmeübergangs von der Rauhigkeit gefunden, mit Gl. 2.47:

$$\dot{q} = n\ f\ (Q_{B,lat} + Q_{drift}) \sim R_p^{\ \epsilon_R} \qquad (6.08)$$

Nimmt man wie die meisten Autoren an, daß der Wärmestrom einer einzelnen Keimstelle $\dot{Q}_K$, nur von ΔT und eventuell vom Material der Heizfläche abhängt, nicht aber von R_p, so folgt aus Gl. 6.08:

mit $\quad \dot{Q}_K = f\ (Q_{B,lat} + Q_{drift}) = f\ Q_B \sim R_p^{\,0}$:

$$q \sim n \sim R_p^{\ \epsilon_R} \qquad (6.09)$$

Der Einfluß der Rauhigkeit auf den Wärmeübergang muß mit Annäherung an den Kritischen Punkt abnehmen, da hier die Rate der keimstellenunabhängigen homogenen Keimbildung sehr groß wird und die Überhitzung ΔT zur Aktivierung beliebig kleiner Keimblasen verschwindet. Im Kritischen Punkt wird die Bildung diskreter Blasen durch Dichtefluktuationen abgelöst.

6.1.1. Bestimmung der Keimstellendichte mit Hilfe von Modellannahmen über Blasenwachstum und Ablösung

Die Dichte aktiver Keimstellen $n(R_{B,eq})$ einer Heizfläche läßt sich für einen Siedezustand (ΔT, $\dot{q}$) bestimmen, indem die Größen $Q_{B,lat}$, Q_{drift} und f mit Hilfe von Modellannahmen, ggf. abhängig von ΔT, berechnet werden. Die Geltung von Gleichungen zur Bestimmung dieser Größen kann nur bei geringen Wärmestromdichten experimentell geprüft werden, die Beobachtung einzelner Blasen versagt bei den technisch interessanten hohen Werten der Wärmestromdichte. Beer und Mitarbeiter wählen ihre Modellgleichungen nach dem Kriterium, daß diese für verschiedene Siededrücke und für verschiedene Flüssigkeiten stets dieselbe Größenverteilung der Keimstellen einer Heizfläche ergeben /210, 211, 603/. Dies Kriterium gilt streng nur bei gleichem Benetzungsrandwinkel γ; nur unter dieser Voraussetzung weist eine Keimstelle bei verschiedenen Siedezuständen denselben kritischen Keimblasenradius R_K auf. Das Kriterium wird nach Blöchl /211/ für die untersuchten gut benetzenden Flüssigkeiten R113 im Bereich $0{,}03 \leq p/p_c \leq 0{,}2$ und R12 im Bereich $0{,}2 \leq p/p_c \leq 0{,}9$ durch folgende Modellannahmen erfüllt:

- Der Blasenabreißdurchmesser wird aus einer von Siebert /5.27/ empirisch für Kältemittel gefundenen Abhängigkeit vom reduzierten Druck, vgl. Bild 5-17, entnommen.
- Der Blaseneinflußbereich hat nach /103, 104, 601/ bei kleinen Wärmestromdichten den doppelten Durchmesser der abreißenden Blase:

$$A_{drift} = \pi\, D_{B,sep}^{2} \qquad (6.10)$$

  Die Überlappung der Einflußbereiche bei hohen Wärmestromdichten wird durch eine Korrektur des 2. Terms der Gl. 6.11, s.u., nach /103/ berücksichtigt.

- Die je Blase transportierte Wärmemenge ist in Anlehnung an Han und Griffith /103/ bei kleinen und mittleren Wärmestromdichten ohne Überlappung der Einflußbereiche näherungsweise:

$$Q_{B,lat} + Q_{drift} \simeq \frac{\pi}{6}\, D_{B,sep}^{3}\, d_V\, \Delta h_{L,V} + 2\, D_{B,sep}^{2}\, \Delta T \sqrt{\pi\, \lambda_L\, c_L\, d_L / f} \qquad (6.11)$$

- Der konvektive Wärmeübergang zwischen den Einflußbereichen der Keimstellen folgt einer Beziehung für laminare freie Konvektion

$$Nu = 0,6\ (Gr\ Pr)^{1/4} \tag{6.12}$$

mit dem Durchmesser der rohrförmigen Heizfläche als charakteristischer Länge.

Bier und Mitarbeiter, z.B. /211/, bestimmen die flächenbezogene Dichte der aktiven Keimstellen aus Wärmeübergangsmessungen und beschreiben sie durch Funktionen vom Typ,

$$\ln n_{act} = \left[1 - (R_{B,eq}/R_{max})^m\right] \ln n_{max} \tag{6.13}$$

wobei n_{max} die maximale Dichte der Keimstellen, d.h. die flächenbezogene Dichte aller Keimstellen mit $R_K > 0$, und R_{max} der größte auftretende Wert von R_K der "letzten Blasenkeimstelle am Übergang von Blasensieden zur freien Konvektion" sind. Die Werte n_{max} und R_{max} liegen demnach beide außerhalb des experimentell belegten Bereichs von $(R_{B,eq}; n_{act})$, d.h. sie sind empirische Konstanten zur Anpassung der Gl. 6.13 an die experimentellen Befunde.

Gl. 6.13 ist nicht dimensionsneutral; dies erschwert den Vergleich verschiedener Verdampferflächen unter dem Gesichtspunkt der Ähnlichkeit der Keimstellenverteilungen. Eine Umformung zeigt, daß die flächenbezogene Keimstellendichte n_{act} eine exponentielle Funktion von R_{act} ist:

$$n_{act} = n_{max}^{\,(1 - R_{act}/R_{max})^m} \tag{6.14}$$

Bild 6-02 zeigt die von Blöchl /211/ für verschiedenartig aufgerauhte rohrförmige Heizflächen aus Wärmeübergangsmessungen mit Kältemitteln R113 und R12 gefundenen Häufigkeitsverteilungen der Keimstellen. Es handelt sich in allen Fällen um monoton fallende Verläufe geringer Krümmung, welche keine sehr speziellen Anforderungen an den Typ der Ausgleichsfunktion stellen. Die Form der Gl. 6.14 ist für die Interpretation empirischer Potenzfunktionen für den Wärmeübergang vom Typ der Gln. 2.46 bzw. 2.47 und der Abweichungen hiervon weniger geeignet als modifizierte Potenzansätze, oder Funktionen, die für große R_{act} asymptotisch in solche übergehen.

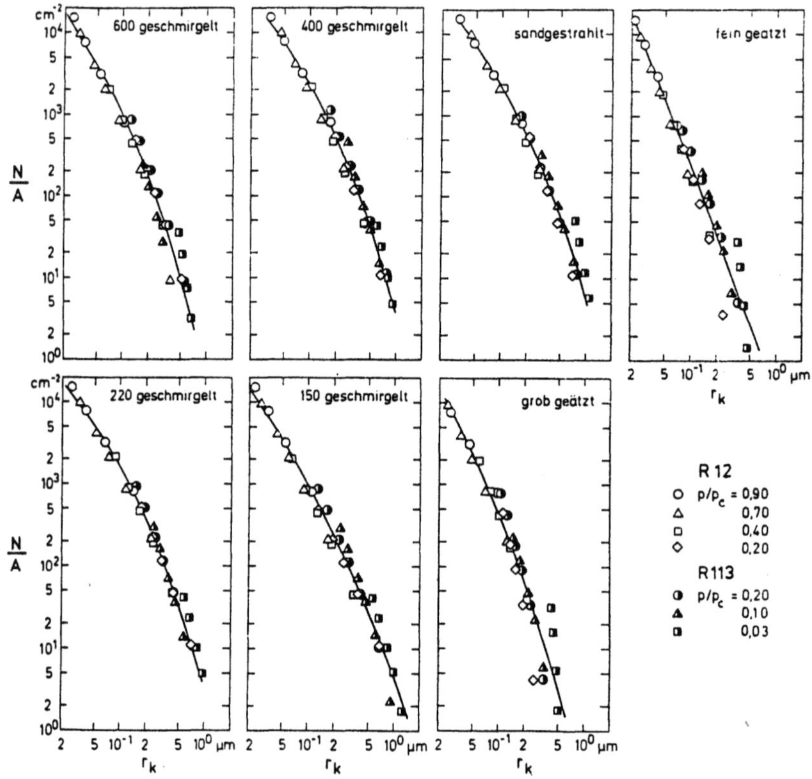

Bild 6-02 Größenabhängigkeit der Dichte aktiver Keimstellen, ermittelt aus Siedekennlinien verschiedener rauher Heizflächen, nach Blöchl /211/; $r_K \hat{=} R_K$

Die von Blöchl bestimmten Ausgleichsfunktionen für die Größenverteilungen der Keimstellen seiner geschmirgelten Heizflächen wurden versuchsweise mit den angegebenen Werten der Glättungstiefe R_p normiert und die dimensionslosen Größenverteilungen

$$n^*(\rho_{act}) = R_p^{\,2}\, n(R_{B,eq})$$

in Bild 6-03 dargestellt. Diese dimensionslosen Größenverteilungen liegen innerhalb eines schmalen Bandes mit einer mittleren Abweichung von ± 25% von einer gedachten mittleren Funktion $n^*(\rho_{act})$; diese mittlere Abweichung ist kaum größer als die Streuung der Einzelwerte um die zugehörigen Ausgleichskurven in Bild 6-02, bei Unterschieden in R_p bis zum Verhältnis 12:1. D.h., die Beschreibung der Größenabhängigkeit der Keimstellendichten dieser Heizflächen durch eine gemeinsame dimensionslose Größenverteilungsfunktion wie für eine Familie geometrisch ähnlicher Heizflächenstrukturen ist näherungsweise möglich.

Bier, Gorenflo et al. haben auch detaillierte Verfahren zur Beschreibung der Oberflächenstruktur von Verdampferheizflächen entwickelt /602/, /603/, /211/. Salem /602/, Knabe /603/ und Blöchl /211/ verwenden differentielle Verfahren zur Auswertung von Tastschnittmessungen, um die Größenverteilung von relativen Rauhigkeitsvertiefungen in Abhängigkeit von einem kennzeichnenden Maß, z.B. von ihrer Weite oder ihrer Tiefe, zu bestimmen. Bier et al. vergleichen die Größenverteilungen der Rauhigkeitsvertiefungen mit denen der aktiven Keimstellen, die sie mit Modellannahmen aus Wärmeübergangsmessungen bestimmt haben.

Blöchl /211/ beschreibt z.B. die Rauhigkeitsstruktur einer Heizfläche durch die Häufigkeitsverteilung der Vertiefungen eines Tastschnitts in Abhängigkeit von der unteren Grenze h der Tiefe der erfassten Vertiefungen. Hierfür verwendet er Ausgleichsfunktionen gleichen Typs wie für die Größenabhängigkeit der Keimstellendichte, Gl. 6.13. Die über der Untergrenze h ihrer Tiefe aufgetragenen, auf die Tastschnittlänge bezogenen Häufigkeitsverteilungen der Vertiefungen, und die auf die Tastschnittlänge L bezogenen aus Wärmeübergangsmessungen berechneten Größenverteilungen der aktiven Blasenkeimstellen

$$N_{act}/L = \sqrt{N_{act}/A} \qquad (6.15)$$

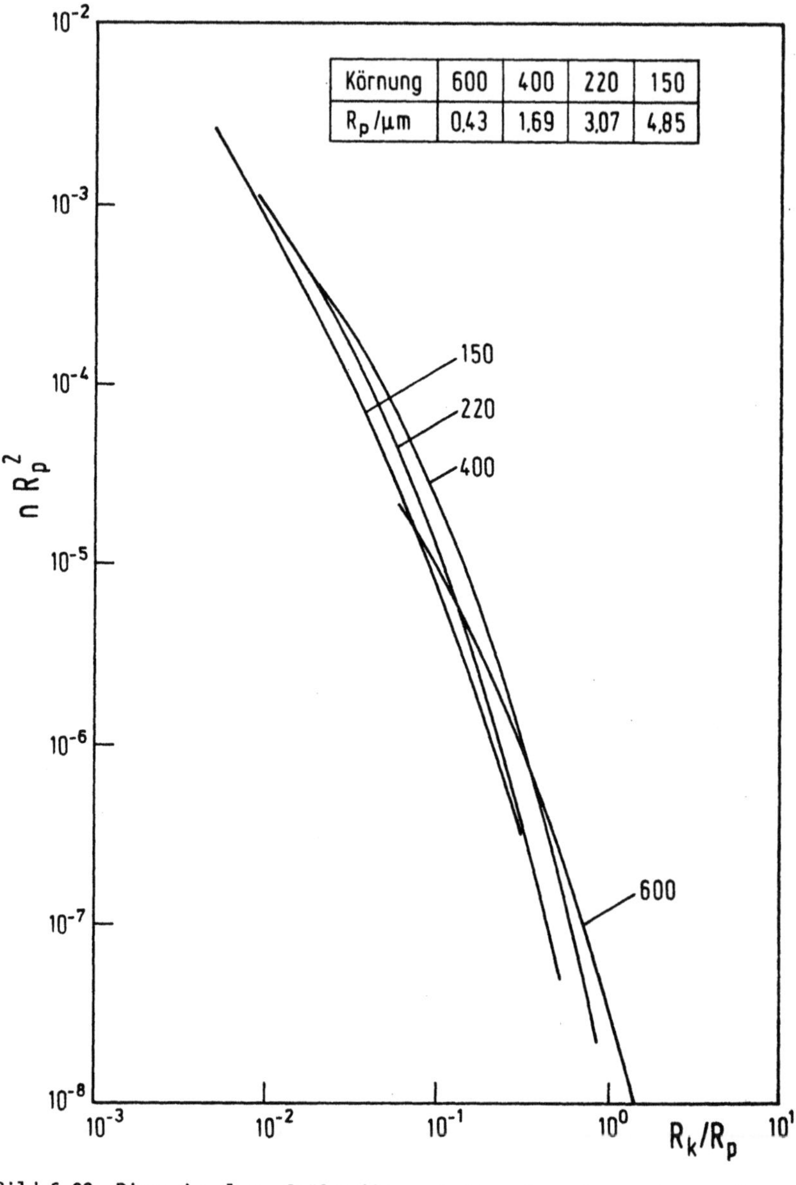

Körnung	600	400	220	150
$R_p/\mu m$	0,43	1,69	3,07	4,85

Bild 6-03 Dimensionslose Größenabhängigkeit $n^*(\rho_{act})$ der Keimstellendichten verschiedener geschmirgelter Heizflächen (Rohre) berechnet aus Werten nach /211/

nach /211/ zeigen ähnliche Verläufe, jedoch keine deutlichen Entsprechungen beim Vergleich verschiedener Heizflächen , Bild 6-04. Das Problem, aus dem Gesamtspektrum der Rauhigkeitsvertiefungen diejenigen zu identifizieren, welche als Keimstellen wirksam sein können, bleibt ungelöst.

Die von Blöchl gefundenen Größenverteilungen der Rauhigkeitsvertiefungen geschmirgelter Rohrheizflächen sind in Bild 6-05 dimensionslos mit R_p als charakteristischer Länge aufgetragen. Kleine Vertiefungen, deren Weite kleiner als der Durchmesser der Tastspitze ist, werden von der Tastschnittmessung nicht oder mit zu geringer Tiefe erfaßt. Dieser Fehler verfälscht die Verteilung N(h) der Vertiefungen unzulässig für Werte

$$h \leq R_{tast} = 2\ \mu m$$

(unterbrochene Kurventeile in Bild 6-05). Die gefundenen Verteilungen N(h) sind deshalb nur für Werte

$$h > R_{tast} = 2\ \mu m$$

verwendbar (ausgezogene Kurventeile in Bild 6-05); die dimensionslosen Flächendichten der Vertiefungen [N(h); R_p/L] für diesen Teil der Meßwerte liegen ebenfalls innerhalb eines schmalen Bandes, das durch eine gemeinsame dimensionslose Verteilungsfunktion mit einer Abweichung von ± 20% wiedergegeben werden kann, obwohl die Glättungstiefen sich bis zu einem Verhältnis 12:1 unterscheiden. Es ist deshalb vertretbar, die Strukturen der in /211/ betrachteten geschmirgelten Heizflächen näherungsweise so zu betrachten, als seien sie untereinander geometrisch ähnlich und als gelte die gleiche dimensionslose Verteilungsfunktion $f(\rho)$ der Keimstellen für jede dieser Flächen.

Das Konzept der differentiellen Auswertung von Tastschnittmessungen ist aussichtsreich, wenn geometrische Verhältnisse zur Unterscheidung aktivierbarer Keimstellen von anderen, passiven Vertiefungen angegeben werden können, z.B. bestimmte Verhältnisse von Tiefe und Radius einer Vertiefung; dabei kann auch ein Einfluß des Benetzungsrandwinkels, z.B. die

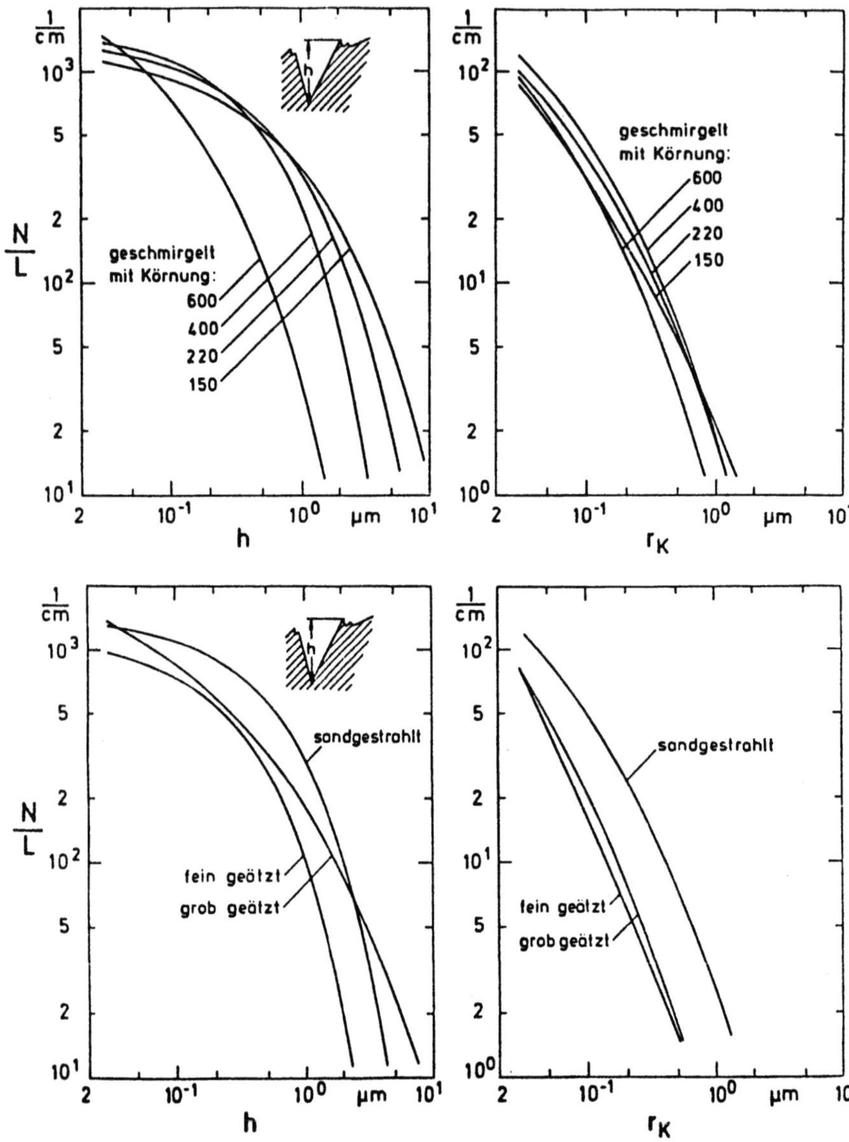

Bild 6-04 Vergleich der Größenverteilung der Rauhigkeitsvertiefungen (links) und der Siedekeimstellen (rechts) bezogen auf die Schnittlänge; $N/L = \sqrt{N/A}$ nach /211/

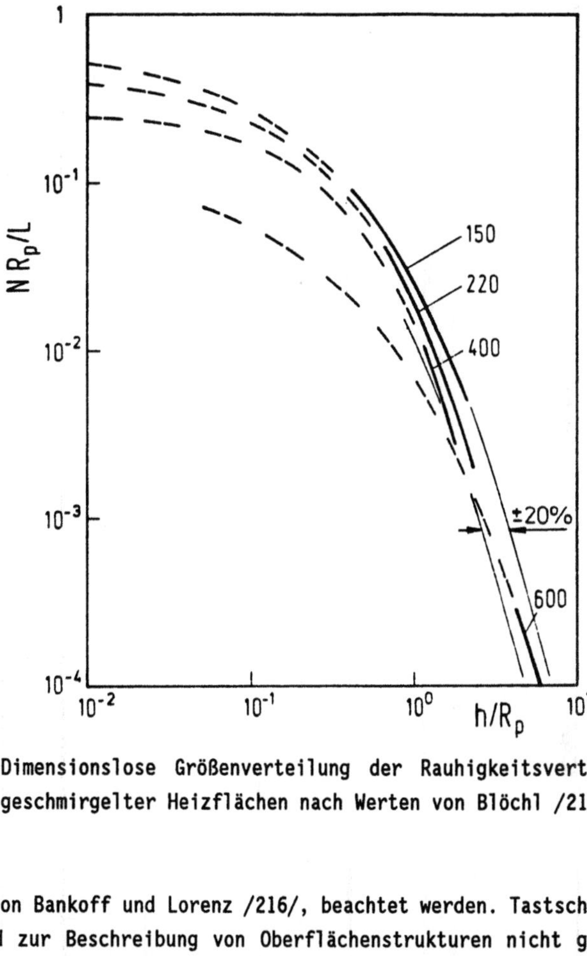

Bild 6-05 Dimensionslose Größenverteilung der Rauhigkeitsvertiefungen geschmirgelter Heizflächen nach Werten von Blöchl /211/

Bedingung von Bankoff und Lorenz /216/, beachtet werden. Tastschnittmessungen sind zur Beschreibung von Oberflächenstrukturen nicht geeignet, wenn als Keimstellen Poren mit verengter Austrittsöffnung oder sehr steilen Flanken wirksam sind, die durch Tastschnittmessungen nicht von anderen Vertiefungen unterschieden werden.

Die Entdimensionierung der Keimstellendichte mittels einer charakteristischen Länge der Rauhigkeitsstruktur gestattet es, Heizflächen geometrisch ähnlicher Stuktur durch gemeinsame dimensionslose Verteilungsfunktionen der Keimstellen zu beschreiben. Für geschmirgelte Flächen eignet sich die Glättungstiefe R_p offenbar relativ gut als charakteristische Länge.

Die Ergebnisse von Blöchl sind auf Fälle schlechter Benetzung nicht ohne weiteres übertragbar, da das Verhältnis R_K/r_K des kritischen Keimblasen- zum Keimstellenradius vom Benetzungsrandwinkel abhängt.

6.1.2. Strukturähnlichkeit rauher Heizflächen

Im vorigen Abschnitt wurde gezeigt, daß die von Blöchl /211/ bestimmten Keimstellendichten verschiedener geschmirgelter Heizflächen näherungsweise einer gemeinsamen dimensionslosen Größenverteilungsfunktion gehorchen, wie dies in Fällen vollständiger geometrischer Ähnlichkeit und gleicher Benetzungsrandwinkel zu erwarten ist.

Da i.a. nicht einmal verschiedene Ausschnitte derselben einheitlich bearbeiteten Heizfläche volle geometrische Ähnlichkeit der mikroskopischen Oberflächenstruktur zeigen, wird hier der eingeschränkte Begriff der Strukturähnlichkeit eingeführt. Diese sei gegeben, wenn Heizflächen innerhalb der Genauigkeit statistischer Aussagen in den dimensionslosen Funktionen für die Keimstellendichte n^* und für deren Größenverteilung $f(\rho_{act})$ sowie in jeder dimensionslos definierten Größenverteilung von Vertiefungen und Poren übereinstimmen.

Eine "Familie" strukturähnlicher Oberflächen weist, bei gleicher Benetzung durch die siedende Flüssigkeit, die gleiche dimensionslose Größenverteilung $f(\rho)$ der Keimstellen auf.

Nimmt man an, daß bei gleicher Wandüberhitzung ΔT, unabhängig von der Rauhigkeit, auch Blasenvolumen, Blasenfrequenz und die je Blase transportierte Wärme Q_B gleich sind,

$$R_{B,eq} = \text{konst}; \quad \rho_{act} \sim 1/R_p \; ; \quad Q_B = (Q_{B,lat} + Q_{drift}) = \text{konst.}$$

so folgt aus Gl. 6.09 für strukturähnliche, unterschiedlich rauhe Heizflächen, daß die Wärmestromdichte $\dot{q}$ bei gleichem ΔT proportional der Dichte n der aktiven Keimstellen ist. Damit gilt:

$$n \sim R_p^{\epsilon_R}$$

$$n^* = R_p^2 \, n \sim R_p^{\epsilon_R+2} \sim \rho_{act}^{-(\epsilon_R+2)} \qquad (6.16)$$

Bedingung 6.16 wird durch eine Potenzfunktion für n* erfüllt:

$$n^* = a\, \rho_{act}^{-(2+\epsilon_r)} \tag{6.17}$$

$$f(\rho) = a\,(2+\epsilon_r)\, \rho^{-(3+\epsilon_R)} \quad ; \quad \rho \geq \rho_{act} \tag{6.18}$$

In Bild 6-06 sind die Größenverteilungen der Keimstellen für drei Flächen unterschiedlicher Glättungstiefe nach Gl. 6.18 dimensionslos dargestellt. Die Zahl der bei $\Delta T = \Delta T_0$ aktiven Keimstellen ist für einen Wert der Glättungstiefe R_p durch die (für $R_p/R = 1$ schraffierte) Fläche unter der entsprechenden Kurve im Bereich

$$R_0 \leq R_K < \infty \; ; \quad R_0 = R_{act}(\Delta T_0)$$

dargestellt. Der Bezugswert R_0 der dimensionslosen Darstellung ist der Wert von $R_{B,eq}$ für eine bestimmte Überhitzung ΔT_0. Eine Änderung von ΔT gegenüber ΔT_0 wird in Bild 6.06 durch eine Verschiebung der linken Grenze des Bereichs vom Wert 1 zum Wert $\Delta T_0/\Delta T$ wiedergegeben: durch Erhöhung von ΔT werden kleinere Keimstellen zusätzlich aktiv, entsprechend einer Ausdehnung des Bereichs nach links; eine Senkung von ΔT entspricht einer Verkleinerung des Bereichs durch Verschiebung seiner linken Grenze nach rechts. Die sich ergebende Keimstellendichte fällt mit steigendem Keimblasenradius stark ab.

Nach Gl. 6.17 mit $\epsilon_R = 0{,}667$ liegen ca. 85% der aktiven Keimstellen in dem Größenintervall

$$R_{B,eq} \leq R_K \leq 2\, R_{B,eq}.$$

In diesem Intervall wirkt sich die Abhängigkeit der Wartezeit t_{lat} vom Aktivierungsradius R_K bzw. der Aktivierungstemperatur ΔT der Keimblasen nach einem Modell von Shoukri und Judd /605/ nur durch Änderungen um ca. ± 15% aus. Der relative Einfluß auf die Blasenfrequenz ist noch geringer. Die Abhängigkeit der Blasenfrequenz vom Keimstellenradius wird deshalb zunächst vernachlässigt.

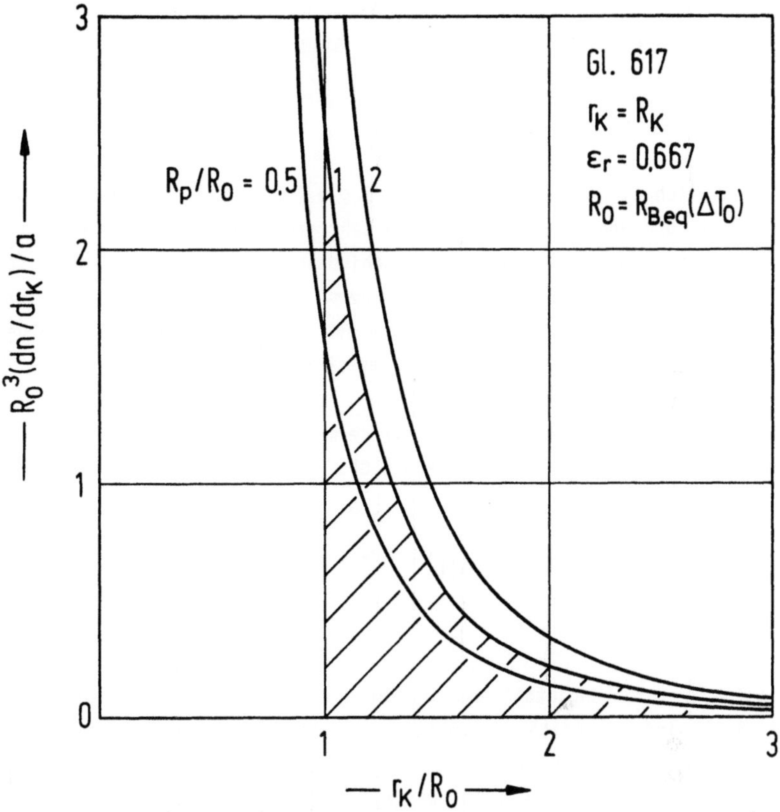

Bild 6-06 Größenverteilung der Keimstellendichte nach Gl 6.17 für drei unterschiedlich rauhe Verdampferflächen.

Für eine bestimmte Heizfläche ist R_p = konst;

$$\rho_{act} \sim R_{B,eq} \sim \Delta T^{-1} \; ; \tag{6.19}$$

Die aus der Annahme der Strukturähnlichkeit abgeleitete Keimstellendichte nach Gl. 6.17 ist für R_p = konst, mit Gl. 6.19:

$$n \sim n^* \sim \rho_{act}^{-(2+\epsilon_R)} \sim \Delta T^{2+\epsilon_R} \tag{6.20}$$

Aus Beobachtungen der Zahl aktiver Keimstellen und aus Messungen des Wärmeübergangs beim Sieden finden verschiedene Autoren Beziehungen vom Typ

$$n \sim \Delta T^m$$

d.h. ähnlich Gl. 6.20 mit Werten $2{,}5 \leq m \leq 6{,}5$, vgl. Zusammenstellung von Micic und Rohsenow in /601/. Die sehr großen Unterschiede der Werte von m kennzeichnen die sehr unterschiedlichen Größenverteilungen der Keimstellen der untersuchten Heizflächen. Dem Exponenten m entspricht der Exponent $(2 + \epsilon_R)$ in Gl. 6.20 mit aus /201/, /205/ und /206/ abgeleiteten Werten $2{,}44 \leq 2 + \epsilon_R \leq 3{,}0$ meist für geschmirgelte Flächen.

Für den mittleren Wärmestrom $\dot{Q}_K$ einer Keimstelle ergibt die Eliminierung von n durch Division von 6.20 durch 6.07,

$$\dot{Q}_K = f(Q_{B,lat} + Q_{drift}) = q/n \sim \Delta T^{(\epsilon_{\Delta T} - 2 - \epsilon_R)} = \Delta T^{\epsilon} \qquad (6.21)$$

$$\epsilon = \epsilon_{\Delta T} - 2 - \epsilon_R \qquad (6.22)$$

Die Temperaturabhängigkeit des mittleren Wärmestroms je Keimstelle nach Gl. 6.21 wird bei mittleren Werten des Siededrucks mit den Werten von $\epsilon_{\Delta T}$ und ϵ_R nach Stephan, Danilowa und Nishikawa /201/, /205/ und /296/ vgl. Abschnitt 2.4., Tab. 2/03, und mit der Annahme der Strukturähnlichkeit näherungsweise durch folgende Werte des Exponenten ϵ wiedergegeben, vgl. Tab. 6/01:

Für die Platte: $\epsilon \simeq 2$; Für das Rohr: $\epsilon \simeq 1$

Die Ursachen für diesen Unterschied der Temperaturabhängigkeit von $\dot{Q}_K$ bei verschiedener Gestalt der Heizfläche, horizontale Platte oder Rohr, sind noch zu klären, insbesondere ist für den Fall der Rohre der Einfluß der örtlichen tangentialen Gravitationskomponente und der Mittelwertbildung über dem Rohrumfang zu untersuchen.

Tabelle 6/01 Werte des Exponenten ϵ, Gl. 6.22, nach verschiedenen Quellen

Quelle	Form d. Heizfl.	red. Druck	Exponent ϵ	
Stephan /201/	Platte	$0{,}006 \leq \pi \leq 0{,}07$	2,33	H_2O + R 11
Nishikawa /206/	Platte	$\pi < 1$	$2 + \pi$	Kältemittel
Stephan /201/	Rohr	$0{,}006 \leq \pi \leq 0{,}07$	0,89	H_2O + R 11
Danilowa /205/	Rohr	$0{,}25 \leq \pi \leq 0{,}5$	1,2	Kältemittel
Gorenflo /204/	Rohr	$\pi = 0{,}03$	2,23	NH_3, SF_6, org. Fl.
"	"	$\pi = 0{,}03$	1,127	H_2O, tiefsied. Fl.
"	"	$\pi \rightarrow 1$	0,165	alle Fluide

Die Berücksichtigung des Rauhigkeitseinflusses durch Gorenflo in /204/ stützt sich auf den Wert $n_R = 0{,}133$ von Stephan /201/, jedoch unter Verwendung anderer Werte des Exponenten n_q; dies führt auf andere, empirisch weniger gesicherte Werte der Exponenten ϵ_R bzw. ϵ.

Sehr tiefe Siededrücke $\pi \leq 0{,}001$, bei denen extrem große Blasenabreißdurchmesser beobachtet werden, sind in den genannten Untersuchungen nicht berücksichtigt. Für Sieden nahe dem Kritischen Punkt ist die Ermittlung des Exponenten ϵ nach Gl. 6.22 nicht sinnvoll, da hier die von Keimstellen unabhängige, homogene Keimbildung stark zur Blasenbildung beiträgt.

Der Wärmestrom einer Keimstelle ist nach den Gleichungen 1.10 bis 1.12, ohne Überlappung der Einflußbereiche:

$$\dot{Q}_K = f\,(Q_{B,lat} + Q_{drift})$$
$$= f\,\frac{\pi}{6}\,D_{B,sep}^{\;3}\,\Delta h_{L,V}\,d_V\left[1 + \frac{12\ Ja\ \sqrt{a_L/f}}{\sqrt{\pi}\ D_{B,sep}}\right] \tag{6.23}$$

Der 2. Term in [ ] in Gl. 6.23 r.S., bezeichnet das Verhältnis $Q_{drift}/Q_{B,lat}$; dies Verhältnis ist unter Annahme von Gl. 5.98,

$$f = 0{,}36/t_{vis} \tag{5.98}$$

für das Wachstum einer kugelförmigen Blase nach Gl. 5.25 mit

$$R = D_{B,sep}/2 \ , \quad t = t_{vis} \ , \quad \Delta T_L = \Delta T_W \ ,$$

$$Q_{drift}/Q_{B,lat} = 2{,}89$$

für das Wachstum einer halbkugelförmigen Blase mit Mikroschicht nach Gl. 5.29 mit

$$R = D_{B,sep}/\sqrt[3]{4} \ ; \quad t = t_{vis}: \tag{6.24}$$

$$Q_{drift}/Q_{B,lat} = 2{,}84 \sqrt{Pr}$$

(Die mit Gl. 5.29 berechneten Wachstumszeiten t_{vis} sind im Durchschnitt geringer als die beobachteten; jedoch führt Gl. 5.98 zusammen mit Gl. 5.29 bzw. 5.33 zu Blasenfrequenzen, die mit Beobachtungen von Lösing /306/ und Esters /532/ im Mittel gut übereinstimmen.)

Für die Annahmen des Blasenwachstums durch instationäre Wärmeleitung, z.B. nach Gl. 5.25 oder 5.29,

$$D_{B,sep} \sim Ja \sqrt{a_L t_{vis}}$$

und konstanten Abreißdurchmessers bei einem bestimmten Siededruck z.B.: nach Gl. 2.19 oder 3.84,

$$D_{B,sep} = \text{konstant} \sim \Delta T^0$$

folgt mit Gl. 6.24 und $f \sim 1/t_{vis} \sim Ja^2 \sim \Delta T^2$,

$$Q_B \sim D_{B,sep}{}^3 \sim \Delta T^0 \tag{6.25}$$

$$\dot{Q}_K = f\,(Q_{B;lat} + Q_{drift}) \sim \Delta T^2 \tag{6.26}$$

d.h., $\epsilon = 2$, wie es für die ebene Platte aus der Annahme der Strukturähnlichkeit gefunden wurde. Relation 6.26 wird auch durch die Annahmen erfüllt:

$D_{B,sep} \sim Ja \sim \Delta T$, Cole /523/, Gl. 5.80, und

$f\,D_{B,sep} \sim \Delta T^0$, Zuber /529/, Gl. 5.93,

Es gilt der größere Wert von $D_{B,sep}$ nach Gl. 2.19 bzw. 5.80.

Die empirische Wärmeübergangsbeziehung von Nishikawa /206/ erfüllt für $\pi \to 0$ (bzw. $\pi \to \pi_{tri} \ll 1$) mit

$$\lim_{\pi \to 0} \epsilon_{\Delta T} = 5 \; ; \; \lim_{\pi \to 0} \epsilon_R = 1 \; ; \; \lim_{\pi \to 0} \epsilon \simeq 5 - 2 - 1 = 2$$

die Gl. 6.26 für plattenförmige Heizflächen bei niedrigem Siededruck nahe dem Tripelpunkt am genauesten. Die unterschiedlichen Werte $\epsilon \simeq 2$ bzw. $\epsilon \simeq 1$, die sich aus der Annahme der Strukturähnlichkeit für die Platte bzw. für das Rohr ergeben, weisen auf wesentlich verschiedene Formen der Blasenablösung und des Wärmetransports durch die Driftströmung am horizontalen Rohr bzw. an der horizontalen Platte hin. Diese Unterschiede sind möglicherweise auf die Wirkung tangentialer Schwerkraftkomponenten am Rohr zurückzuführen.

Die Modellannahmen von Blöchl für das Sieden an horizontalen Rohren

$$D_{B,sep} = f(\pi) \sim \Delta T^0$$

$$f\,D_{B,sep} = 0{,}59 \left[\frac{\sigma_{LV}\, g\, \epsilon}{d_L}\right]^{1/4} \sim \Delta T^0 \tag{5.93}$$

ergeben bei $Q_{drift} > Q_{B,lat}$, d.h. für hohe Ja-Zahlen Ja > 1 in Gl. 6.23,

$$\dot{Q}_K = f\,(Q_{B,lat} + Q_{drift}) \simeq f\,Q_{drift} \sim Ja \sim \Delta T \qquad (6.27)$$

entsprechend $\epsilon \simeq 1$. Die Änderung der Dichte aktiver Keimstellen an rauhen Heizflächen mit ΔT wirkt sich jedoch viel stärker auf die Änderung der Wärmestromdichte bzw. auf die Steigung der Siedecharakteristik aus, als die Änderung des Wärmestroms $\dot{Q}_K$ einer Keimstelle mit ΔT.

Gl. 6.17 liefert für kleine Werte $\rho_{act} < 1$, d.h. für hohe Überhitzungen, so hohe Keimstellendichten, daß "Keimstellen in der Keimstelle" anzunehmen sind, was sinnlos ist. Die Gln. 6.17 und 6.18 sind also Näherungen für relativ große Werte $\rho_{act} \geq 1$ und es ist zu anzunehmen, daß die Keimstellendichte n_{act} einen endlichen Grenzwert n_{max} für $\rho_{act} \to 0$, d.h. für große Überhitzung ΔT bzw. für kleine aktivierte Keimradien $R_{B,eq}$ nicht überschreitet:

$$\lim_{\rho_{act}\to 0} n_{act} = n_{max} \neq \infty$$

$$\lim_{\rho\to 0} f(\rho) = f_0(\rho) \neq \infty \qquad (6.28)$$

Auch die dimensionslose logarithmische Auftragung der Größenabhängigkeit der Keimstellendichte nach Blöchl, Bild 6-05, zeigt einen abnehmenden Betrag der Steigung mit abnehmendem Wert von ρ. Eine Funktion $f(\rho)$, die die Bedingung 6.28 berücksichtigt, muß dennoch für $\rho > 1$ in Gl. 6.17 übergehen. Die genaue Ermittlung einer geeigneten Funktion erfordert eine besonders hoch auflösende Messung des Rauhigkeitsprofils, bzw. die Messung von Siedekennlinien an einer rauhen Heizfläche bis zu großen Überhitzungen. Eine Verteilungsfunktion mit den Eigenschaften (6.28) ohne Anspruch auf quantitative Geltung ist z.B.:

$$n^* = a\left[\frac{1}{b}\tanh(b/\rho)\right]^{2+\epsilon_R} \qquad (6.29)$$

$$f(\rho) = \frac{a\ (2 + \epsilon_R)\left[\frac{1}{b}\tanh(b/\rho)\right]^{1+\epsilon_R}}{[\rho \cosh(b/\rho)]^2} \qquad (6.30)$$

a, b sind anzupassende Konstanten. Gl. 6.30 ist in Bild 6-07 dazu verwendet, qualitativ darzustellen, warum die Zahl der aktiven Keimstellen bei gleichem Wert von ΔT bei sehr großen Rauhigkeiten mit der Erhöhung von R_p nicht weiter zunimmt. Wie in Bild 6-06 entspricht der Abszissenwert 1 in Bild 6-07 dem Radius der kleinsten, bei der Überhitzung ΔT_o aktiven Keimstellen. Die Fläche unter einer Kurve für einen bestimmten Wert von R_p, rechts von $R_K/R_o = 1$, beschreibt wie in Bild 6-06 die Dichte n_{act} der bei $\Delta T = \Delta T_o$ aktiven Keimstellen mit Radien $r_K \geq R_o$. Die Größenverteilungen der Keimstellen strukturähnlicher Heizflächen verschiedener Glättungstiefe nach Gl. 6.30 werden jedoch durch einander schneidende Kurven wiedergegeben. Die Gln. 6.29 und 6.30 dienen der Veranschaulichung der Größenverteilung von Keimstellen, sie sind für quantitative Aussagen nicht verwendbar.

Bild 6-07 soll dazu dienen, folgende empirischen Befunde qualitativ darzustellen:

- An sehr rauhen Heizflächen kann die Steigung der Siedekennlinie im oberen Bereich - bei großen Wärmestromdichten q - geringer sein als an Heizflächen kleinerer Glättungstiefe /601/.
- Die Siedekennlinien unterschiedlich rauher Heizflächen können bei großer Überhitzung ΔT, entsprechend kleinen Radien $R_{B,eq}$, enger beieinander liegen als bei niedriger Überhitzung oder einander überschneiden.
- Die Erhöhung des Wärmeübergangs mit R_p kann beim Vergleich von rauhen Heizflächen großer Glättungstiefe bei gleichem Verhältnis der Rauhigkeiten geringer sein als beim Vergleich von Heizflächen geringer Glättungstiefe.

Z.B. ist die Fläche mit dem linken Rand $R_K/R_o = 1$ unter der Kurve für $R_p/R_o = 2$ kleiner als unter der Kurve $R_p/R_{act} = 1$. Bei Gültigkeit der Gl. 6.28 ist in diesem Fall für $\Delta T = \Delta T_o$ an einer rauheren Flächen eine geringere Keimstellendichte und ein schlechterer Wärmeübergang zu erwarten.

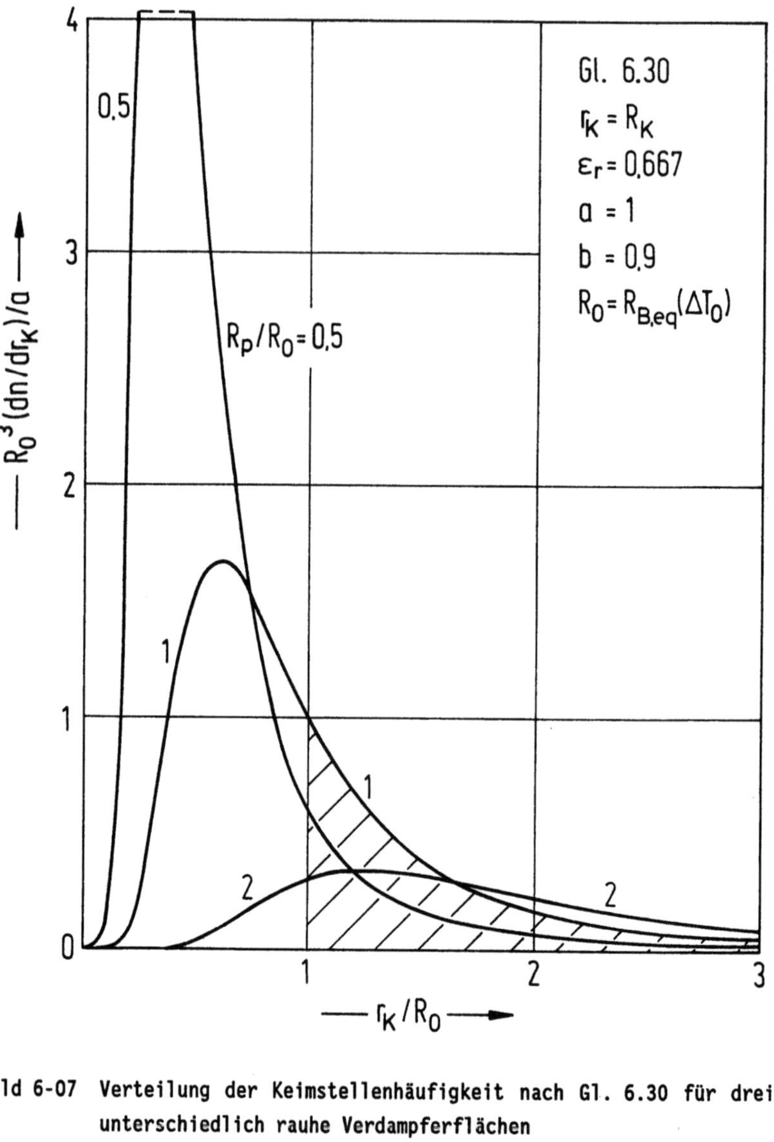

Bild 6-07 Verteilung der Keimstellenhäufigkeit nach Gl. 6.30 für drei unterschiedlich rauhe Verdampferflächen

Für $\rho \gg 1$ geht $f(\rho)$ nach Gl. 6.30 in den Wert nach Gl. 6.18 über. Die Konstante b ist geeignet, Abweichungen von den Gln. 6.17 bzw. 6.18 bei großer Überhitzung bzw. großer Rauhigkeit (Glättungstiefe) zu beschreiben. Ihr Wert ist im Bereich $0 < b < 1$ zu erwarten.

Aus Messungen des Wärmestroms, der Glättungstiefe und des Blasenwachstums läßt sich unter Verwendung der Gln. 6.01 und 6.23 der Faktor a in den Gln. 6.17, 6.18, 6.29 und 6.30 ermitteln. Aus den Messungen im Rahmen dieser Arbeit an geschliffenen Edelstahlplatten findet man Werte um

$$a = 3\ 10^{-8}$$

Aus den Gleichungen von Stephan /201/ findet man mit seinen Annahmen für Blasenabreißdurchmesser und Blasenfrequenz abhängig vom Wärmestrom Werte

$$10^{-7} < a < 4\ 10^{-7}$$

für siedendes Wasser an der ebenen Cu-Platte. Die Unterschiede resultieren daraus, daß Stephan nur etwa halb so große Blasendurchmesser - entsprechend kleineren Randwinkeln nach Gl. 2.19 - angibt, wie die im Rahmen dieser Arbeit gefundenen Werte. Dabei hängt a von $\dot{q}$ ab, da die Annahmen von Stephan nicht die Bedingung 6.26 erfüllen. Verwendet man die von Stephan angegebenen Meßwerte von Scholten /201, S.48,Tab. 1/ so findet man Werte

$$0{,}7\ 10^{-7} < a < 3\ 10^{-7}$$

Aus den Keimstellenverteilungen von Blöchl /211/ läßt sich für große Werte von R_K ein Wert a der Größenordnung abschätzen:

$$a \simeq 10^{-8}$$

Bei unvollständig benetzenden Flüssigkeiten sollte a eine monoton steigende Funktion des Vorrückrandwinkels γ_V sein. Die Größenordnung von a zeigt an, daß nur ein sehr kleiner Bruchteil der Rauhigkeitsvertiefungen einer bestimmten Größe als Keimstellen wirksam ist.

Zusammengefaßt gilt: Die Berücksichtigung der Oberflächenstruktur verschieden rauher Heizflächen durch nur eine charakteristische Länge, die Glättungstiefe R_p, ist nur sinnvoll, wenn Strukturähnlichkeit der Flächen angenommen wird. Die Annahme der Strukturähnlichkeit von rauhen Oberflächen ähnlicher Herstellung führt zu einer gemeinsamen dimensionslosen Größenverteilungsfunktion $f(\rho)$ der Keimstellen dieser Flächen. Diese Funktion gestattet einerseits die Interpretation der Abhängigkeit der Wärmestromdichte von der Überhitzung einer bestimmten Heizfläche, andererseits die Erklärung des Einflusses unterschiedlicher Rauhigkeit von Heizflächen ähnlicher Herstellung auf die Wärmestromdichte bei gleicher Überhitzung. Die Annahme der Strukturähnlichkeit führt außerdem, in Verbindung mit empirisch gefundenen Potenzansätzen für den Einfluß der Rauhigkeit auf den Wärmeübergang, zu dem Ergebnis, daß der mittlere Wärmestrom je Keimstelle bei gleichem Siededruck für ebene horizontale Heizflächen näherungsweise nach Gl. 6.26

$$\dot{Q}_K \sim \Delta T^2$$

bzw. für Rohrheizflächen nach Gl. 6.27

$$\dot{Q}_K \sim \Delta T$$

ist.

6.1.3. Heizflächen mit Keimstellen gleicher Größe

Heizflächen mit der im Hinblick auf den Platzbedarf der Blasen größtmöglichen Dichte leicht aktiverbarer Keimstellen repräsentieren die Grenzen möglicher Wärmeübergangsverbesserung beim Sieden. die maximal wirksame Keimstellendichte ist

- bei quadratischer Anordnung $n_{max} = 1/D_{B,sep}^2$,
- bei hexagonaler Anordnung $n_{max} = 1,15/D_{B,sep}^2$.

Berechnungsmodelle, welche die Unbhängigkeit der Größen $D_{B,sep}$ und f, bzw. $Q_{B,lat}$ und Q_{drift} von der Keimstellendichte voraussetzen, werden problematisch, wenn benachbarte Blasen einander stark beeinflussen; dies ist bei Überlappung der Blaseneinflußbereiche d.h. für $n \geq 0,29/D_{B,sep}^2$ anzunehmen.

An einer Heizfläche, welche nur Keimstellen einer Größe aufweist, werden alle Keimstellen bei der gleichen Überhitzung ΔT_{act} aktiv, soweit nicht Hysterese auftritt. Bei eingeprägter Überhitzung ΔT der Heizfläche steigt der Wärmestrom mit dem Erreichen von ΔT_{act} sprunghaft von einem Wert $\dot{q}_0$ für reine Konvektion auf einen Wert $\dot{q}_1$ für Blasensieden an, Bild 6-08. Bei eingeprägtem Wärmestrom $\dot{q}_0 < \dot{q} < \dot{q}_1$ kann der Wärmetransport zwischen reiner Konvektion und Blasensieden pendeln und die Heizwandtemperatur merklich um ΔT_{act} schwanken.

Die Steigung der Siedecharakteristik ist bei Wärmezufuhr mit $\dot{q} > \dot{q}_1$ durch die Abhängigkeit des Wärmestroms $\dot{Q}_K$ einer Keimstelle von ΔT bestimmt. Mit steigender Heizwandtemperatur $T > T_{act}$ ändert sich die Zahl der aktiven Keimstellen nicht. Dabei ist

$$n = \text{konstant} \sim \Delta T^0$$

und für eine ebene Platte mit Beziehung 6.26 d.h. mit

$$\dot{q} \sim \Delta T^2$$

bzw. für ein horizontales Rohr mit Beziehung 6.27

$$\dot{q} \sim \Delta T$$

Zur Berechnung der Siedecharakteristik einer ebenen Heizfläche für siedendes Wasser bei 1 bar, Bild 6-08, wurde angenommen:

- Keimblasenradius entsprechend $\Delta T_{act} = 0{,}001\ T_c$,
- Blasenabreißdurchmesser nach Fritz, Gl. 2.19 mit $\gamma = 70^o$,
- Blasenwachstum mit Mikroschicht nach Gl. 5.29,
- Blasenfrequenz $f = 0{,}36/t_{vis}$, Gl 5.98,
- Wärmemenge Q_{drift} der Driftsrömung nach Gl. 1.13,
- konvektiver Wärmeübergang nach Gl. 1.14,
- größte Keimstellendichte ohne Überlappung $n = 0{,}29/D_{B,sep}{}^2$.

Unter diesen Annahmen hängt nur ΔT_{act}, nicht die Lage der Siedecharakteristik bei Blasensieden, von der Keimstellengröße ab. Bei der Berechnung von t_{vis} wird das Volumen einer sich ablösenden Blase gleich dem Maximalvolumen der nach Gl. 5.29 mit Mikroschicht wachsenden Halbkugelblase angenommen:

$$R_{max} = D_{B,sep}/\sqrt[3]{4} \; ; \quad t_{vis} = \frac{R_{max}{}^2 \, Pr}{2{,}5^2 \, Ja^2 \, a_L} \tag{6.31}$$

Zum Vergleich ist im Bild 6-08 auch die Siedecharakteristik einer technisch rauhen Heizfläche nach Gorenflo, VDI-WA /204/ wiedergeben. Nahe der kritischen Wärmestromdichte würde die gedachte Heizfläche sogar ein höheres ΔT erfordern als nach /204/. Die Annahme der maximalen Keimstellendichte, $n_{max} = 1/D_{B,sep}{}^2$, unterbrochene Linie in Bild 6-08, mit Überlappung der Einflußbereiche der Driftsrömung nach /103/, ergibt für $\dot{q}_{crit}$ etwa die Überhitzung nach /204/. Allerdings sind für Überhitzungen $\Delta T > 15$ K größere Blasenabreißdurchmesser nach Cole /523/, Gl. 5.80, als für Bild 6-08 angenommen, und damit ein Zusammenwachsen der Blasen, d.h. Übergangssieden zu erwarten.

Bild 6-08 zeigt, daß der Wärmeübergang an einer Heizfläche mit einer hohen Dichte leicht aktivierbarer Keimstellen gleicher Größe bei beginnendem Sieden sehr viel bessser ist als an einer technische rauhen Heizfläche, da die Keimstellen bereits bei ΔT_{act} in der maximal möglichen Dichte wirksam sind; der relative Unterschied nimmt jedoch zur kritischen Wärmestromdichte hin ab.

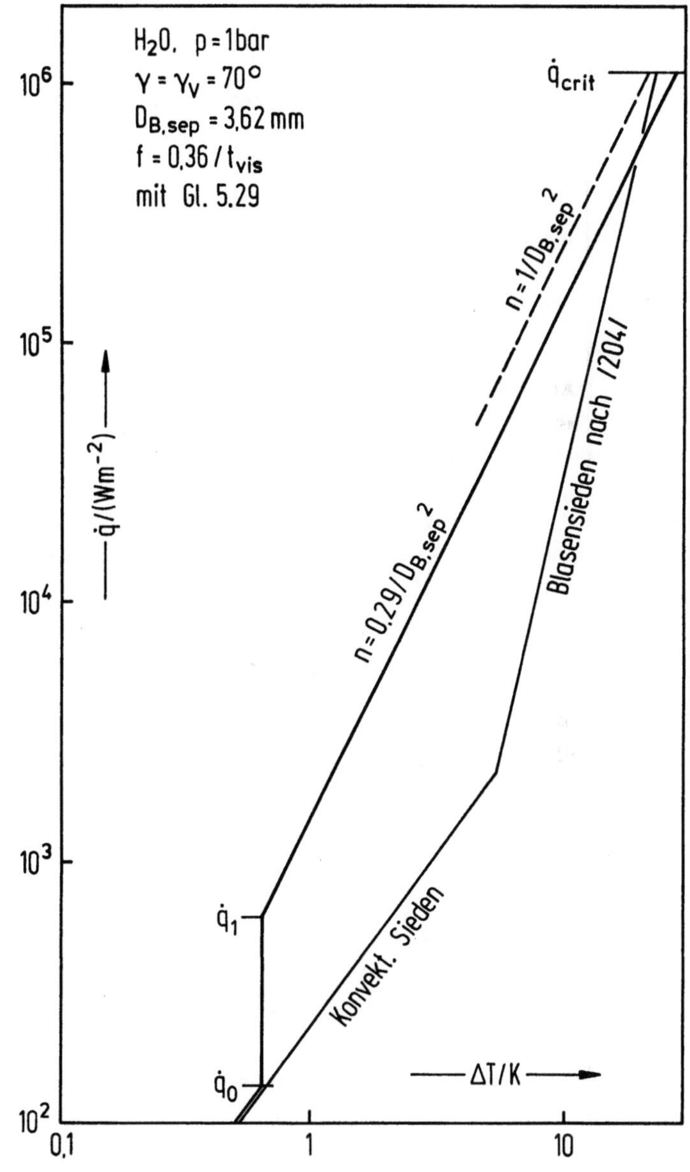

Bild 6-08 Siedecharakteristik einer Heizfläche, deren Keimstellen leicht aktivierbar, $\Delta T = 0{,}001\ T_c$, und gleich groß sind, und einer technisch rauhen Heizfläche nach /204/, für H_2O, p = 1 bar

Mit den oben getroffenen Annahmen,

$$n \sim 1/D_{B,sep}^{\;2} \;;\quad f \sim Ja^2/D_{B,sep}^{\;2} \;;\quad Q_B \sim D_{B,sep}^{\;3} \qquad (6.32)$$

erhält man für die Wärmestromdichte aus Gl. 6.01:

$$\dot{q} \sim Ja^2/D_{B,sep} \qquad (6.33)$$

bzw. für einen bestimmten Wert $\dot{q}$ = konstant:

$$\Delta T \sim Ja \sim \sqrt{D_{B,sep}} \;;\quad \alpha \sim 1/\sqrt{D_{B,sep}}$$

Bei Annahme der jeweils größten wirksamen Dichte der Keimstellen, $n \sim 1/D_{b,sep}^{\;2}$, erfordert guter Wärmeübergang beim Sieden mit maximaler Wärmestromdichte nach Gl. 6.33 kleine Blasenabreißdurchmeser bei hohen Blasenfrequenzen und Keimstellendichten, möglichst Blasenwachstum mit konstantem Blasenfußradius $r_F \simeq r_K \simeq R_K$. Dies ist an scharfkantigen Keimstellen (Poren) bei voller Benetzung der umgebenden Heizfläche auch unter Vorrückbedingungen, $\gamma \simeq 0$, zu erwarten. Dabei ist mit Gl. 6.02:

$$r_F \simeq r_K \simeq R_K \sim \Delta T_{act}^{\;-1}$$

Die Blasenabreißvolumina nach Gl. 3.84 sind umso größer, je größer die Keimstellen, bzw. je leichter die Keimblasen aktivierbar sind:

$$V_{B,sep} = 2\pi\, r_F\, L^2 \sim \Delta T_{act}^{\;-1}$$

$$D_{B,sep} = \sqrt[3]{12\, r_F\, L^2} \sim \Delta T_{act}^{\;-1/3} \qquad (6.34)$$

Der erreichbare Wärmestrom ist unter den Annahmen 6.32 nach der Beziehung 6.33:

$$\dot{q} \sim Ja^2/D_{B,sep} \sim \Delta T^2\, \Delta T_{act}^{\;1/3} \qquad (6.35)$$

D.h., die notwendige Überhitzung der Heizfläche zum Erreichen eines bestimmten Wärmestroms $\dot{q}$ = konstant ist umso höher, je leichter die Keimstellen aktivierbar sind, bzw. je eher Sieden beginnt (Bild 6-09):

$$\Delta T \sim r_K^{1/6} \sim \Delta T_{act}^{-1/6} \; ; \; \Delta T > \Delta T_{act} \tag{6.36}$$

$$\alpha \sim r_K^{-1/6} \sim \Delta T_{act}^{1/6}$$

Bild 6-09 zeigt berechnete Siedecharakteristiken von Heizflächen, deren jede gleichgroße Keimstellen eines anderen Radius $r_K = R_K$ aufweist für siedendes Wasser, $p = 1$ bar. Dabei wurden folgende Annahmen verwendet:

- Wachstum mit konstanten Blasenfuß $r_F = r_K = R_K$, Blasenabreißvolumen nach Gl. 3.84;
- Blasenwachstum als Kugelblasen nach Gl. 5.25, wobei die für das Wachstum maßgebende Überhitzung der Flüssigkeit halb so groß ist wie die Überhitzung der Heizfläche $\Delta T = 0{,}5\ \Delta T_W$,
- Blasenfrequenz $f = 0{,}36\ t_{vis}$, Gl. 5.98, mit Gl. 5.25.

Bester Wärmeübergang wird mit gut benetzten Heizflächen erreicht,

- an deren Keimstellen Keimblasen mit $r_F = r_K$ wachsen,
- deren Keimstellen so groß sind, daß sie erst knapp unterhalb der Überhitzung ΔT des Betriebszustandes aktiv werden,
- deren Keimstellendichte den maximal wirksamen Wert $n = 1{,}15/D_{B,sep}^2$ mit $D_{B,sep}$ nach Gl. 6.34 aufweist.

Durch diese Merkmale wird die Grenze der durch Modifikation der Struktur und Benetzbarkeit von Heizflächen möglichen Wärmeübergangsverbesserung beim Sieden beschrieben. Die Siedecharakteristik einer solchen Heizfläche ist allerdings technisch meist unerwünscht, da kleine Änderungen der Heizwandüberhitzung zu großen Schwankungen des Wärmestroms zwischen den Werten des konvektiven Siedens und des Blasensiedens führen. Optimaler Wärmeübergang bei hoher Wärmestromdichte erfordert unter diesen Annahmen, $r_F = r_K$, und 6.32, kleinere, schwerer aktivierbare Keimstellen und eine größere Keimstellendichte als optimaler Wärmeübergang bei geringer Überhitzung. Die Verbindungslinie der Punkte beginnenden Blasensiedens

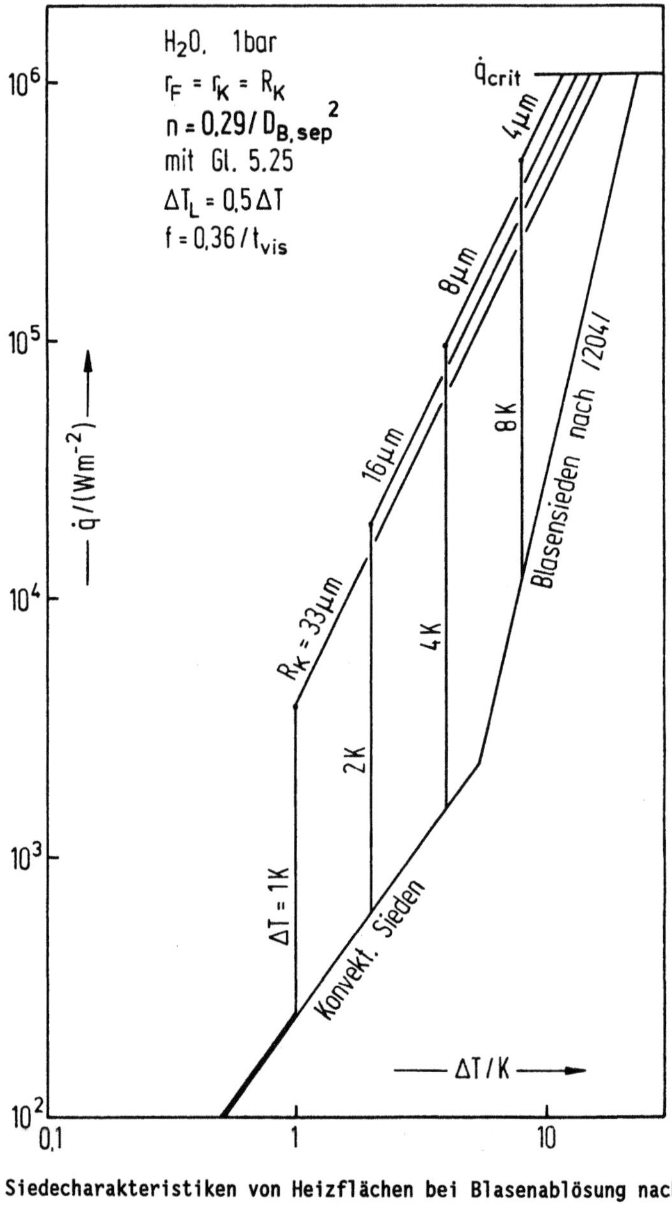

Bild 6-09 Siedecharakteristiken von Heizflächen bei Blasenablösung nach Gl. 6.34 mit $r_F = r_K$, $n = 1/D_{B,sep}^2$, H_2O, 1 bar, Blasenwachstum mit $\Delta T_L = 0{,}5\ \Delta T_W$ nach Gl. 5.25

der Siedekennlinien im Bild 6-09 kann als Grenze des ohne Überlappung der Blaseneinflußbereiche erreichbaren Wärmeübergangs angesehen werden. Diese Grenze verschiebt sich bei dichtester quadratischer Anordnung der Keimstellen (mit Überlappung) noch zu um etwa 25% kleineren Werten von ΔT, jedoch ist keine Heizfläche mit einem Spektrum verschieden großer Keimstellen denkbar, deren Siedecharakteristik ganz mit dieser Grenze zusammenfällt, da die Blasenbildung an leichter aktivierbaren größeren Keimstellen die Aktivierung kleinerer Keimstellen in ihrer Nachbarschaft auch bei höheren Wärmstromdichten hemmen würde.

Körner und Photiadis /606/ finden an einer Heizfläche mit einer festen Zahl von etwa gleichgroßen leicht aktivierbaren künstlichen Keimstellen, daß beim Sieden von Wasser und Methanol die Wärmestromdichte oberhalb von $\dot{q} = 5\ 10^4\ W/m^2$ geändert werden kann, ohne daß die Überhitzung der Heizwand sich wesentlich ändert, d.h. daß die Zunahme der Wärmestromdichte vorwiegend durch Erhöhung der Blasenfrequenz und evtl. der Blasengröße bei praktisch konstantem ΔT erfolgt, Bild 6-10. Dabei ist unklar, durch welchen Mechanismus die Blasenfrequenz und -größe sich ändern sollen, wenn die Heizflächenüberhitzung $\Delta T > \Delta T_{act}$ und konstant ist.

Aus der Betrachtung von Heizflächen mit Keimstellen nur einer Größe folgt:

- Wärmeübergangsverbesserungen gegenüber dem Sieden an "normalen" technisch rauhen Heizflächen lassen sich bei kleinen Wärmestromdichten durch Erhöhung der Zahl leicht aktivierbarer, relativ großer Keimstellen erreichen. Bei hohen Wärmestromdichten wird die maximal wirksame Keimstellendichte durch den Platzbedarf der sich ablösenden Blasen bestimmt.
- Kleinere Blasenabreißdurchmesser ermöglichen, bei entsprechend größerer Keimstellendichte, besseren Wärmeübergang bei hoher Wärmestromdichte. Die kleinsten Blasenabreißdurchmesser treten mit $r_F = R_K$ an voll benetzten Heizflächen auf. In diesem Fall ist guter Wärmeübergang bei hoher Wärmestromdichte durch der Radius $r_K \simeq R_K$ der Keimstellen, d.h. durch die Forderung nach guter Aktivierbarkeit begrenzt.

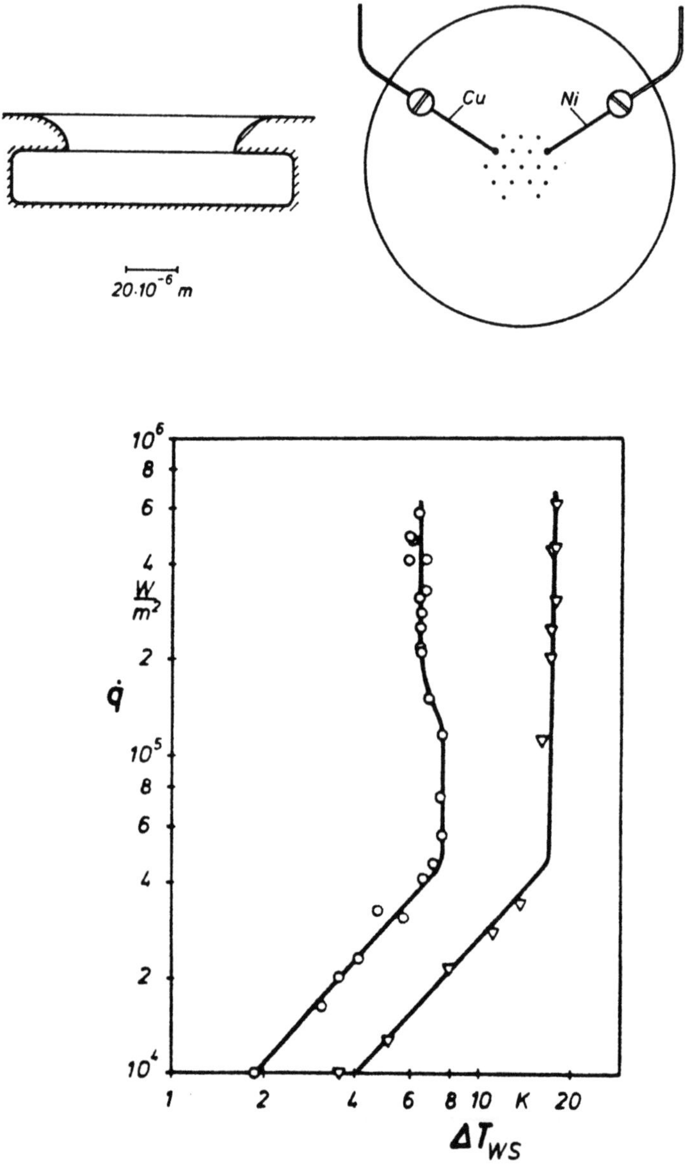

Bild 6-10 Keimstelle, Versuchsheizfläche und Siedecharakteristik nach Körner und Photiadis /606/, für o Wasser und ▽ Methanol

6.2. Poröse Heizflächenstrukturen

Eine wirksame Maßnahme zur Verbesserung des Wärmeübergangs besteht darin, Verdampferheizflächen mit einer porösen Struktur zu versehen, welche eine große Anzahl von Poren mit relativ großen Radien, 0,2 mm $\leq r_u \leq$ 2 mm, jedoch mit ausreichendem Rückhaltevermögen für Dampfreste aufweist, so daß Keimblasen bei wesentlich geringerer Überhitzung zu wachsen beginnen, als an nur technisch rauhen Oberflächen /607, 608/. Das innere Volumen V_K dieser Keimstellen kann relativ groß sein.

Vier Typen von Verdampferheizflächen mit porösen Strukturen werden kommerziell hergestellt und sind bevorzugt untersucht worden, Bild 6-11 a bis d, aus /607/:

- poröse Schichten aus gesinterten Metallpartikeln,
- Umgebogene gezahnte Rippen, welche Rillen so abdecken, daß Reihen von kleinen Öffnungen freibleiben,
- umlaufende dünne Rippen, welche so gestaucht werden, daß zwischen ihnen Kanäle mit schmalen Austrittsspalten entstehen,
- perforierte Platten mit darunter eingeschlossenen Hohlräumen.

Gemeinsam ist diesen Strukturen,

- daß sie ein System von untereinander verbundenen Porenräumen mit mehreren Mündungen und oft mit relativ großem "innerem" Porenvolumen bilden und
- daß die Mündungen der Poren Keimstellen mit Radien der Größenordnung 0,2 μm < r_K < 2μm bilden, so daß nur eine minimale Überhitzung zur Aktivierung von Keimblasen erforderlich ist, wenn diese bereits vorhanden sind.

Die Wirksamkeit poröser Strukturen beruht nicht nur auf den relativ großen Keimstellenradien, sondern auch darauf, daß die Keimstellen untereinander verbunden sind, so daß durch einen Dampfkeim mehrere Keimstellen gleichzeitig aktiv, d.h. mit Dampf gefüllt werden und pulsierende

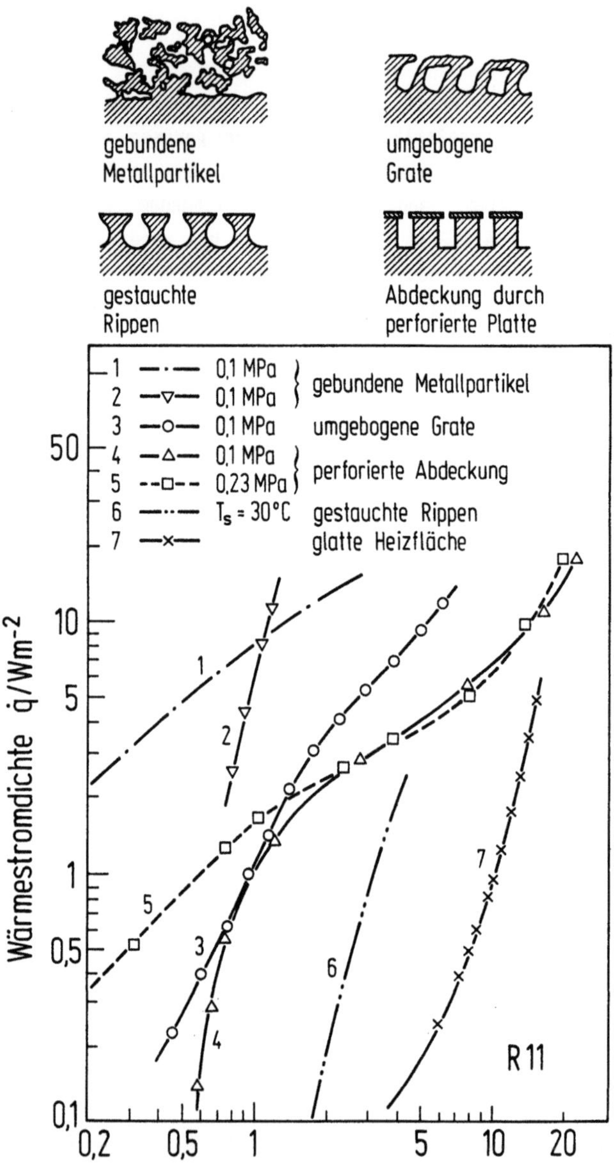

Bild 6-11 Poröse Strukturen von Verdampferheizflächen; Siedekennlinien für Kältemittel R11 nach Ergebnissen verschiedener Autoren, aus /607/

Dampfströme in den Verbindungskanälen entstehen. Aus dem relativ großen inneren Volumen der Keimstellen solcher Strukturen strömt nach Überschreiten des kritischen Keimblasenradius R_K zunächst schnell expandierender Dampf in die Blasen ein. Durch den Staudruck des Dampfstromes im Scheitel der Blasen entstehen bevorzugt normal zur Heizfläche gestreckte Blasenformen, deren Blasenfuß bei gut benetzenden Fluiden, z.B. Kältemitteln über den Rand der Keimstelle nicht hinauswächst, d.h. das Abreißvolumen der Blasen entspricht etwa der Gl. 3.84. Die Voraussetzungen der Beziehung 6.36, Blasenwachstum mit konstantem Blasenfußradius $r_F = r_K$ und Keimstellen gleicher Größe, sind für einige Typen poröser Strukturen gut erfüllt. Auch für diese Strukturen gilt, daß guter Wärmeübergang bei hohen Wärmestromdichten kleinere Poren höherer Dichte erfordert als bei geringen Wärmestromdichten.

Die Kontraktion der Oberfläche eines Dampfrestes nach Ablösen einer Blase begünstigt das periodische Eindringen von Flüssigkeit in den Porenraum, ohne daß dieser völlig geflutet wird. Verdampfung der eingedrungenen Flüssigkeit in den Poren beschleunigt das Blasenwachstum gegenüber dem Wachstum nur durch instationäre Wärmeleitung an der äußeren Oberfläche.

Bild 6-11 zeigt Siedekennlinien verschiedener poröser Strukturen im Vergleich zu einer "glatten" Heizfläche, deren Rauhigkeit und Material nicht angegeben sind, nach Nakayama /607/. Für die meisten Strukturen ist die relative Verbesserung des Wärmeübergangs bei geringen Wärmestromdichten gegenüber der glatten Fläche erheblich, nimmt aber mit steigendem Wärmestrom stark ab. Diese Strukturen sind also bevorzugt bei geringen und mittleren Wärmestromdichten wirtschaftlich einsetzbar, wenn nur geringe Überhitzung akzeptiert werden soll, z.B. für Kühlgeräte und Wärmepumpen, welche bei geringen Unterschieden zwischen den Temperaturniveaus von Verdampfer und Kondensator mit geringer Antriebsleistung arbeiten sollen.

Nachteile der porösen Strukturen für Verdampferheizflächen sind,

- daß sie teuer herzustellen sind,
- daß das Risiko der Inaktvierung durch Ablagerung schwer siedender oder schwer löslicher Bestandteile relativ groß ist, da die Poren kaum von Flüssigkeit durchströmt werden, und

- daß die erforderliche Überhitzung bei beginnendem Sieden zur Bildung neuer Keimblasen von gleicher Größenordnung ist, wie bei Heizflächen ohne poröse Struktur, d.h., daß Hysterese relativ viel stärker in Erscheinung tritt.

Für die Wahl der günstigsten Keimstellengröße und - dichte poröser Heizflächenstrukturen gelten die Betrachtungen des vorangegangenen Abschnitts 6.1.3..

Poröse Strukturen der Heizwand tragen zur mechanischen Festigkeit meist nicht bei; sie stellen zusätzliche Baumasse dar, deren technisch-wirtschaftliche Bewertung - welche Heizwandtemperatur, an der Oberfläche oder an der Wurzel der porösen Schicht, welche Bezugsfläche, die einhüllende, äußere Fläche oder auch die innere Oberfläche der Poren - einen Vergleich verschiedener Oberflächenstrukturen bestimmt.

Die industrielle Entwicklung poröser Strukturen für Verdampferflächen geht oft Hand in Hand mit der Entwicklung ähnlicher Strukturen für Kondensatorkühlflächen.

6.3. Benetzbarkeit von Heizflächen

Die Benetzbarkeit einer Heizfläche hat auf die Blasenbildung beim Sieden folgende Einflüsse:

- Keimblasen enstehen in den Keimstellen vorwiegend durch heterogene Keimbildung. Schlechte Benetzbarkeit, gekennzeichnet durch große Gleichgewichtsrandwinkel γ_{eq}, begünstigt heterogene Keimbildung und verringert so Siedeverzüge.
- Das Verhältnis zwischen Keimstellenradius r_K und kritischem, kleinstem Blasenkeimradius R_K hängt von der Benetzbarkeit der Keimstelle bzw. der Heizfläche bei Rückzug der Flüssigkeit, d.h. von γ_r, ab. Schlechtere Benetzung - größerer Rückzug-Randwinkel γ_r - erhöht die Zahl der aktiven Keimstellen /609/ bei gegebener Überhitzung.
- Der Blasenabreißdurchmesser hängt vom beobachtbaren Vorrückwinkel γ_v ab; mit $\gamma = \gamma_v$ ist z.B. Gl. 2.19 zu verstehen. Schlechtere Benetzung der Heizfläche bei vorrückender Flüssigkeit, größeres γ_v, bewirkt größere Blasenabreißdurchmesser und geringere Blasenfrequenzen.
- An geneigten oder vertikalen Heizflächen, auch am Umfang horizontaler Rohre, ist der Weg einer Blase entlang der Oberfläche bzw. die Bedingung, unter welcher eine Blase sich ablöst, von der Differenz $\gamma_v - \gamma_r$, d.h. von der Hysterese des Randwinkels abhängig. Diese wird durch Unebenheiten der Heizflächen d.h. durch die Oberflächenstruktur mitbestimmt.

Die verschiedenen Einflüsse der Benetzbarkeit von Heizflächen auf den Wärmeübergang sind gegenläufig. Schlechte Benetzung der Heizfläche (oder eines Siedeverstärkers) begünstigt einerseits die Entstehung und die Aktivierung von Keimblasen, verzögert aber andererseits die Blasenablösung.

Es ist schwierig, die Benetzbarkeit einer Heizfläche zu verändern, ohne daß zugleich ihre Oberflächenstruktur verändert wird. Durch Plasmadeposition oder Sputtern auf Metalle aufgebrachte sehr dünne Schichten des meist verwendeten benetzungshemmenden Materials PTFE können andere Eigenschaften aufweisen als Vollmaterial; ferner können solche Schichten im Dauerbetrieb beim Sieden von der Heizfläche abgehoben werden. Die Herstellung von Heizflächen aus schlecht benetzten Vollmaterialien scheidet wegen deren schlechter Wärmeleitfähigkeit aus.

Experimentelle Untersuchungen verschiedener Autoren mit Beschichtungen aus PTFE oder aus Silikonharzen zur Senkung der Benetzbarkeit zeigen wegen der gegenläufigen Einflüsse auf Keimbildung und Keimblasenaktivierung einerseits und auf die Blasenablösung andererseits sehr widersprüchliche Ergebnisse, vgl. Übersicht und Versuchsergebnisse in /306/. Für unvollständige oder schlechte Benetzung und Blasenablösung nach Fritz, Gl. 2.19, ist die erforderliche Überhitzung bei maximaler Keimstellendichte für einen gegebenen Wert von $\dot{q}$:

$$\Delta T \sim 1/\sqrt{D_{B,sep}} \sim 1/\sqrt{\gamma_r}$$

Anzustreben sind schlechte Benetzung der Keimstellen und gute Benetzung der sie umgebenden Heizfläche. Die Herstellung der hierfür erforderlichen, lokal begrenzten, schlecht benetzten Beschichtungen der Keimstellen und ihre Positionierung in den Keimstellenstrukturen sind für technische Anwendungen bei Verdampferheizflächen i.a. zu teuer.

Zur Charakterisierung der Benetzbarkeit des Festkörpers wird der Benetzungsrandwinkel γ trotz seiner Abhängigkeit von der Art der Flüssigkeit z.B. gegenüber der Festkörperoberflächenspannung σ_S bzw. der kritischen Oberflächenspannung der Benetzung nach /304/ bervorzugt. Der Aufwand zur Bestimmung von σ_S bzw. σ_{SV} ist relativ hoch, insbesondere wenn die Abhängigkeit von der Temperatur beachtet werden soll. Bild 6-12 zeigt qualitativ die Auftragung der Oberflächenspannungen σ_{SV} und σ_{LV} von Festkörper und Flüssigkeit über der Temperatur für den Fall eines bei niedrigen Temperaturen unvollständig benetzten Festkörpers ($\sigma_{SV} < \sigma_{LV}$), der seinen Aggregatzustand bis oberhalb der kritischen Temperatur T_c des Fluids beibehält, $\sigma_{SV,T=Tc} > 0$, während die Oberflächenspannung der Flüssigkeit bei der kritischen Temperatur verschwindet:

$$\lim_{T \to T_c} \sigma_{LV} = 0$$

Bei einer Temperatur unterhalb von T_c geht der Zustand unvollständiger Benetzung in den Zustand voller Benetzung $\sigma_{LV} \leq \sigma_{SV}$, $\gamma = 0$, über (Bild 6-12).

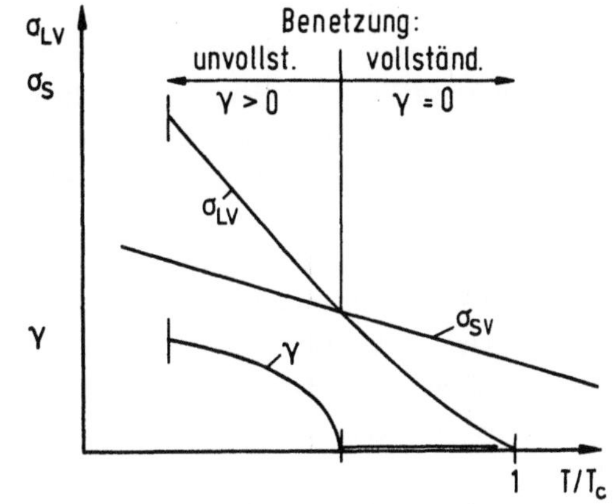

Bild 6-12 Änderung der Oberflächenspannungen σ_{SV} und σ_{LV} und des Randwinkels mit der Temperatur für den Fall unvollständiger Benetzung bei niedriger Temperatur

Alle Flüssigkeiten benetzen in der Nähe ihres Kritischen Punktes technische Heizflächen vollkommen. Hierbei verschwindet der Einfluß der Benetzbarkeit. Die Möglichkeit, schlecht benetzbare Heizflächen- oder Beschichtungsmaterialien einzusetzen, versagt auch beim Sieden von Kältemitteln, die wegen ihrer niedrigen Oberflächenspannung alle bekannten Materialien gut benetzen.

Boyes und Ponter /610/ haben Randwinkel von Wasser auf Cu-, Bronze- und PTFE-Oberflächen bis an den Siedepunkt gemessen und Ergebnisse anderer Autoren für unterschiedlich vorbehandelte Metalloberflächen zusammengestellt. Eddington und Kenning /609/ haben den Einfluß des Randwinkels auf die Blasenbildung aus übersättigten Lösungen von Stickstoff in Wasser-Methanol-Gemischen an Oberflächen aus Bronze bzw. aus rostfreiem Stahl untersucht. Sie variieren den Randwinkel durch das Mischungsverhältnis der fluiden Komponenten und finden, daß bei gleichem Gleichgewichtsradius $R_{B,eq}$, bzw. bei gleicher Gleichgewichtskrümmung r_p (precurvature) der Keimblasenoberfläche

$$\frac{1}{r_p} \equiv \frac{1}{R_{B,eq}} = \frac{\Delta p_{L,V}}{2\sigma_{LV}}$$

die Zahl der aktiven Keimstellen monoton mit dem der Randwinkel γ zunimmt. Ein Einfluß des Randwinkels auf die Dichte der aktiven Keimstellen läßt sich in die Verteilungsfunktion, d.h. in die Gln. 6.17 und 6.18 bzw. 6.28 und 6.29, einführen, indem man den Faktor a nicht als Konstante, sondern als steigende Funktion $a(\gamma)$ des Randwinkels auffaßt.

Die teilweise sehr inkonsistenten Ergebnisse für die Benetzung metallischer Oberflächen lassen sich folgendermaßen zusammenfassen:

- Edelmetalle - Gold und Silber - sowie Kupfer und Bronze werden nach einer desoxidierenden Behandlung bei Raumtemperatur von Wasser gut benetzt, $0 \leq \gamma < 90^0$ (Gleichgewichtsbedingungen).
- Gut desoxidierte Oberflächen dieser Metalle werden jedoch von Wasser bei Siedebedingungen unter Umgebungsdruck, d.h. bei Temperaturen um 100^0C, relativ schlecht benetzt; dies läßt darauf schließen, daß diese Oberflächen bei erhöhter Temperatur, oberhalb von ca. 40^0C, schnell wieder eine Oxidschicht bilden.
- Oberflächen von Aluminiumlegierungen und rostfreiem Stahl bilden noch schneller schützende Oxid- oder Hydroxidschichten, sie sind in Anwesenheit von Wasser nach reduzierender Behandlung auch ohne Temperaturerhöhung schnell wieder schlecht benetzbar.
- Metalloberflächen neigen besonders dazu, bestimmte oberflächenspannungserniedrigende Stoffe, wie Fettsäuren etc., chemisch zu adsorbieren. Die resultierende Verschlechterung der Benetzbarkeit durch Bestandteile der flüssigen Phase wird als Autophobie bezeichnet.

Der Randwinkel von Wasser auf PTFE wird in /308/ relativ gleichbleibend zu $\gamma = 105^0$ angegeben. Dieser Wert deckt sich mit anderen Literaturangaben. Geringere Randwinkel, die Lösing /306/ an gesputterten PTFE-Schichten auf rostfreiem Stahl gefunden hat, sind entweder darauf zurückzuführen, daß durch das Sputtern die chemische Struktur des PTFE verändert wurde oder darauf, daß die aufgebrachte Schicht schlecht haftet, unter Siedebedingungen aufreißt und die Metallfläche nicht mehr vollständig bedeckt.

Die Benetzbarkeit von Silikonharzen ist ähnlich gering wie die von PTFE. Die meisten anderen Polymere sind von Wasser besser benetzbar als PTFE, jedoch schlechter als (auch oxidierte) Metallflächen. Für Polymer-(Kunststoff-)oberflächen sind Randwinkel vieler Flüssigkeiten in /612/ zusammengestellt.

Werte des Randwinkels von Wasser auf verschiedenen Materalien sind in Tabelle 6/02 wiedergegeben. Organische Flüssigkeiten benetzen Metalloberflächen meist vollständig. Randwinkel von flüssigen Metallen, wie Hg, Na und Ga, auf Oberflächen anderer Metalle sind kaum bekannt und stark von Verunreinigungen der Dampfphase abhängig.

Nach Ergebnissen von Diesselhorst et al. /613/ nimmt die kritische Wärmestromdichte mit steigendem Benetzungsrandwinkel stark ab. Dies wird auf die mit abnehmender Benetzbarkeit zunehmende Neigung haftender Blasen zurückgeführt, an der Heizfläche zu einem Dampffilm zu koaleszieren.

Für guten Wärmeübergang erstrebenswert ist gute Benetzung der Heizflächen außerhalb der Keimstellen, bei örtlich begrenzter schlechter Benetzung der Keimstellen selbst. Wird die schlechte Benetzung der Keimstellen durch eine Beschichtung erreicht, so darf deren Ausdehnung nicht größer sein als der Keimstellenradius, damit eine Vergrößerung der Blasenabreißdurchmesser vermieden wird.

Tab 6/02 Randwinkel von Wasser auf verschiedenen Materalien

Festkörper	Flüssigkeit/ Athmosphäre	Vorbehandlung des Festkörpers	Temp. °C	Randwinkel γ_v	γ_r	γ_{eq}	Quelle
Gold	H_2O/Luft	frisch gereinigt	Raumt.	0-30	0	-	Bartell, nach /611/
	H_2O/Luft	offen gelagert	Raumt.	55-70	0-40	-	Bartell, nach /611/
Gold	H_2O/Dampf	elektr. poliert	100°C	-	-	63	Erb, nach /609/
Gold	H_2O	in H_2 geglüht	101°C	85	46	-	Erb, nach /611/
Cu	H_2O/Luft	frisch gereinigt	Raumt.	7-10	4-7	-	Trevoy, nach /611/
		gelagert	Raumt.	78	-	-	Coulon, nach /611/
Cu	H_2O/Dampf	Diamant-poliert	100°C	-	-	72	Boyes + Ponter /610/
Ni	H_2O/He	frisch gereinigt	Raumt.	0	-	-	/611/
	"	frisch gereinigt	Raumt.	6-7	2-7	-	Trevoy, nach /611/
	H_2O/H_2	frisch gereinigt	Raumt.	10-21	-	-	/611/
r,f.		mit Lösungsmittel					
Stahl	H_2O/Dampf	gereinigt	100°C	68-69	17-23	-	Lösing + Esters /306, 532/
PTFE	H_2O/Luft	gespült	Raumt.	118	95	-	div. Autoren, nach /611/
PTFE	H_2O		20°C	-	-	108	Fox und Zisman, nach /612/
PTFE	H_2O/Dampf		21°C	-	-	105	/609/
			53°C	-	-	105	"
			100°C	-	-	105	"
PTFE	H_2O/Dampf	auf r.f. Stahl					
		gesputtert	100°C	86-88	22-25	-	Lösing + Esters /306, 532/
Polyethylen	H_2O		20°C	96	62	94	Wu /612/
	H_2O		120°C	72	46	-	"
	Hexan		20°C	-	-	0	"

6.4. Wärmeleitfähigkeit und spezifische Wärmekapazität der Heizfläche

Der Wärmeübergang im siedenden Fluid wird mittels der Heizwandüberhitzung $\Delta T = T_W - T_{sat}$ mit der zeitlich und örtlich gemittelten Temperatur T_W der Heizwandoberfläche beschrieben. Periodische Blasenbildung an diskreten Keimstellen bewirkt beim Sieden lokale instationäre Temperaturänderungen in der Heizwand, die ihrerseits die Frequenz der Blasenbildung beeinflussen. Die zeitlichen und örtlichen Abweichungen der Heizwandtemperatur von ihrem Mittelwert haben so auch Einfluß auf den Wärmeübergang im Fluid. Beer, Burow und Best /534,614/ haben diese Änderung der Heizwandtemperatur während des Blasenwachstums berechnet und dargestellt.

Bild 6-13 zeigt Ergebnisse von Messungen des Wärmeübergangs an je 2 Heizflächen unterschiedlicher Rauhigkeit aus Kupfer bzw. aus Edelstahl beim Sieden von Wasser bei $p = 1$ bar. Die Werte der Überhitzung ΔT wurden mit dem Exponenten $n_R = 0{,}133$ nach Stephan auf denselben Bezugswert der Glättunngstiefe $R_{p0} = 1\ \mu m$ umgerechnet.

Die instationäre Temperaturverteilung in einer Heizwand gehorcht der Fouriergleichung der Wärmeleitung, z.B. für Achsensymmetrie an einer einzelnen Keimstelle (Zylinderkoordinaten):

$$\frac{dT}{dt} = a_W \left[\frac{1}{r}\frac{\partial T}{\partial r} + \frac{\partial^2 T}{\partial r^2} + \frac{\partial^2 T}{\partial z^2}\right] \tag{6.37}$$

Temperaturverteilung und Wärmestrom lassen sich in einen stationären, von r und t unabhängigen und in einem instationären, von r und t abhängigen Beitrag aufspalten:

$$T = T_{m,z} + \delta T \tag{6.38}$$

mit

$$\frac{dT_{m,z}}{dt} = 0; \quad \frac{dT_{m,z}}{dr} = 0; \quad T_{m,z} = T_W - \frac{q_m}{\lambda_W\, z} \tag{6.39}$$

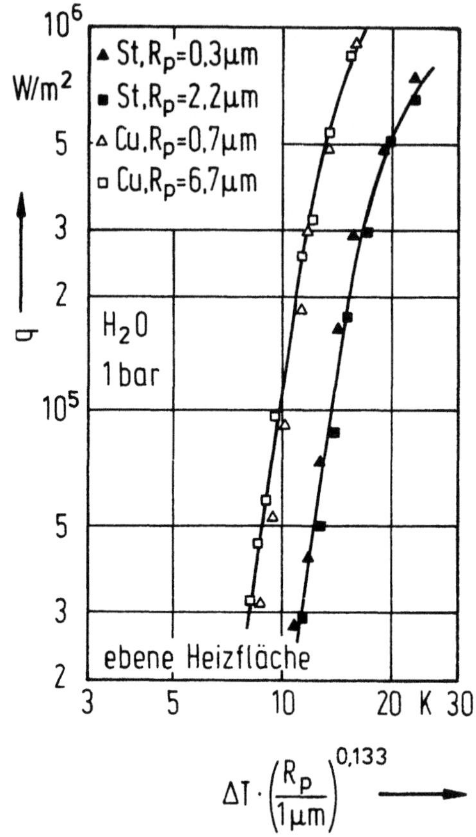

Bild 6-13 Siedecharakteristiken unterschiedlich gut wärmenleitender Heizflächen aus Kupfer (Cu) bzw. aus rostfreiem Stahl (St), H_2O, p = 1 bar

Zeitliche Änderungen der Wandtemperatur T_W betreffen nur den instationären Beitrag δT. Aus Gl. 6.32 erhält man mit der Laplace-Länge L als charakteristischer Länge für den Einflußbereich der Blase, der mittleren Überhitzung ΔT als charakteristischer Temperaturdifferenz und der charakteristischen Zeit für die Blasenbildung

$$\Delta t = \frac{L^2}{Ja^2\ a_L} \tag{6.40}$$

mit den dimensionslosen Größen,

$$\frac{\delta T}{\Delta T} = T^*; \quad \frac{r}{L} = r^*; \quad \frac{z}{L} = z^*; \quad \frac{t}{\Delta t} = t^*:$$

$$\frac{dT^*}{dt^*} = Ja^{-2}\,(a_W/a_L)\left[\frac{\partial T^*}{r^*\partial r^*} + \frac{\partial^2 T^*}{\partial r^{*2}} + \frac{\partial^2 T^*}{\partial z^{*2}}\right] \tag{6.41}$$

Das Verhältnis der Temperaturleitfähigkeiten $K_a = (a_W/a_L)$ ist neben Ja eine Kennzahl in der dimensionslosen Fouriergleichung 6.41 für die Heizwand. Diese Kennzahl kennzeichnet das Verhältnis der Temperaturgradienten im Fluid und in der Wand und ihrer instationären Änderungen. Sie ist ein Maß dafür welche instationären Temperaturänderungen in der Heizwand und an ihrer Oberfläche auftreten. Große Werte (a_W/a_L) bedeuten geringe Temperaturgradienten und schnellen Temperaturausgleich in der Heizfläche, bzw. umgekehrt.

Die während eines Blasenzyklus in der Wand und in der Flüssigkeit instationär transportierten Wärmemengen sind von derselben Größenordnung $L^3 d_V \Delta h_{L,V}$ und die in beiden Phasen auftretenden Temperaturdifferenzen sind von der gleichen Größenordnung ΔT (Laplace-Länge L nach Gl. 2.05). Eine charakteristische Zeit für den Temperaturausgleich in der Heizwand nach Entzug der charakteristischen Wärmemenge $L^3 d_V \Delta h_{L,V}$ durch instationäre Wärmeleitung ist

$$\Delta t' = \left[\frac{L\; d_V\; \Delta h_{L,V}}{\Delta T\; d_W\; c_W}\right]^2 / a_W \tag{6.42}$$

Das Verhältnis der charakteristischen Zeiten nach den Gln. 6.40 bzw. 6.42 ist das Quadrat des Kehrwertes des thermischen Widerstandsverhältnisses ξ von Mikroschicht und Heizwand nach Cooper, vgl. Gl. 5.33. Es bestimmt u.a. die Wachstumszeit und die Dauer eines Blasenzyklus:

$$\frac{\Delta t'}{\Delta t} = \frac{a_L}{a_W}\left[\frac{d_L\; c_L}{d_W\; c_W}\right]^2 \equiv \frac{\lambda_L\; d_L\; c_L}{\lambda_W\; d_W\; c_W} = \xi^{-2} \tag{6.43}$$

Das Verhältnis der volumetrischen Wärmekapazitäten

$$K_c = \frac{d_W\ c_W}{d_L\ c_L} \tag{2.17}$$

in (6.43) ist eine weitere charakteristische Kennzahl. Es unterscheidet sich für verschiedene Wandmaterialien relativ wenig, im Gegensatz zum Verhältnis a_W/a_L oder λ_W/λ_L.

Bei Anwendung eines Siedeverstärkers, vgl. Kap. 7, wachsen Dampfblasen am Siedeverstärker statt unmittelbar an der Heizfläche; die örtliche Konzentration des Wärmestroms in der Heizwand im Bereich der Randlinie und der Mikroschicht entfällt. Der Einfluß der Wärmeleitfähigkeit der Heizwand auf den Wärmeübergang wird damit durch den Siedeverstärker stark reduziert vgl. Kap. 7.. Geringe örtliche Wärmestromschwankungen in der Heizfläche im Einflußbereich der Driftströmung treten auch bei der Blasenbildung an Siedeverstärkern auf.

Die Dicke der Heizwand bestimmt neben der Wärmeleitfähigkeit und der volumetrischen Wärmekapazität die instationären Temperaturänderungen der Heizwandoberfläche, insbesondere, wenn diese Dicke gering gegenüber dem Blasenabreißdurchmesser und dem mittleren Abstand zwischen den aktiven Keimstellen ist. An dünnen Heizwänden ist der thermische Widerstand der tangentialen Wärmefluktuationen zwischen Keimstelle und Umgebung groß.

Den Einfluß des Heizwandmaterials und der Dicke der wärmeleitenden Heizwand auf den Wärmeübergang haben Magrini und Nannei /615/ experimentell an Kunststoffstäben untersucht, die mit unterschiedlich dicken Schichten verschiedener Metalle galvanisch überzogen waren und elektrisch geheizt wurden. Aus eigenen und fremden Messungen beim Sieden von Wasser unter Umgebungsdruck ermittelten sie folgende Gleichung (in internationalen Einheiten) für den Wärmeübergang

$$\Delta T = 0{,}27\ \dot{q}^{0,25} \left\{1 + \frac{4\ 10^4}{\sqrt{\lambda_W d_W c_W}} \left[1 - \exp\left[-4{,}5\ 10^9\ (\lambda_W\ s_W)^3\right]\right]\right\}^{0,75} \tag{6.44}$$

für Dicken der Metallschichten 5 $\mu m \leq s_W \leq 250\ \mu m$.

Für dicke, schlecht wärmeleitende Heizflächen z.B. aus Glas oder Keramik kann die Exponentialfunktion in Gl. 6.44, r.S., vernachlässigbar werden, so daß für $\lambda_W\ s_W < 0{,}6\ 10^{-3}$ W/K gilt:

$$\Delta T = 0{,}27\ \dot{q}^{0,25} \left[1 + \frac{4\ 10^4}{\sqrt{\lambda_W\ \rho_W\ c_W}}\right]^{0,75} \tag{6.45}$$

Gl. 6.44 ist nicht dimensionsneutral. Andere Fluide als Wasser wurden nicht untersucht. Eine physikalische Interpretation zur Begründung der Gleichungsform wird nicht gegeben. Eine Übertragung von Gl. 6.44 auf andere Fluide ist damit nicht möglich. Beim Vergleich von Heizflächen aus Kupfer bzw. aus rostfreiem Stahl führt Gl.6.44 für dicke Heizwände d_W auf ein Verhältnis der Überhitzungen $\Delta T_{VA} \simeq 2\ \Delta T_{Cu}$ bei gleichem Wärmestrom; dieser Unterschied ist wesentlich größer als der von Lösing /306/ an Rohren und Platten gefundene. Pavlow et al. /616/ finden beim Sieden von Helium ebenfalls Verhältnisse der Überhitzung $\Delta T_{VA}/T_{Cu} \geq 2$ bei gleicher Wärmestromdichte für die Heizflächenmaterialien Edelstahl (VA) bzw. Kupfer (Cu).

Der Einfluß der Wärmeleitfähigkeit des Heizflächenmaterials kann in die Gleichung von Stephan oder in ähnliche Gleichungen in Anlehnung an die Betrachtung von Cooper, vgl. Gl. 5.28, eingeführt werden durch:

$$\sqrt{\pi}/C_2 \simeq 2{,}2$$

$$\Delta T(q) = \Delta T_{ref}(\dot{q}) \left[\frac{\sqrt{Pr} + 2{,}2/\xi}{\sqrt{Pr} + 2{,}2/\xi_{ref}}\right]^{\epsilon_\xi} \tag{6.46}$$

wobei ΔT_{ref} die Überhitzung ist, die an einem bestimmten Material, z.B. Kupfer, bei gleichem Wärmestrom mit einem thermischen Widerstandsverhältnis ξ_{ref} nach Gl. 5.33 gefunden wurde. Der Wert des Exponenten beträgt bei der Auswertung der Messungen von Lösing /306/ bei Sieden von H_2O bei p = 1 bar, vgl. Bild 6-13: $\epsilon_\xi \simeq 2$.

6.5. Grenzen der Verbesserung von Verdampferheizflächen

Zu Erzielung guten Wärmeübergangs (ohne Siedeverstärker) muß eine Verdampferheizfläche folgende Merkmale aufweisen:

- hohe Dichte leicht aktivierbarer, d.h. relativ großer, möglichst schlecht benetzter Keimstellen,
- gute Benetzbarkeit der die Keimstellen umgebenden Heizfläche zur Erzielung kleiner Blasenabreißvolumina,
- hohe Wärmeleitfähigkeit λ_W.

Abgesehen vom Wärmeübergang soll die Heizwand korrosionsbeständig gegen das siedende Fluid, druckbeständig, leicht zu verarbeiten und preiswert sein.

Leichte Aktivierbarkeit der Keimblasen ermöglicht Blasensieden und hohe Wärmestromdichte bereits bei geringer Überhitzung der Heizfläche, sie ist jedenfalls gegeben, wenn

$$\Delta T_{act} \leq 0{,}001\ T_c$$

bzw. der kritische Radius der Dampfkeime nach Gl. 6.02

$$R_K \geq \frac{2000\ \sigma_{LV}}{T_c\ (dp/dT)_{sat}} \tag{6.47}$$

ist (für Wasser bei 1 bar: $\Delta T_{act} \leq 0{,}65$ K; $R_K \geq 50\ \mu m$). Die Vergrößerung der Keimstellenradien über den Wert nach Gl. 6.47 hinaus bringt keinen spürbaren Vorteil.

Die Größe des Keimstellenradius r_K bzw. des Keimblasenradius R_K unterliegt drei Grenzbedingungen:

- Die Keimstelle muß bei der erreichten Überhitzung der Heizfläche aktiv sein:

$$R_K \geq \frac{2\ \sigma_{LV}}{\Delta T\ (dp/dT)_{sat}} \tag{6.48}$$

- Eine wirksame Senkung der Heizwandüberhitzung durch leichter aktivierbare, größere Keimstellen ist nur zu erwarten, solange die Menisken der kritischen Keimblasen innerhalb der Dicke der thermischen Grenzschicht liegen, so daß die Oberflächen der Keimblasen wenigstens näherungsweise auf ΔT überhitzt werden:

$$r_K \leq R_K \leq \frac{\lambda_L \, \Delta T}{\dot{q}} \tag{6.49}$$

- Beim Ablösen einer Blase darf eine Keimstelle nicht geflutet werden; hierfür ist eine geeignete Keimstellenform, abhängig vom Randwinkel, möglichst eine Pore mit verengter Mündung erforderlich und der Keimstellen- bzw. Keimblasenradius ist begrenzt auf Werte

$$R_K < L \, . \tag{6.50}$$

Bild 6-14 zeigt die genannten Grenzen des Keimstellenradius' für siedendes Wasser bei 1 bar und für verschiedene Überhitzungen ΔT bzw. ΔT_{act}. Für Wärmestromdichten $\dot{q} \geq 10^4$ W/m² ist die Bedingung 6.47 nicht mit $\Delta T_W \simeq \Delta T_{act}$ vereinbar. Insbesondere die Verletzung der Bedingung 6.49, d.h. das Herausragen der Keimblase aus der thermischen Grenzschicht bei hohen Wärmestromdichten, scheint dafür verantwortlich, daß poröse Oberflächenstrukturen mit relativ großen Siedekeimstellen bei hohen Wärmestromdichten keine oder nur geringe Verbesserungen gegenüber technisch rauhen Heizflächen bewirken. Leicht aktivierbare, große Keimstellen verhindern auch die Aktivierung kleinerer Keimstellen in ihrer Nachbarschaft. Die Bedingung $R_K < L$ (6.50), ist immer unkritisch: Die maximale Wärmestromdichte, für die eine Wärmeübergangsverbesserung erreicht werden kann, ist durch die Bedingungen 6.48 und 6.49 bestimmt; die Kombination beider Ungleichungen ergibt:

$$\dot{q} < \frac{\lambda_L \, (dp/dT)_{sat}}{2 \, \sigma_{LV}} \, \Delta T_{act}^{\;2} \tag{6.51}$$

Sollen Keimstellen auch bei hohen Wärmestromdichten nahe der kritischen eine Verbesserung des Wärmeübergangs bewirken, so muß die Forderung nach sehr leichter Aktivierbarkeit (6.47) aufgegeben werden, d.h. es muß ein so hohes ΔT_{act} zugelassen werden, daß Ungl. 6.51 auch für $\dot{q} \rightarrow \dot{q}_{crit}$ gilt:

$$\Delta T_{act} \geq \sqrt{\frac{2\, \sigma_{LV}\, \dot{q}_{crit}}{\lambda_L\, (dp/dT)_{sat}}} \qquad (6.52)$$

Für siedendes Wasser bei 1 bar und $\dot{q}_{crit} = 1{,}1\ 10^6\ W/m^2$ nach /201/, Ha 16, Gl.26, $K_1 = 0{,}13$, erhält man:

$$\Delta T_{act} \geq 7{,}3\ K; \quad R_{act} \leq 4{,}5\ \mu m$$

Keimstellen, für welche die Bedingung 6.52 auch bei der kritischen Wärmestromdichte erfüllt ist, sind sehr klein und die erforderliche Überhitzung ΔT_{act} ist fast gleich der Überhitzung bei beginnendem Blasensieden an "normalen" Heizflächen. Derart kleine Keimstellen sind schwierig in definierter Form und Größe herzustellen und sind der Alterung durch Ablagerungen besonders ausgesetzt. Sie werden nur wirksam, soweit nicht leichter aktivierbare, größere Keimstellen bereits in ausreichender Dichte $n \simeq 1/D_{B,sep}{}^2$ aktiv sind.

Mit Bild 6-14 lassen sich folgende Schlüsse ziehen:

- Leicht aktivierbare, große Keimstellen bewirken nur bei kleinen Wärmestromdichten erhebliche Wärmeübergangsverbesserung, bei hohen Wärmestromdichten begrenzt die Größe der an ihnen haftenden Keimblasen die Ausbildung einer mit kleinem ΔT verbundenen, sehr dünnen Temperaturgrenzschicht.
- Wärmeübergangsverbessernde Strukturen auf Verdampferflächen zeigen ihre größte Wirksamkeit bei kleinen Wärmestromdichten, weil solche Strukturen viele relativ große, leicht aktivierbare Keimstellen aufweisen, so daß die Dichte aktiver Keimstellen mit steigender Überhitzung kaum weiter zunimmt.
- Zur kritischen Wärmestromdichte hin nimmt die Wirkung aller wärmeübergangserhöhenden Maßnahmen ab.

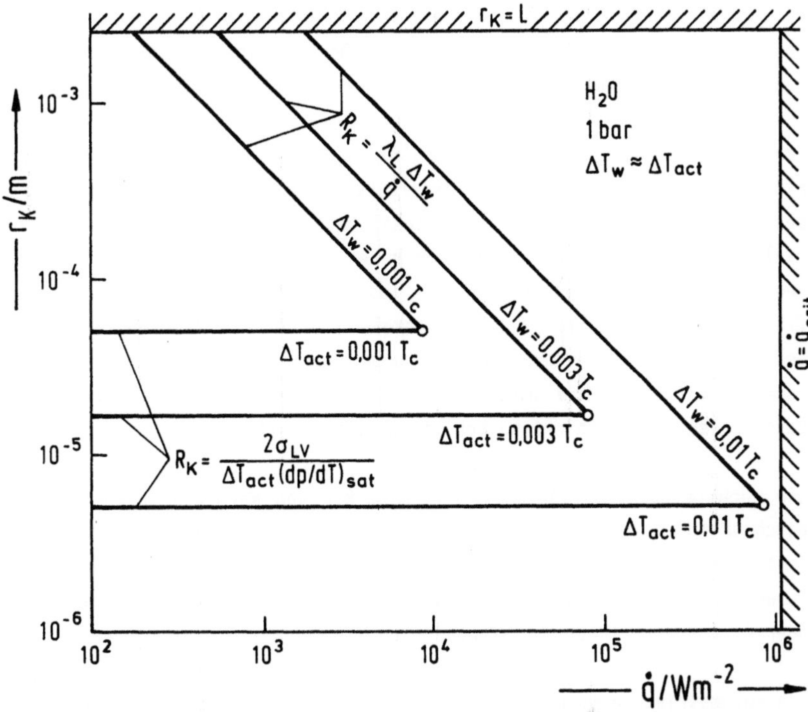

Bild 6-14 Grenzen für die Wahl des kritischen Radius'von Keimstellen

Durch eine Oberflächenstruktur, die leicht aktivierbare Keimstellen nur einer Größe enthält, wird der Wärmeübergang gegenüber einer technisch rauhen Heizfläche mit einem breiten "Keimstellenspektrum" vorwiegend bei kleineren Wärmestromdichten oberhalb von ΔT_{act} wesentlich erhöht.

Guter Wärmeübergang bei hoher Wärmestromdichte erfordert bei sehr gut benetzten Heizflächen, an deren Keimstellen Blasenablösung mit $r_F = r_K$ zu erwarten ist, kleinere Keimstellen in höherer Flächendichte als Blasensieden bei sehr niedriger Überhitzung, s. Abschnitt 6.1.3., insbesondere Bild 6-09. Dabei wird die Aktivierung kleinerer Keimstellen durch dicht benachbarte größere, leichter aktivierbare Keimstellen verhindert.

Noch keine Klarheit besteht, wieweit eine regelmäßige, z.B. quadratische oder hexagonale Anordnung von gleich großen Keimstellen den Wärmeübergang bei hohen Wärmestromdichten verbessern kann.

Schlechte Benetzung der Keimstellen bei guter Benetzung der umgebenden Fläche zur Erzielung leicht aktivierbarer Keimstellen und kleiner Blasenabreißdurchmeser ist nur durch lokal begrenzte Oberflächenbehandlung realisierbar und scheidet wegen der hohen Herstellungskosten bisher für Anwendungen im technischen Maßstab aus. (Herstellbar sind z.B. Oberflächen der Keimstellen mit Randwinkeln $\gamma \leq 120^0$ für siedendes Wasser bei 1 bar, bei voller Benetzung der umgebenden Flächen.) Zum kritischen Punkt des Fluides hin nimmt die Möglichkeit ab, schlecht benetzbare Materialien zur Beschichtung von Keimstellen zu finden.

Die höchste Wärmeleitfähigkeit der beim Bau von Wärmeübertragern technisch üblichen Metalle und Legierungen besitzt reines Kupfer, nur Silber leitet Wärme geringfügig besser. Die Wärmeleitfähigkeit der Heizwand ist deswegen nach oben praktisch durch die Verwendung der reinen Metalle Cu oder Al anstelle ihrer Legierungen oder anderer Werkstoffe begrenzt.

Die volumetrischen Wärmekapazitäten verschiedener Werkstoffe unterscheiden sich nur wenig voneinander und sind für die Auswahl des Heizflächenmaterials nicht entscheidend.

7. Siedeverstärker

Dampfblasen entstehen beim Sieden normalerweise an bestimmten Stellen der Heizfläche, den Siedekeimstellen. Diese sind Poren oder Vertiefungen der Heizfläche, mit ihr fest und wärmeleitend verbunden. Die Form dieser Keimstellen ist starr, abgesehen von langfristigen Veränderungen durch Korrosion und Ablagerungen. Die Überhitzung des siedenden Fluids ist unmittelbar an der Heizwand und damit an deren Keimstellen am höchsten.

In diesem Kapitel wird gezeigt, daß die Blasenbildung beim Sieden durch Auflegen einer porösen Struktur mit zusätzlichen Keimstellen auf die Heizfläche wesentlich verstärkt und der Wärmeübergang stark erhöht werden kann, ohne daß diese zusätzlichen Keimstellen eines der zuvor genannten Merkmale erfüllen: Sie sind weder Teil der Heizfläche, noch mit ihr wärmeleitend verbunden. Sie können einen gewissen, geringen Abstand von der Heizfläche haben, d.h. sie befinden sich nicht notwendigerweise am Ort größter Überhitzung des Fluids und sie können durch Kapillarkräfte verformt werden, d.h. ihre Form und Größe können sich während des Blasenbildungszyklus ändern.

7.1. Adiabate Siedekeimstellen

In gut benetzten, glattwandigen Glasgefäßen erreichen homogene Flüssigkeiten bei Wärmezufuhr oft eine Überhitzung von 50 K oder mehr, ehe - explosionsartig - Sieden einsetzt. Wenn die beheizte Gefäßwand keine leicht aktivierbaren Keimstellen aufweist, entstehen Dampfkeime erst bei hoher Überhitzung und nur vereinzelt durch homogene Keimbildung. Die durch Dampfkeime ausgelöste Verdampfung reduziert die Überhitzung schnell und bricht dann ab, da sich Keimblasen (Dampfreste) an der Heizfläche nicht halten. Durch Wiederholung entsteht eine Folge heftiger Dampfstöße, die das Siedegefäß zerstören können. Auch gut benetzte, glatte, porenfreie Heizflächen aus Metall zeigen oft eine starke Verzögerung des Siedebeginns (Siedeverzug) verbunden mit einer Hysterese der Siedecharakteristik und relativ schlechtem Wärmeübergang bei beginnendem Sieden.

In Laborapparaturen wird das Risiko der Zerstörung herabgesetzt, indem Stückchen porösen Bimssteins, sogenannte Siedesteine, zugegeben werden. Die in den Poren der Siedesteine zunächst gefangenen Luftblasen wirken als Keimblasen, von denen gleichmäßige periodische Blasenbildung ausgeht. Hierdurch wird die Verdampfung regelmäßiger, und die Überhitzung gleichförmiger. Siedesteine werden unwirksam, wenn der Dampf, der die Luft aus den Poren verdrängt, infolge von Druckerhöhung oder Temperaturabsenkung kondensiert. Statt Siedesteinen werden neuerdings auch Partikel aus PTFE (Polytetrafluorethylen) verwendet, an denen beim Einbringen Luftblasen haften, die als Keimblasen wirken können. Die schlechte Benetzbarkeit von PTFE begünstigt heterogene Keimbildung, so daß nach einer Unterbrechung der Wärmezufuhr und Kondensation der Dampfreste Keimblasen leichter neu erzeugt werden. Bei dieser Form des Blasensiedens leitet der Keimstellenträger - Siedestein oder PTFE-Stück - keine Wärme und verhält sich als adiabater Körper. Wir nennen seine Keimstellen adiabat; die Wärme wird von der Heizwand als fühlbare Wärme überhitzter Flüssigkeit durch Konvektion und Leitung an seine Keimstellen transportiert. Siedesteine und PTFE-Stücke werden nicht mit dem Ziel verwendet, den Wärmeübergang zu verbessern; sie stellen jedoch eine Vorform der hier zu betrachtenden Siedeverstärker (SV) dar.

Um die Blasenbildung wesentlich zu verstärken, müsssen Siedeverstärker folgende Eigenschaften aufweisen:

- Sie müssen Keimstellen mindestens in ähnlicher Zahl und Dichte aufweisen, wie die Heizflächen selbst.
- Die Blasenbildung an Keimstellen der Siederverstärker muß wesentlich leichter aktivierbar sein als an Keimstellen der Heizflächen.
- Der Abstand eines Siedeverstärkers von der Heizfläche muß so gering sein, daß die Driftströmung der sich vom Siedeverstärker ablösenden Blasen überhitzte Flüssigkeit aus der thermischen Grenzschicht der Heizwand abführt und die Grenzschichtdicke l_T verringert.
- Siedeverstärker müssen durchlässig für an der Heizfläche entstehenden Dampf sein, so daß sich unter ihnen weder Dampfpolster bilden, noch die kritische Wärmestromdichte (burnout) herabgesetzt wird.

Siedeverstärker mit diesen Eigenschaften gestatten es, den Wärmeübergang zu verbessern und dennoch die Heizwände - Rohre, Platten o.ä. - ohne Rücksicht auf ihre Siedecharakteristik, d.h. auch ohne kostspielige oder materialschwächende bzw. gewichterhöhende Oberflächenbehandlung auszuwählen oder herzustellen.

7.2. Experimentelle Befunde an Siedeverstärkern

Siedecharakteristiken einer ebenen, fein geschliffenen Edelstahlfläche wurden von Lösing ohne bzw. mit verschiedenen Gewebeauflagen aus Edelstahl und aus PTFE (Polytetrafluorethylen) für Wasser bei p = 1 bar gemessen /306, 701/. Der Wärmeübergangskoeffizient wird bei gleichem Wärmestrom durch ein Gewebe aus Edelstahldraht nur um ca 30%, durch ein geometrisch ähnliches Gewebe aus glattem PTFE-Faden aber um ca 50% erhöht. Durch ein Gewebe aus PTFE-Garn wird der Wärmeübergangskoeffizient gegenüber dem der unbedeckten Heizfläche sogar bis auf das Vierfache gesteigert, bzw. die Überhitzung der Heizfläche bei gleichem Wärmestrom auf etwa ein Viertel gesenkt, Bild 7-01.

Aufgrund dieser Ergebnisse und der obigen Überlegungen wurden verschiedene Gewebe und Gewirke aus feinfaserigem PTFE-Garn hergestellt und als Siedeverstärker erprobt /306, 701/, einerseits, weil die schlechte Benetzbarkeit von PTFE durch viele Flüssigkeiten die Bildung haftender Keimblasen begünstigt, andererseits, weil die Hohlräume in solchem Garn verbundene Porensysteme darstellen, die eine dynamische Blasenablösung begünstigen, wie die Wirksamkeit von Heizflächen mit porösen Oberflächenstrukturen vermuten läßt. Die Wirkung eines Siedeverstärkers aus PTFE-Garn auf die Blasenbildung beim Sieden von Wasser bei gleicher Überhitzung wird in Bild 7-02 gezeigt /306/.

Durch photographische Beobachtung des Siedens von Wasser an einem einzelnen, über eine Edelstahlheizfläche gespannten PTFE-Garn bei 1 bar hat Lösing /306/ gezeigt, daß Dampfblasen überwiegend am Garn - nicht an der metallischen Heizfläche selbst - entstehen und daß das Garn durch den Auftrieb der Blasen etwas von der Heizfläche abgehoben wird, Bild 7-03. Bereits bei einer Überhitzung $\Delta T_W \geq 2$ K der Heizfläche ist diese Blasenbildung an PTFE-Garn sehr regelmäßig. An der Edelstahlheizfläche selbst beginnt vergleichbare Blasenbildung erst etwa bei $\Delta T_W \geq 8$ K, ebenso an einem darüber gespannten Edelstahldraht.

Die in Abschnitt 7.1. gegebene Definition adiabater Siedekeimstellen ist für Siedeverstärker aus PTFE-Garn gut erfüllt: Der Siedeverstärker ist

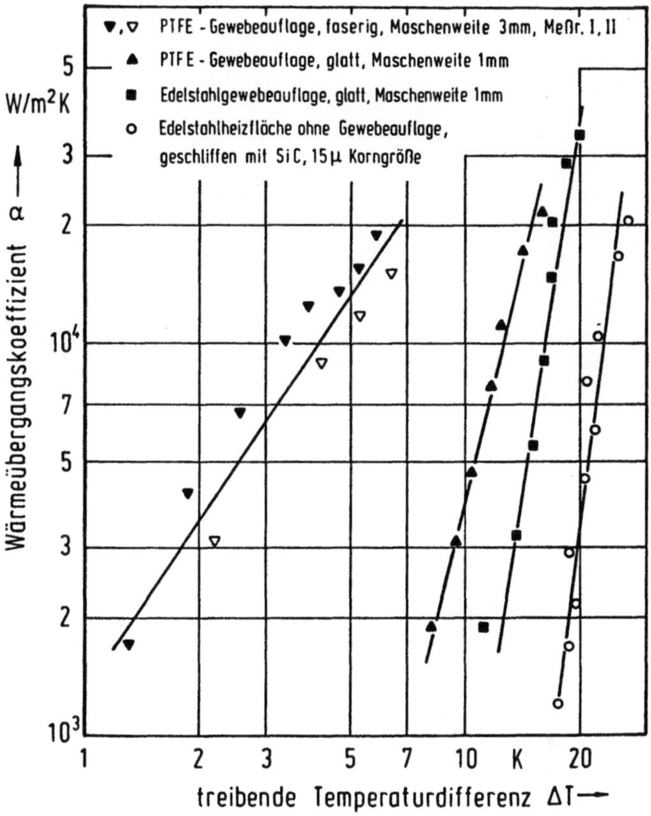

Bild 7-01 Siedekennlinien einer geschliffenen Edelstahlheizfläche ohne bzw. mit verschiedenen Gewebeauflagen, H_2O, p = 1 bar, aus /306/

mit der Heizwand nicht wärmeleitend verbunden; seine Wärmekapazität und Wärmeleitfähigkeit sind vernachlässigbar. Der Wärmetransport von der Heizwand an die Keimstellen erfolgt offenbar nur durch Konvektion und Leitung in der Flüssigkeit; dennoch wird der Wärmeübergangskoeffizient im Vergleich zum Sieden ohne Siedeverstärker an derselben Heizfläche um ein Vielfaches erhöht.

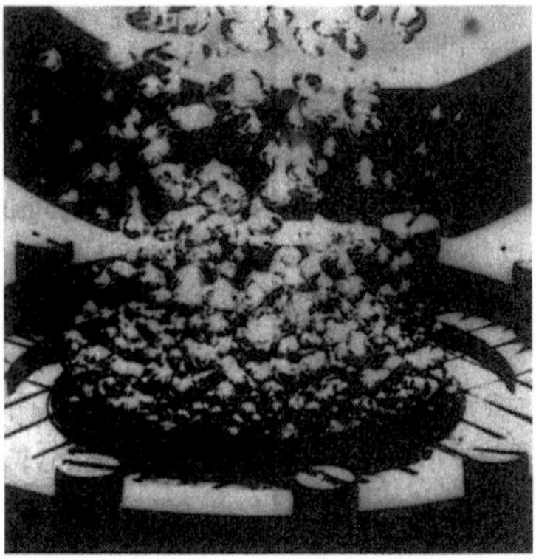

ohne SV

$\dot{q}$ = 1,1 10^4 w/m^2

mit SV

$\dot{q}$ = 1,1 10^5 W/m^2

Bild 7-02 Blasenbildung beim Sieden von Wasser bei an einer Edelstahlheizfläche, ohne bzw. mit Siedeverstärker, bei gleicher Überhitzung ΔT = 9 K der Heizfläche und gleichem Siededruck p = 1 bar aus /306/

Bild 7-03 Blasenbildung an einem über eine Heizfläche gespannten PTFE-Garnfaden; Wasser, p = 1 bar, ΔT = 4 K

In Messungen an einer horizontalen ebenen Heizfläche mit verschiedenen Geweben aus PTFE-Garn als Siedeverstärker wurde für Wasser bei 1 bar gefunden, daß die Anzahl der Fasern im Garn oberhalb von 20 praktisch ohne Einfluß auf den Wärmeübergang ist und daß für ein ungezwirntes Garn aus 120 Fasern von ca. 20 µm Durchmesser bei $\Delta T \geq 8$ K der beste Wärmeübergang mit einer Gewebeteilung von 1,3 mm erreicht wird, Bild 7-04, /306, 701/.

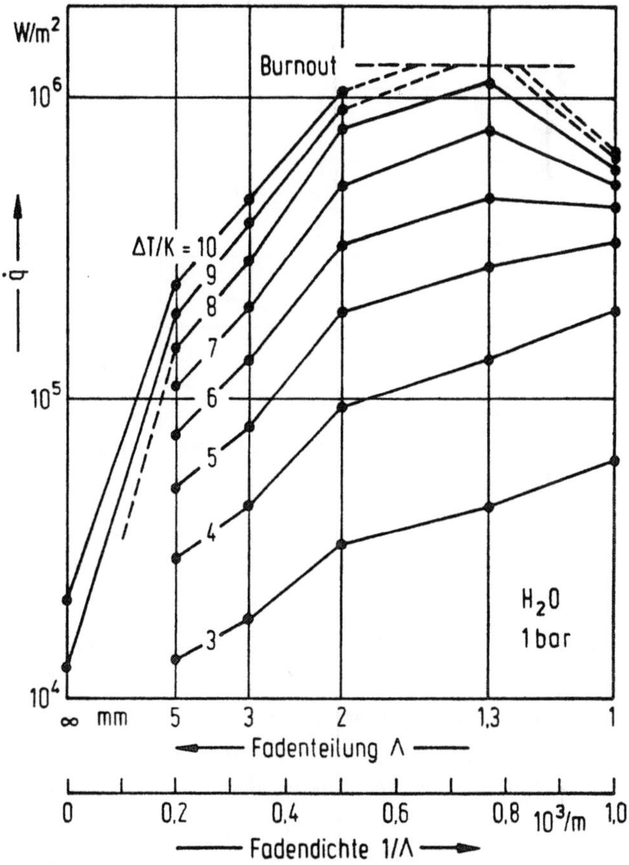

Bild 7-04 Abhängigkeit der Wärmestromdichte an einer ebenen Heizfläche mit PTFE-Gewebeauflage von der Gewebeteilung Λ bzw. von der Fadendichte 1/Λ, dargestellt durch Linien gleicher Heizflächenüberhitzung ΔT

In einer Rohrsiedeapparatur nach Goetz /702/ wurde der Wärmeübergang an Rohren (Stäben) von 20 mm Durchmesser ohne bzw. mit einem gewirkten Siedeverstärker mit einer Maschenweite von $\Lambda \simeq 1$ mm bei verschiedenen Drücken gemessen. Für Wasser ergab sich an einem feingeschliffenen Edelstahlrohr bei einer Wärmestromdichte von $\dot{q} = 10^5$ W/m² im Bereich 003 bar $\leq p \leq$ 5 bar durch den Siedeverstärker eine Erhöhung des Wärmeübergangskoeffizienten auf das 1,5 bis 3-fache, bzw. eine Erniedrigung der Heizflächenüberhitzung um ca 35 bis 70 % /306, 701/, Bild 7-05.

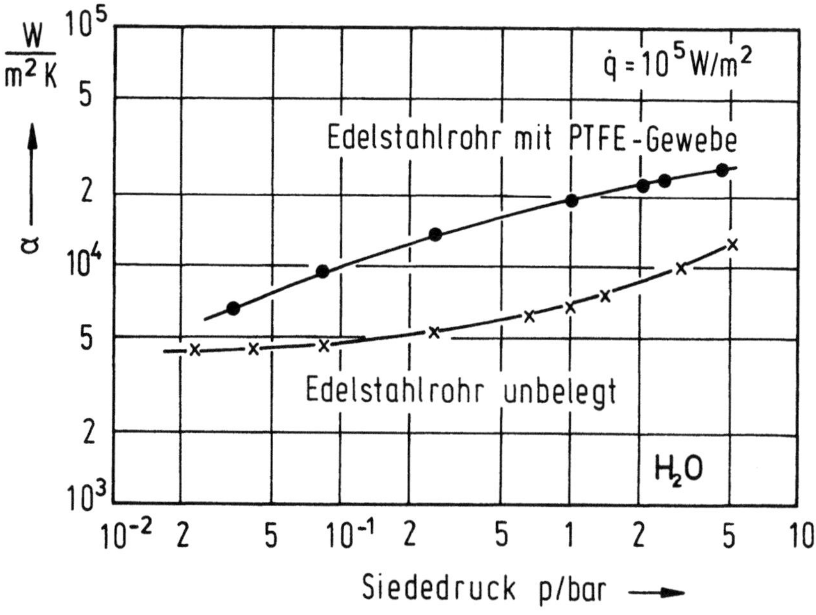

Bild 7-05 Wärmeübergangskoeffizient eines horizontalen Edelstahlrohres ohne bzw. mit Siedeverstärker, abhängig vom Siededruck für H_2O, $\dot{q} = 10^5$ W/m² nach /306/

Auffällig ist, daß das Erscheinungsbild der Blasen am Siedeverstärker sich in dem großen Druckbereich 0,03 bar $\leq p \leq$ 3 bar kaum verändert, während die Blasenabreißdurchmesser an der Heizfläche ohne Siedeverstärker mit abnehmendem Siededruck drastisch zunehmen. Obwohl die Blasenbildung an Rohrheizflächen ohne Siedeverstärker sich mit abnehmendem Siededruck zunehmend stärker von der Blasenbildung mit Siedeverstärker unterscheidet, wird der Unterschied des Wärmeübergangskoeffizienten geringer, Bild 7-06.

Weitere Messungen /703/ an demselben System ergeben die im Bild 7-07, unten, auszugsweise gezeigten Siedekennlinien ohne bzw. mit Siedeverstärker für Drücke zwischen 0,2 und 3,6 bar. In Bild 7-07, oben, ist die Überhitzung der Heizfläche ohne bzw. mit Siedeverstärker für gleiche Wärmestromdichte $\dot{q} = 10^5$ W/m^2 sowie der resultierende Wärmeübergangskoeffizient α gegen den Siededruck aufgetragen. Die Steigung der Siedekennlinien "mit Siedeverstärker" nimmt mit steigendem Druck ab. Die Siedekennlinie ohne Siedeverstärker für kleinen Siededruck, p = 0,074 bar, verläuft bei kleineren Wärmeströmen $\dot{q} \leq 25$ kW/m^2 aufgrund des Übergangs zu konvektivem Sieden bzw. zu freier Konvektion flacher. Mit Siedeverstärker zeigt dieselbe Heizfläche bei gleich geringen Wärmestromdichten $\dot{q} \leq 25$ kW/m^2 den für ausgebildetes Blasensieden typischen, steilen Verlauf; Hysterese bei beginnendem Sieden wird mit Siedeverstärker nicht beobachtet. Die Ergebnisse von Lösing /306/ nach Bild 7-05 unterscheiden sich etwas von den in Bild 7-07, oben, wiedergegebenen, was auf das Eindringen von Umgebungsluft in die Apparatur bei niedrigem Druck bei den Messungen von Lösing, Bild 7-05, zurückgeführt wird.

Ergebnisse von Wärmeübergangsmessungen beim Sieden von Kältemittel R11 /704/, von Kältemittel R113 und von Ethanol /705/ an derselben Apparatur zeigen die Bilder 7-08 bis 7-10. Die relative Verbesserung des Wärmeübergangs durch den Siedeverstärker, vor allem bei hohen Wärmestromdichten, ist beim Sieden der Kältemittel R11 und R113 deutlich geringer als beim Sieden von Wasser. Beim Sieden von R113 und Ethanol bei Siededrükken oberhalb von etwa 5 bar bewirkt der Siedeverstärker keine Verbesserung des Wärmeübergangs. Mit abnehmendem Siededruck nimmt die wärmeübergangsverbessernde Wirkung des Siedeverstärkers für R11 und R11 - anders als für H_2O und Ethanol - zu. Die Hysterese bei beginnendem Sieden wird bei Kältemitteln und Ethanol durch die Anwendung eines Siedeverstärkers /704/ ebenso abgebaut, wie dies bei Wasser beobachtet wurde.

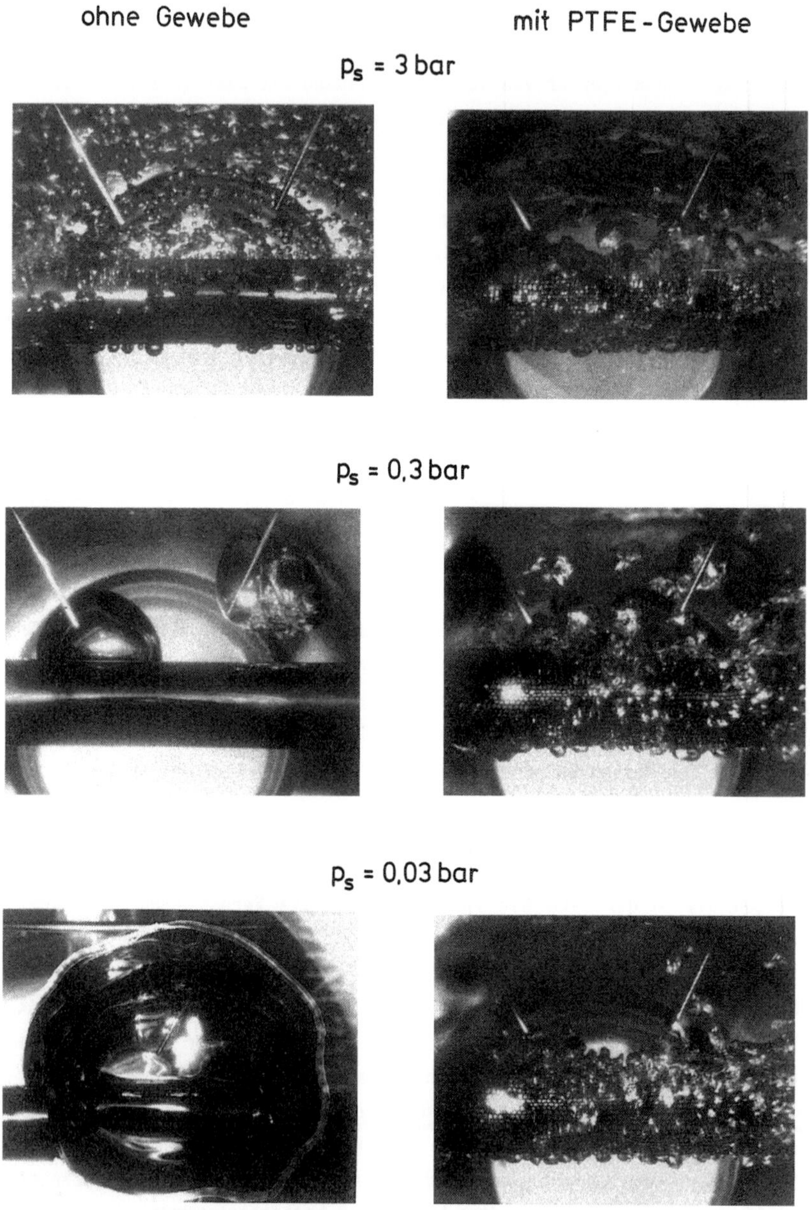

Bild 7-06 Blasenbildung beim Sieden von Wasser an einem Edelstahlrohr ohne bzw. mit gewirktem PTFE-Strumpf als Siedeverstärker bei verschiedenen Siededrücken

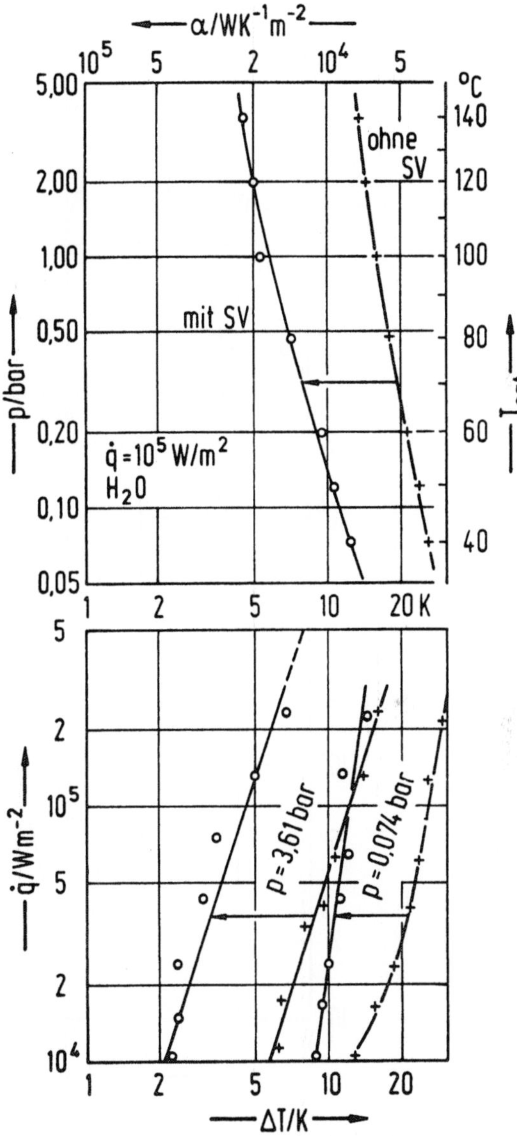

Bild 7-07 unten: Siedekennlinien eines Edelstahl-Rohrheizkörpers ohne (+) bzw. mit (o) Siedeverstärker für Wasser bei verschiedenen Drücken; oben: Änderung des Wärmeübergangskoeffizienten mit dem Siededruck für $\dot{q}$ = 10^5 W/m²

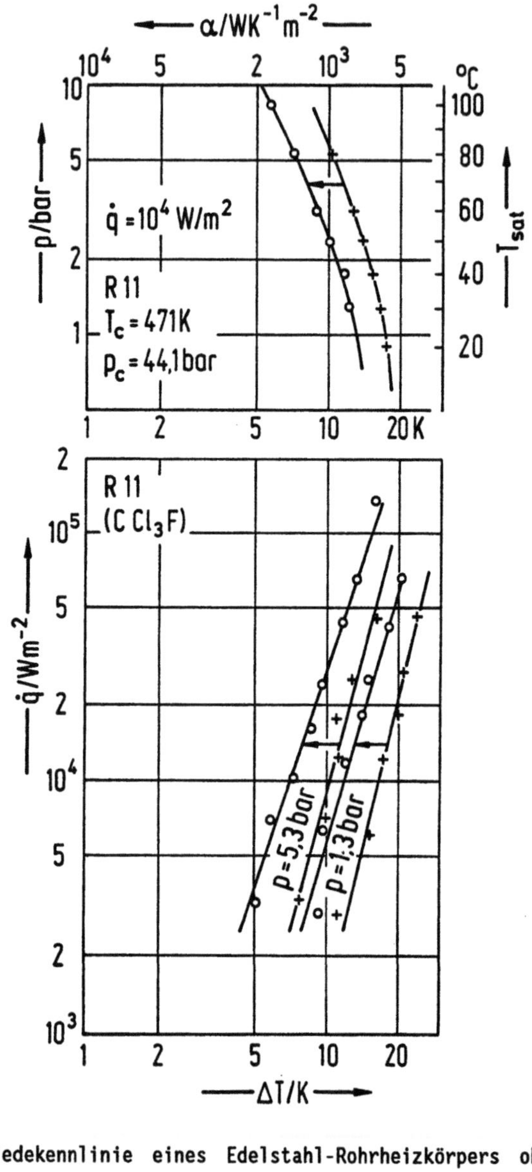

Bild 7-08 unten: Siedekennlinie eines Edelstahl-Rohrheizkörpers ohne (+) bzw. mit (o) Siedeverstärker für Kältemittel R11 bei verschiedenen Drücken; oben: Änderung des Wärmeübergangskoeffizienten mit dem Siededruck für $\dot{q}$ = 10^4 W/m²

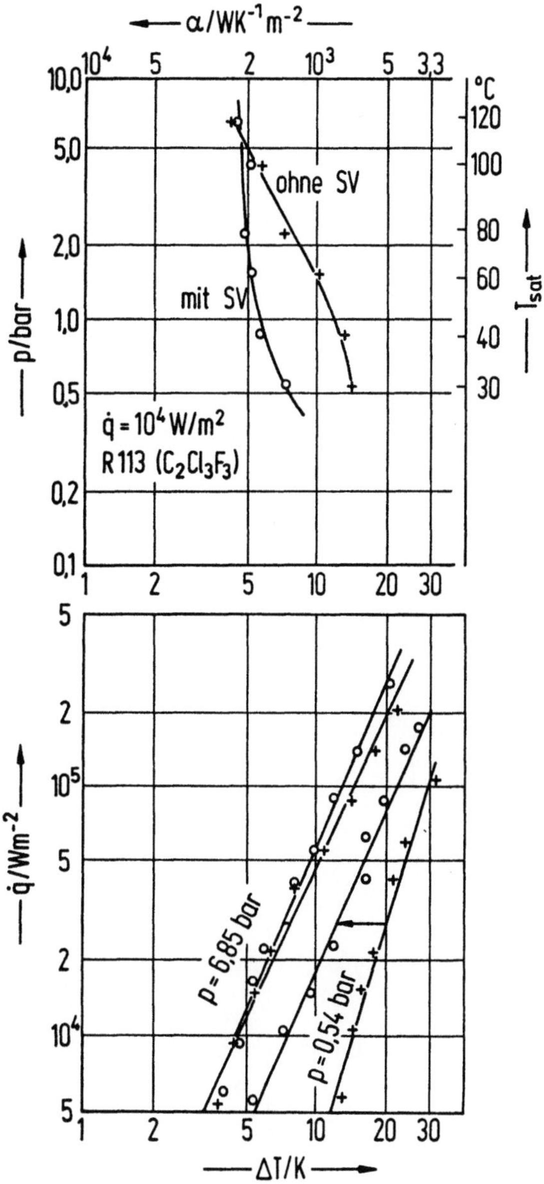

Bild 7-09 unten: Siedekennlinien eines Edelstahl-Rohrheizkörpers ohne (+) bzw. mit (o) Siedeverstärker für Kältemittel R113 bei verschiedenen Drücken; oben : Änderung des Wärmeübergangskoeffizientenmit dem Siededruck für $\dot{q}$ = 10^4 W/m^2

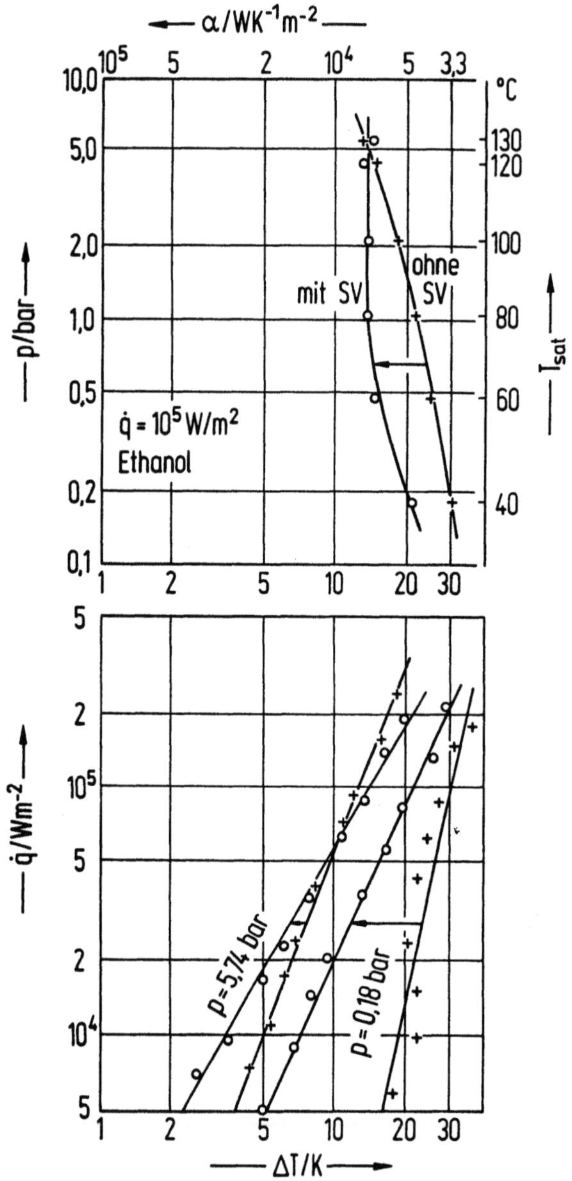

Bild 7-10 unten: Siedekennlinien eines Edelstahl-Rohrheizkörpers ohne (+) bzw. mit (o) Siedeverstärker für Ethanol bei verschiedenen Drücken; oben: Änderung des Wärmeübergangskoeffizienten mit dem Siededruck für $q = 10^5$ W/m^2

Die Wirkung der untersuchten Siedeverstärker wird durch fünf Merkmale bestimmt:

- gute Aktivierbarkeit von Keimstellen im Siedeverstärker, gekennzeichnet durch Hysteresefreiheit bei beginnendem Sieden (Keimblasen entstehen verstärkt durch heterogene Keimbildung),
- gute Aktivierbarkeit der Keimblasen; obwohl die Fluidtemperatur an den Keimblasen der Siedeverstärker geringer ist als an der Wand, entstehen sich ablösenden Blasen am Siedeverstärker wesentlich früher als an der Heizwand selbst; d.h. ΔT_{act} ist für die Keimstellen des Siedeverstärkers wesentlich geringer bzw. R_K größer, als für die der Heizwand,
- kleinere Blasenabreißdurchmesser und höhere Ablösefrequenz in siedendem Wasser als sonst an denselben Heizflächen,
- keine weitere Alterung nach relativ kurzer Betriebszeit,
- flacherer Verlauf der Siedekennlinie bei Anwendung eines Siedeverstärkers mit großem Fadenabstand (Λ = 5 mm) als bei Anwendung eines Siedeverstärkers mit kleinem Fadenabstand (Λ = 1 mm).

Durch die sehr regelmäßige Blasenbildung mit relativ kleinen Blasenabreißdurchmessern reduzieren Siedeverstärker auch die erheblichen Temperatur- und Druckschwankungen, die beim Sieden unter niedrigen Drücken d.h. bei hohen Jakobszahlen normalerweise beobachtet werden.

7.3. Dampfkeimbildung in faserigen Siedeverstärkern und Hysterese der Siedecharakteristik

Messungen mit Siedeverstärkern aus PTFE-Garn zeigen keine Hysterese der Siedecharakteristik beim Übergang von konvektivem Sieden zu Blasensieden und umgekehrt, auch nicht im Fall der Messungen mit gut benetzenden Kältemitteln. Dies muß auf eine erheblich erhöhte Keimbildungsrate bei Anwendung von Siedeverstärkern zurückgeführt werden. Beim Sieden von Wasser ist die erhöhte Keimbildungsrate durch die Herabsetzung der Keimbildungsarbeit bei unvollständiger Benetzung oder Nichtbenetzung des Siedeverstärkers zu erklären. In Abschnitt 3.3.2. war gezeigt worden, daß an der Berührungsstelle zweier unvollständig benetzter Partikel die Bildungsarbeit von Blasenkeimen wesentlich stärker erniedrigt ist als an einer ausgedehnten Oberfläche gleicher unvollständiger Benetzung d.h. gleichen Randwinkels. Bei Nichtbenetzung ($\gamma \geq 90^0$) ist die Keimbildungsarbeit an einer solchen Berührungsstelle negativ, ein Dampfkeim entsteht bereits vor oder bei Erreichen der Sättigung spontan und wächst durch Kapillardepression weiter. Auch für unvollständige Benetzung ($\gamma < 90^0$) ist die Keimbildungarbeit am Siedeverstärker gegenüber derjenigen an einer glatten Oberfläche stark erniedrigt. Punkt- oder linienförmige Kontaktstellen zwischen Fasern eines textilen Siedeverstärkers werden durch das Modell der einander berührenden Partikel nach Abschnitt 3.3.2. charakterisiert ($d_{fib} \triangleq r_p$).

Bei beginnendem Sieden von Kältemitteln ist keine Verringerung der Keimbildungsarbeit durch Siedeverstärker infolge schlechter Benetzung anzunehmen. In diesem Fall ist die Ursache der erhöhten Keimbildung in der Deformierbarkeit der Faserstruktur zu suchen. Die Angriffsfläche der Fasern für Scher- und Impulskräfte durch konvektive Flüssigkeitsbewegungen bei konvektivem Sieden oder durch vereinzelter Blasenbildung ist sehr groß gegenüber der Kontaktfläche zwischen zwei benachbarten Fasern. Kleine Bewegungen der Fasern führen zum schnellen Trennen der Kontaktflächen mit örtlichem Unterdruck. Dieser Unterdruck gegenüber dem mittleren Druck hat für die Keimbildungsrate eine ähnliche Wirkung wie eine entsprechende zusätzliche Überhitzung. Darüber hinaus halten auch gut benetzte Faserstrukturen Dampfkeime relativ gut fest, so daß sie bei gleicher Keimbildungsrate im Vergleich zu einer Oberfläche ohne Siedeverstärker zu einer höheren Zahl permanenter Dampfkeime führen.

7.4. Größe aktiver Keimstellen an feinfaserigen Siedeverstärkern ohne Berücksichtigung der Deformation durch Kapillarkräfte

Zum quantitativen Verständnis der Blasenbildung an Siedeverstärkern des hier beschriebenen Typs werden die Größenverhältnisse der Keimblasen und der Gewebestruktur, zunächst ohne Deformation durch Kapillarkräfte, betrachtet.

Bei den in den Bildern 7-04 bis 7-08 wiedergegebenen Messungen besteht das Garn der Siedeverstärker aus 120 PTFE-Fasern von je 20 μm Durchmesser; die mittlere Dicke der nicht gezwirnten Fäden beträgt ca 0,4 mm, d.h. der mittlere Abstand der Fasern im Faden ist nach Gl. 7.04 (s.u.) ca 0,04 mm. Die mittlere Dicke des Gewebes beträgt 0,4 mm wie die des Fadens (Faden- und Gewebedicke lassen sich nur grob schätzen, der Faden ist an den Kreuzungsstellen flachgedrückt). Hier sei angenommen, daß der Porenraum im Faden jeweils in einem Abschnitt von der Länge einer Fadenteilung Λ eine Keimstelle bilden kann.

Gute Wirkung der Siederverstärker wird erwartet, wenn die Fadenteilung Λ (der mittlere Fadenabstand im Gewebe) etwas größer als der mittlere Blasenabreißdurchmesser $D_{B,sep}$ ist, so daß an der Heizfläche einerseits die Einflußbereiche der Driftströmung benachbarter Keimstellen einander noch überlappen, andererseits Dampf von der Heizfläche durch den Siedeverstärker hindurch entweichen kann. Lösing /306/ findet beim Sieden von Wasser bei 1 bar nach Bild 7-04 eine optimale Fadenteilung von Λ = 1,3 mm für Siedeverstärker aus PTFE-Gewebe und durchschnittliche Blasendurchmesser von $D_{B,sep} \simeq 1$ mm. Größere Blasen entstehen durch nachträgliche Vereinigung (Koaleszenz). Die Maschenteilung der gewirkten PTFE-Strümpfe für stabförmige Heizflächen beträgt ca. 1 mm.

Für das Siedeverhalten von Heizflächen ohne bzw. mit Siedeverstärkern wird zur Betrachtung der Größenverhältnisse folgendes angenommen (Bild 7-11):

- Keimblasen befinden sich im Inneren der Garnfäden des Gewebes in einem mittleren Abstand von 0,2 mm, d.h. der halben Gewebedicke, von der Heizfläche.

- Die Temperaturgrenzschicht durchdringe den Siedeverstärker; die Überhitzung ΔT_L der Flüssigkeit klinge näherungsweise exponentiell mit dem Wandabstand z ab;

$$\Delta T_L = \Delta T_W \exp(-z/l_T) \qquad (7.01)$$

hierin sei l_T die Dicke der Temperaturgrenzschicht an der Heizfläche nach Gl. 5.86:

$$l_T = \lambda_L \, \Delta T_W/\dot{q} \qquad (5.86)$$

- Der Aktivierungsradius der Keimblasen lasse sich aus dem Mittelwert der Überhitzung von ΔT_{Gew} im Gewebe, für zylindrische "zweidimensionale" Blasen, bei paralleler Anordnung der Fasern im Garn, abschätzen mit

$$\Delta T_{Gew} = (\Delta T_W + \Delta T_{L,z=d_{Faden}})/2 \qquad (7.02)$$

$$R_K = \frac{\sigma_{LV}}{\Delta T_{act}\,(dp/dt)_{sat}} ;$$

$$\Delta T_{act} \leq \Delta T_{Gew} \quad \text{bei Blasensieden} \qquad (7.03)$$

- Der mittlere Abstand der Fasern im Fadenquerschnitt lasse sich aus dem oben geschätzten Fadendurchmesser 0,4 mm bestimmen zu:

$$a' = d_{Faden}/\sqrt{Z} = 0{,}037 \text{ mm} ; \quad Z = 120 \qquad (7.04)$$

Der mittlere lichte Faserabstand ist damit:

$$a = a' - d_{fib} = 17 \, \mu m .$$

Der Radius R der zwischen 2 Fasern austretenden Keimblasen ist nach einer von Lösing /306, S.106 ff./ durchgeführten Betrachtung:

$$R = \frac{a' - d_{fib} \cos \alpha^{+}}{2 \cos(\gamma - \alpha^{+})} \qquad (7.05)$$

$\alpha^{+} = \alpha - 90^{0}$; α nach Bild 7-12

Mit $dR/d\alpha^{+} = 0$ findet man aus Gl. 7.05 nach Umformung für den Minimalwert $R = R_K$ des Krümmungradius den Wert des Winkels α^{+}:

$$\alpha^{+} = -\arcsin\left[\frac{d_{fib}}{a'} \sin \gamma\right] \qquad (7.05a)$$

wobei für den Randwinkel γ bei schneller Blasenfolge der Wert γ_r für zurückweichende Flüssigkeit anzunehmen ist, schätzungsweise für H_2O - PTFE: $\gamma_r = 90^0$, für Kältemittel-PTFE: $\gamma_r = 0^0$. Die Gleichungen 7.01 bis 7.05 ergeben für Wasser - PTFE,

$R_K = 16\ \mu m$; $\Delta T_{act} = 1{,}0$ K

bzw. für Kältemittel R11:

$R_K \simeq a/2 = 8{,}3\ \mu m$; $\Delta T_{act} = 0{,}64$ K

Tatsächlich hängen die Faserdichte und der Faserabstand im Faden auch von der Gewebeteilung Λ ab. In dichteren Geweben sind die Fasern enger zusammengedrückt als in lockeren; der Radius R_{act} ist entsprechend geringer. In dem für die Rohrheizfläche verwendeten gewirkten Strumpf ist eine etwas dichtere Packung und geringere Beweglichkeit der Fasern und damit ein kleinerer Aktivierungsradius der Keimblasen anzunehmen als in den Geweben für ebene Heizflächen.

Blasen treten dort zwischen den Fasern aus, wo deren Abstand aufgrund der herstellungsbedingten Unregelmäßigkeit am größten ist; dieser Abstand ist stets größer als der mittlere Abstand a' bzw. a.

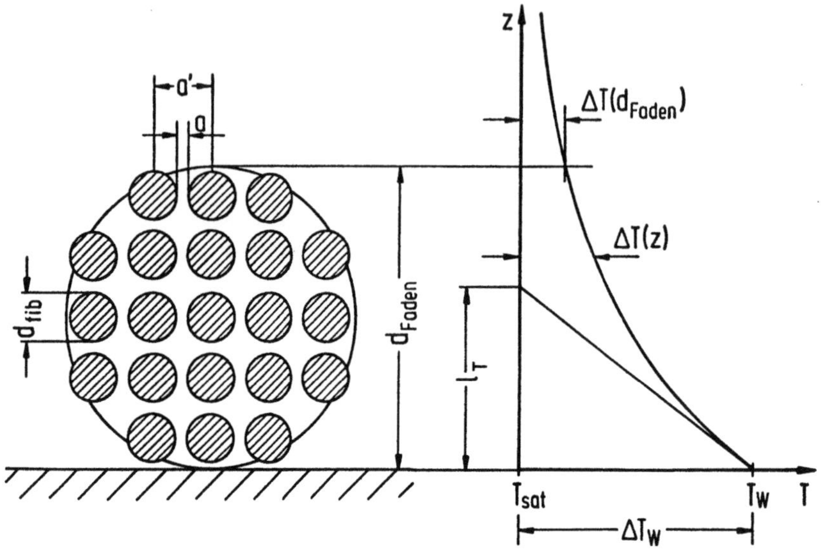

Bild 7-11 Beschreibung der geometrischen Verhältnisse an Siedeverstärkern aus PTFE-Garn

In Tabelle 7/01 sind für die Wärmestromdichten 10^4 W/m² bzw. 10^5 W/m² beim Sieden von H_2O ohne bzw. mit Siedeverstärkern die Werte ΔT_W, $\dot{q}$, l_T, ΔT_{act}, und R_{act} zusammengestellt. In allen Fällen mit Siedeverstärker erreicht die aus der Überhitzung ΔT_W der Heizfläche bestimmte mittlere Temperatur im Gewebe nach Gl. 7.02 bereits bei kleiner Wärmestromdichte $\dot{q} = 10^4$ W/m² mindestens die oben aus dem Faserabstand abgeschätzte kritische Überhitzung $\Delta T_{act} = 1{,}0$ K der Keimstellen für PTFE - H_2O. D.h. die Faserzwischenräume des Siedeverstärkers bilden bereits bei $\dot{q} = 10^4$ W/m² aktive Keimstellen, auch wenn keine Verformung der Fasern durch Kapillarkräfte berücksichtigt wird. Für Heizflächen ohne Siedeverstärker ist in Tab. 7/01 angenommen: $\Delta T_W = \Delta T_{act}$.

Tabelle 7/01: Abschätzung der Aktivierungstemperaturen und -radien verschiedener Siedeverstärker mit den Gln. 7.01 bis 7.03, H_2O, 1 bar

Siedeverstärker Gewebe-/ Maschenteilung	$\dot{q}/(Wm^{-2})$	$\Delta T_W/K$	$10^6\ l_T/m$	$\Delta T_{act}/K$	$10^6\ R_{act}/m$
ebene Platte:					
ohne SV	10^4	8	542	8	2,0
	10^5	14	95	14	0,9
mit SV; 5mm	10^4	2,7	183	1,5	10,9
	10^5	6,8	46	3,4	4,8
mit SV, 1,3mm	10^4	2,1	142	1,1	15
	10^5	3,8	226	1,9	8,5
Rohr/Stab:					
ohne SV	10^4	7,7	521	7,7	2,1
	10^5	15	102	15	1,1
mit SV, 1mm	10^4	2,7	182	1,5	10,9
	10^5	5,3	36	2,7	6,2

7.5. Keimstellen variabler Größe

Die Einzelfasern des Garns im Siedeverstärker stellen sehr schlanke Stäbe dar, die in den Kontaktpunkten einander kreuzender Fäden unterstützt sind. Das Schlankheitsverhältnis dieser Stäbe hat Werte der Größenordnung:

$$50 \leq \Lambda/d_{fib} \leq 250$$

Es liegt nahe, anzunehmen, daß die Fasern durch Kapillarkräfte merklich deformiert werden können.

Sowohl in vollständig benetzenden als auch in nicht benetzenden Flüssigkeiten halten die Fasern des Garns eingedrungene oder thermisch entstandene Keimblasen durch die Wirkung von Kapillarkräften käfigartig fest, bis durch wachsendes Volumen und wachsenden Druck einer Keimblase benachbarte äußere Fasern an einer Stelle so weit auseinander gedrängt werden, daß eine Blase austreten kann, Bild 7-16. Vor dem Abreißen schnürt die Blase sich dicht oberhalb der Randlinie ein; dabei sinkt der Druck des Dampfes im Garn unter den Druck der den Blasenfuß umgebenden Flüssigkeit. Die Fasern werden durch die Flüssigkeit eng zusammengedrückt und verhindern so auch bei gut benetzenden Flüssigkeiten, daß die Faserzwischenräume vollständig geflutet und die Keimstellen inaktiviert werden.

An einer einzelnen äußeren Faser greifen drei Streckenlasten an: die Oberflächenspannungen σ_{LV} der beiden Flüssigkeitsmenisken und die Streckenlast $b(p_V - p_L)$ des Krümmungsdrucks auf die Breite b der Projektion der unbenetzten Faseroberfläche (Bild 7-12). Die auf die Faser wirkende Streckenlast Π ist damit mit den Bezeichnungen des Bildes 7-12:

$$\Pi = 2\,\sigma_{LV} \cos\,(90^0 - \alpha + \gamma) + b\,(p_V - p_L)$$

$$\Pi = 2\,\sigma_{LV} \sin\,(\gamma - \alpha) + b\,\sigma_{LV}/R \tag{7.06}$$

die Größen α, b und R hängen geometrisch von der aktuellen Faseranordnung und von aktuellen Dampfvolumen im Garn, vom Randwinkel γ und vom Faserdurchmesser d_{fib} ab. Der größte Druck des im Garn enthaltenen Dampfvolumens, die größte Streckenlast Π_{max} und die größte Auslenkung y_{max} der äußeren Fasern im Garn treten innerhalb eines Blasenzyklus bei Aktivierung einer Keimblase etwa gleichzeitig auf.

Bei starrer Anordung der Fasern im Garnquerschnitt sind in Gl. 7.06:

$$\sin(\gamma - \alpha) \leq 1 \;;\quad b/R \leq d_{fib}/a = 1{,}17$$

$$\Pi_{max} \leq 3{,}17\, \sigma_{LV} \tag{7.07}$$

Die maximale Streckenlast Π_{max} der Kapillarkräfte vor Austreten (Aktivierung) einer Keimblase wird etwas geringer, wenn die Fasern durch die Kapillarkräfte auseinandergedrückt werden, da der Keimblasenradius R hierbei zu- bzw. der Überdruck $(p_V - p_L)$ abnimmt.

Die Dehnung der Fasern durch Kapillarkräfte und die daraus resultierende, relative Erniedrigung von ΔT_{act} sind umso stärker, je besser die Benetzung der Fasern und je regelmäßiger ihre Anordnung im Garn ist, d.h. je höher ΔT_{act} bei starrer Faserkonfiguration wäre. Der idealisierte Fall gleichförmiger Verteilung der äußeren Fasern im Garn erfordert für eine bestimmtes Fluid den höchsten Wert von ΔT_{act} und wird hier zunächst untersucht. Zur Vereinfachung wird angenommen, daß die äußeren Fasern auf dem kreisförmigen Umfang des Garns gleichmäßig im Abstand a' nach Gl. 7.04 verteilt sind. Für das betrachtete Garn sind dies 34 Fasern auf dem Umfang. Nimmt man für die äußeren Fasern Punktsymmetrie im Bezug auf das Zentrum des Garnquerschnitts an, so wirkt auf jede äußere Faser eine radiale Kraft vom gleichen Betrag, dabei gilt für den Zentriwinkel zwischen zwei äußeren Fasern bzw. zwischen den auf sie wirkenden Kräften:

$$\sin \phi/2 = a'/d_{Faden} = 1/\sqrt{Z} \;;\quad \phi < \pi \tag{7.08}$$

$$\phi \simeq (2\, a'/d_{Faden}) = 0{,}1825 \mathrel{\hat=} 10{,}5^0.$$

Wegen des Druckausgleichs innerhalb jeder der beiden Phasen wird unter Vernachlässigung der Gravitation gleiche Krümmung benachbarter Menisken und damit gleicher Keimblasenradius R in der Schnittebene senkrecht zum Faden angenommen. Ferner wird angenommen, daß der Meniskus zwischen zwei Fasern näherungsweise zylindrisch ist $(R = R_1;\ R_2 = \infty)$.

Bei regelmäßiger Anordnung der äußeren Fasern im Abstand $a \ll d_{Faden}$ ist der Maximalwert der Streckenlast Π auf eine äußere Faser vor dem Austreten einer Keimblase auch bei Annahme einer Aufweitung des Garnquerschnitts durch Kapillarkräfte, für volle oder unvollständige Benetzung, $\gamma < 90^0$:

$$\Pi_{max} \geq 2\ \sigma_{LV} \tag{7.09}$$

und nur für Nichtbenetzung, $\gamma \geq 90^0$:

$$\Pi_{max} \geq 2\ \sigma_{LV} \sin\gamma < 2\ \sigma_{LV} \tag{7.10}$$

Durch die Dehnung der Fasern wird der für das Austreten einer Dampfblase aus dem Faden erforderliche Überdruck, ebenso wie die erforderliche Überhitzung ΔT_{act} der Keimblasen herabgesetzt.

Die auf eine Faser unmittelbar vor dem Austreten einer Keimblase wirkende Streckenlast Π ist in allen praktisch denkbaren Fällen $a \leq 3\ d_{fib}$, $\gamma \leq 120^0$:

$$\Pi \geq \sqrt{3}\ \sigma_{LV}$$

Die weitere Betrachtung wird der Einfachheit halber mit der Annahme konstanter Streckenlast auf die Faser, $\Pi = \sqrt{3}\ \sigma_{LV}$, durchgeführt.

Zwei Deformationsformen der Fasern kommen in Betracht, Bild 7-13

a) die Deformation einer Faser als Biegung eines im Abstand Λ_0 mehrfach unterstützen Stabes,

b) die Deformation einer an den Enden eingespannten Faser von der Länge Λ_0 nach Art einer Seilkurve durch elastische Längsdehnung bei vernachlässigbarer Biegesteifigkeit.

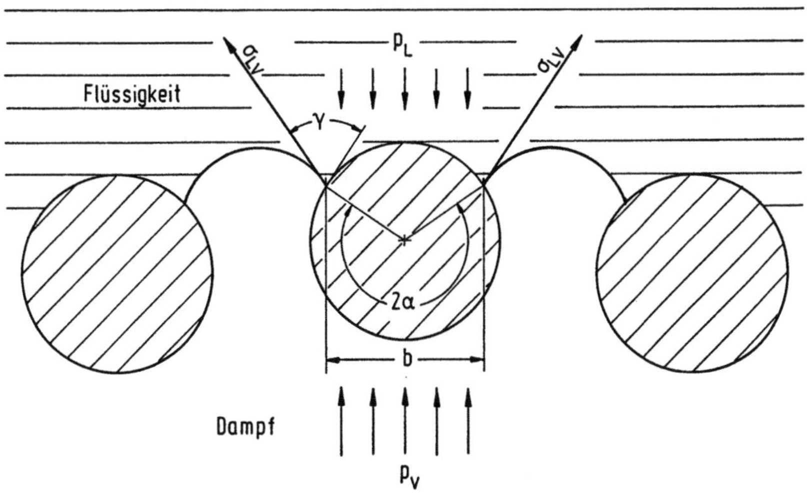

Bild 7-12 Kapillarkräfte auf eine äußere Faser eines dampfgefüllten Garns in einer Flüssigkeit, vgl. Gl. 7.06

Beide Deformationsformen unterscheiden sich in ihren Voraussetzungen dadurch, daß im ersten Fall freie Verschieblichkeit eines Endes der Faser in Längsrichtung, im zweiten Fall feste Einspannung beider Enden angenommen ist. Für beide Fälle läßt sich die Auslenkung für den Fall geringer, elastischer Deformationen relativ einfach ermitteln.

Für den Auflagerabstand der Biegelinie bzw. für die Einspannlänge der Seilkurve stehen zwei Werte Λ_0 zur Diskussion, Bild 7-13:

- die einfache Maschen- oder Gewebeteilung $\Lambda_0 = \Lambda$ für Fälle, in denen eine Faser innerhalb jeder Masche einmal unterstüzt, d.h. in ihrer Auslenkung fixiert ist, in erster Linie in gewirkten Siedeverstärkern,
- die doppelte Maschenteilung $\Lambda_0 = 2\ \Lambda$ in Fällen, in denen die Unterstützung nur einmal in 2 Maschenteilungen erfolgt.

Hier wird der erstere Fall angenommen.

Die maximale Auslenkung der Biegelinie eines im Abstand Λ_0 mehrfach unterstützten Stabes unter einer gleichverteilten Streckenlast Π ist nach /706, S. 201, wie Fall 8/, vgl. Bild 7.13, oben, für relativ kleine Verformungen,

$$y_{bieg} = \frac{\Pi\, \Lambda_0^{\,4}}{384\, E_{fib}\, I_{fib}} \tag{7.11}$$

wobei der Auflagerabstand Λ_0 bzw. die Fadenteilung Λ, das axiale Flächenträgheitsmoment I_{fib} des Faserquerschnitts und der Elastizitätsmodul E_{fib} des Fasermaterials im Längsrichtung durch die Art des Gewebes bestimmt sind.

Die Auslenkung einer Faser durch die Streckenlast Π nach Art eine Seillinie bei elastischer Längsdehnung und unter Vernachlässigung der Biegesteifigkeit ist /706, S. 68 + 126/ bei Näherung der Seillinie durch eine Parabel für kleine Dehnungen:

$$y = y_0 \left[\frac{4\, x^2}{\Lambda_0^{\,2}} - 1\right] \tag{7.12}$$

Hierbei ist y_0 die maximale Auslenkung der Seillinie in der Mitte $(x = \Lambda_0/2)$ zwischen benachbarten Einspannpunkten.

Die Faser wird in Längsrichtung durch eine Zugkraft F_x um das Stück ΔL_E elastisch gedehnt.

$$\Delta L_E = F_x\, \Lambda_0 / \, (E_{fib}\, A_{fib}) \tag{7.13}$$

Die Länge des gedehnten Faserabschnitts bzw. der Seilkurve mit der maximalen Auslenkung y_0 ist näherungsweise

$$L \simeq \left[1 + \frac{8}{3}\, (y_0/\Lambda_0)^2\right] \Lambda_0 \tag{7.14}$$

Die Länge L des Faserabschnitts setzt sich zusammen aus dem Abstand Λ_0 der Festpunkte, der Lose ΔL_0 in unbelastetem Zustand und der elastischen Dehnung ΔL_E:

Angenommene Deformationsformen von Fasern:

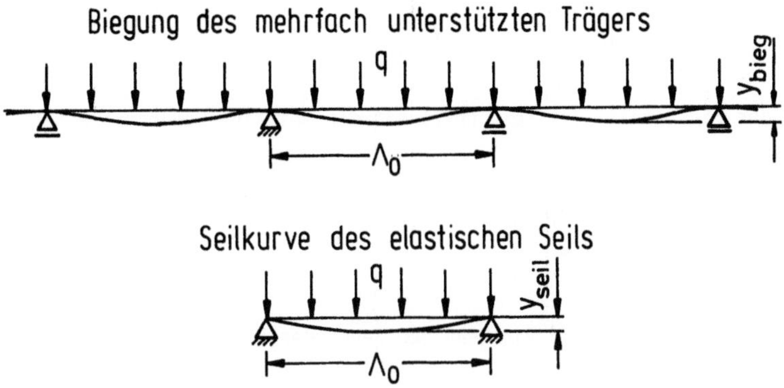

Festpunktabstand Λ_0 der Faserdeformation, abhängig von der Auslenkung:

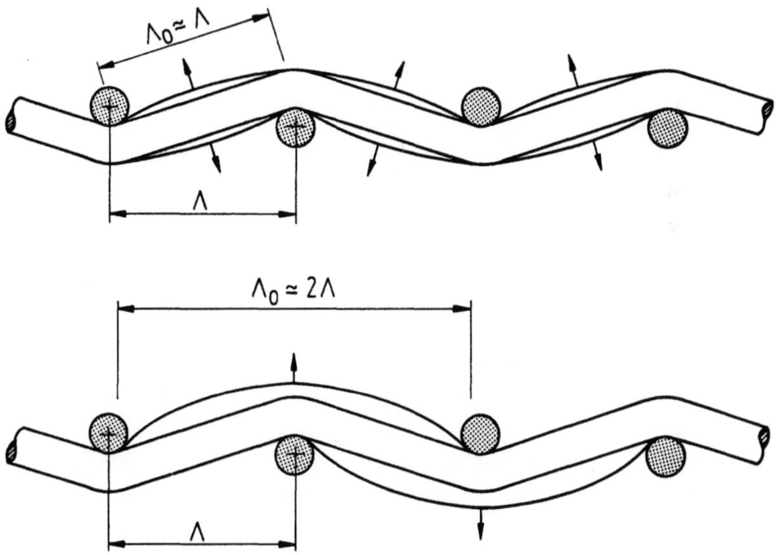

Bild 7-13 Deformation von Fasern im Siedeverstärker

$$L = \Delta L_0 + \Delta L_E + \Lambda_0$$

$$\Delta L_0 + \Delta L_E = \frac{8}{3} (y_0/\Lambda_0)^2 \Lambda_0 \tag{7.15}$$

An der Einspannstelle (Festpunkt) hat die Seillinie gegen ihre Sehne die Neigung:

$$\frac{dy}{dx} = \frac{\Pi \Lambda_0}{2 F_x} = \frac{4 y_0}{\Lambda_0} \tag{7.16}$$

Damit ist die Kraft in Richtung der Sehne der Seilkurve:

$$F_x = \frac{\Pi \Lambda_0^2}{8 y_0}$$

Durch Kombination der Gln 7.13, bis 7.16 läßt sich die unbekannte Kraft F_x eliminieren:

$$\frac{\Delta L_0}{\Lambda_0} + \frac{\Pi \Lambda_0^2}{8 E_{fib} A_{fib} y_0} - \frac{8 y_0^2}{3 \Lambda_0^2} = 0 \ , \tag{7.17}$$

Die Auslenkung der Mitte eines vorspannungsfrei und glatt ($\Delta L_0 = 0$) eingespannten Fadens ist:

$$y_{seil} = y_0 = \frac{\Lambda_0}{4} \sqrt[3]{\frac{3 \Pi \Lambda_0}{E_{fib} A_{fib}}} \tag{7.18}$$

Für die als Siedeverstärker untersuchten PTFE-Gewebe und für Wasser bei 1 bar, ($d_{fib} = 20 \mu m$; $E_{fib} = 410 \ N/mm^2$; $1{,}0 \ mm \leq \Lambda_0 \leq 5 \ mm$, $\gamma = 110^0$; $\Pi = \sqrt{3}\, \sigma_{LV} = 0{,}102 \ N/m$) sind die Auslenkungen y_{bieg} bei Annahme reiner Biegung nach Gl. 7.10, bzw. $y_0 = y_{seil}$ bei Dehnung unter Vernachlässigung der Biegesteifigkeit nach Gl. 7.18, in Bild 7.14 dargestellt. Es ist Kreisquerschnitt der Fasern angenommen.

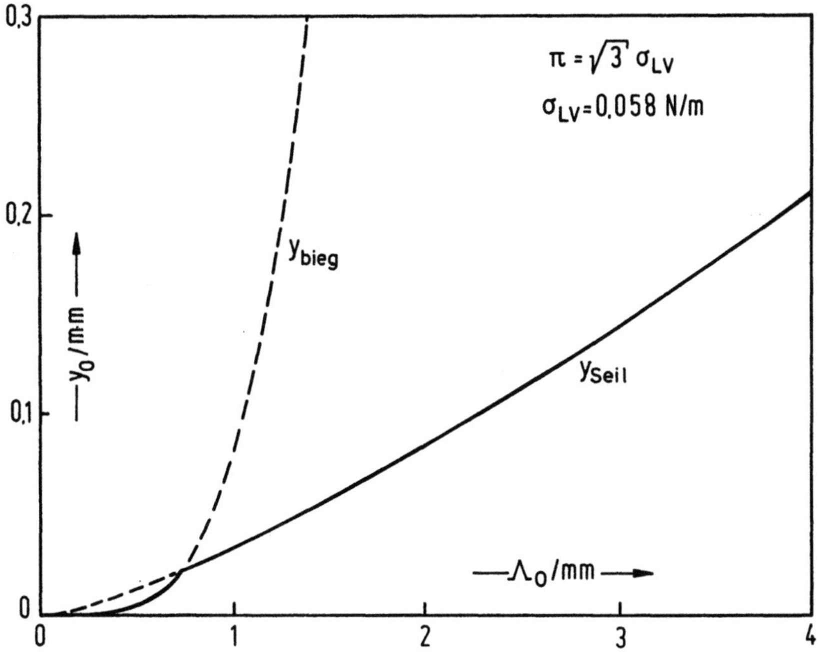

Bild 7-14 Auslenkung der Fasern in PTFE-Siedeverstärkern,
a) als mehrfach unterstützte, längsschieblicher Stäbe:
$y_0 = y_{bieg}$,
b) als eingespanntes elastisches Seil ohne Biegesteifigkeit:
$y_0 = y_{seil}$

Aus einem Vergleich der Gln. 7.11 und 7.18 folgt, daß für Stützstellenabstände

$$\Lambda_0 \geq 6{,}35 \left[\frac{E_{fib}{}^2 \, I_{fib}{}^3}{A_{fib} \, \Pi^2}\right]^{1/8} = 0{,}7 \text{ mm} \tag{7.19}$$

gilt: $y_0 = y_{seil} \leq y_{bieg}$

Die Auslenkung nach einer Seilkurve ergibt die kleineren Werte und bestimmt die Faserdeformation. Im untersuchten Bereich der Fadenteilungen 1 mm $\leq \Lambda \leq$ 5 mm ist die Auslenkung durch Kapillarkräfte für $\Lambda_o = \Lambda$ größer als der mittlere Faserabstand a' im Garn. Der Aktivierungsradius R_K der Keimblasen erhöht sich also durch die Dehnung der Fasern gegenüber dem nach Gl. 7.05 für starre Fasergeometrien ermittelten Wert, die erforderliche Überhitzung ΔT_{act} erniedrigt sich entsprechend. Für das PTFE-Gewebe mit "optimiertem" Fadenabstand $\Lambda_o = \Lambda$ = 1,3 mm ist der durch elastische Deformation der Fasern erniedrigte Keimblasenradius

$$R_K = y_o \sin \phi/2 + R_{K,o} , \qquad (7.20)$$

wobei $R_{K,o}$ der Wert von R für starre Faserkonfiguration nach Gl. 7.05 mit 7.05a ist.

Für H_2O-PTFE, $\gamma_r = 90^0$, bei p = 1 bar, erhält man mit Gl. 7.18:

$$y_o = y_{seil} = 0{,}047 \text{ mm}$$

$$R_K = 0{,}022 \text{ mm} \; ; \quad \Delta T_{act} = 0{,}74 \text{ K}$$

bzw. für Kältemittel R11, bei p = 1 bar ($T_{sat} = 23{,}25^0C$; $\gamma < 90^0$; $\sigma_{LV} = 0{,}0181$ N/m),

$$y_o = y_{seil} = 0{,}032 \text{ mm}$$

$$R_K = 0{,}0112 \text{ mm} \; ; \quad \Delta T_{act} = 0{,}47 \text{ K}$$

d.h. die erforderliche Überhitzung zur Aktivierung dieser Keimstellen ist sehr gering, auch im Verhältnis zu der durch den Siedeverstärker schon stark erniedrigten überhitzung ΔT_W der Heizfläche.

Der oben betrachtete Fall regelmäßiger Faseranordung im Garn ist relativ ungünstig (und unwahrscheinlich). Im Normalfall unregelmäßiger Faseranordnung tritt die Keimblase am größten Faserzwischenraum mit einem noch größeren kritischen Keimblasenradius R_K bzw. bei noch geringerem ΔT_{act} aus, da die Fasern bevorzugt so deformiert werden, daß größere Zwischenräume durch Kapillarkräfte stärker aufgeweitet werden, Bild 7-15. Auch die Annahme fester Einspannung der Fasern im Abstand A ist nicht realistisch; die Auslenkung der Fasern ist tatsächlich größer als oben angenommen.

Die Verwendung eines Mindestwertes $\Pi = \sqrt{3}\,\sigma_{LV}$ der Streckenlast vereinfacht die Abschätzung der Faserdeformation erheblich. Die tatsächliche Deformation der Fasern ist i.a. größer, die Überhitzung ΔT_{act} der Keimblasen im Siedeverstärker noch geringer als hiermit abgeschätzt.

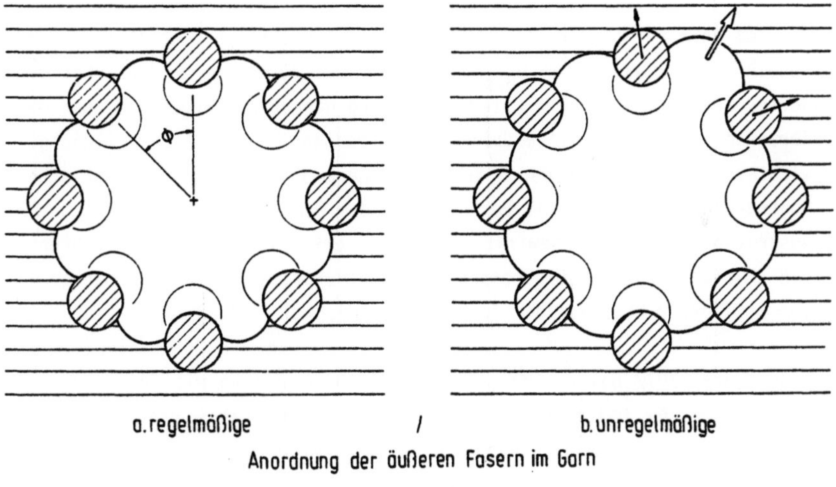

Bild 7-15 Aufweitung der Zwischenräume der äußeren Fasern eines Garns durch Kapillarkräfte a) bei regelmäßiger, b) bei unregelmäßiger Verteilung der äußeren Fasern auf dem Umfang

7.6. Blasenablösung von Siedeverstärkern

Die Form der an einem PTFE-Siedeverstärker entstehenden Blasen vor dem Abreißen ist im Bild 7-16 für siedendes Wasser bei 1 bar gezeigt. Die Randlinie (Umfang U) des Blasenfußes ist danach etwa 2 Blasendurchmesser lang, der Randwinkel ist etwa $\gamma = 90^0$, Bild 7-15:

$$U \simeq 2\, D_{B,sep} \;;\quad \gamma = 90^0$$

Das statische Kräftegleichgewicht unter Vernachlässigung der Druckdifferenz zwischen Dampf und Flüssigkeit am Blasenfuß liefert

$$V_{B,sep}\,(d_L - d_V)\, g = \frac{\pi}{6}\, D_{B,sep}^{\;3}\,(d_L - d_V)\, g \simeq U\, \sigma_{LV} \cos\gamma$$

$$D_{B,sep} = L\,\sqrt{12/\pi} \simeq 2\, L \tag{7.21}$$

mit dem Wert der Laplace-Länge L = 2,5 mm. Tatsächlich beobachtet wurden jedoch Blasendurchmesser $D_{B,sep} \lesssim 0{,}5\, L$, also höchstens ein Viertel des Wertes nach Gl. 7.21. Der Unterschied wird darauf zurückgeführt, daß das Abreißen von Blasen nicht durch Überschreiten des statischen Gleichgewichtsvolumens sondern durch Beschleunigungseffekte bei der elastischen Kontraktion der Fasern mit dem Absinken des Dampfdrucks $p_V \rightarrow p_L$ nach dem Austreten einer Blase bewirkt wird. Dies erklärt auch die Beobachtung, daß die Blasenabreißdurchmesser an Siedeverstärkern nahezu unabhängig vom Siededruck bzw. von der Jakobszahl sind, vgl. Bild 7-06.

Rannenberg /707/ hat den Wärmeübergang beim Sieden an mit feinmaschigem Edelstahlgewebe belegten Heizflächen untersucht. Dabei ging es darum, welchen Einfluß die als Dochtschicht in Wärmerohren verwendeten Gewebe auf den Wärmeübergang auf der Verdampferseite haben. Er fand bei gleicher Überhitzung der Heizfläche, günstigstenfalls Erhöhungen des Wärmestroms um ca. 30 %, d.h. weniger, als der Flächenvergrößerung entspricht. Bei gegebenem Wärmestrom entspricht dies einer Senkung der Überhitzung ΔT um nur ca. 7%. Seine Gewebe waren durch das Kältemittel gut benetzt und gegenüber der Wirkung von Kapillarkräften als starr anzusehen.

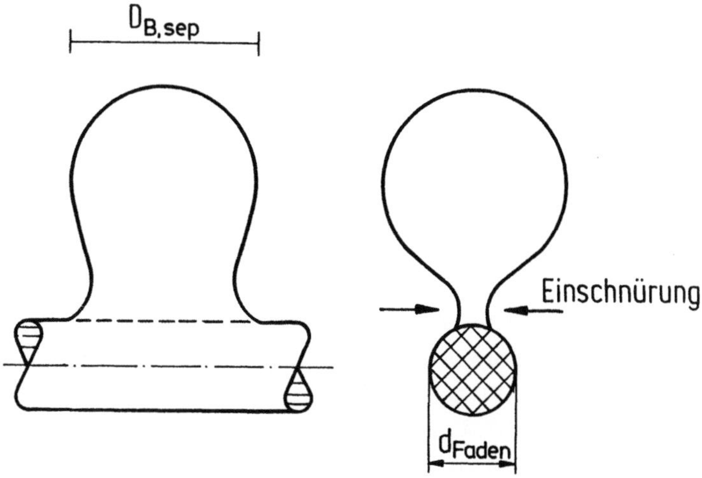

Bild 7-16 Form vom Dampfblasen am PTFE-Garn vor dem Abreißen, H_2O, 1 bar, /306/

Die wesentlich stärkere Wirkung der feinfaserigen PTFE-Gewebe als Siedeverstärker liegt offenbar gerade in der Aufweitung des Fadens vor dem Austritt einer Blase und in seinem elastischem Zusammenfallen vor ihrem Abreißen. Auf diese Weise wird die zur Aktivierung von Keimblasen erforderliche Überhitzung gesenkt, Dampf aus dem Inneren des Fadens in die Blase gepumpt und durch den Impuls des Dampfstroms frühzeitiges Ablösen begünstigt. Die Driftströmung sich ablösender Blasen führt überhitzte Flüssigkeit von der Heizfläche an die Keimstelle des Siedeverstärkers heran und unterstützt so die erneute Aktivierung der im Garn zurückbleibenden Keimblasen. Ablagerungen schwer löslicher Bestandteile in den Keimstellen, welche an Heizflächen zur Alterung führen, werden durch die Bewegung der Fasern und den Spüleffekt der Driftströmung verhindert. Das Zusammenfallen der Fasern vor dem Abreißen einer Blase bewirkt, daß Dampfreste festgehalten werden und verhindert, daß bei voll benetzenden Flüssigkeiten der Faserzwischenraum durch von unten nachströmende Flüssigkeit vollständig geflutet wird, siehe Bild 7-17.

Im Vergleich mit einer benetzungshemmenden ebenen Beschichtung einer Heizfläche sind an einem feinfaserigen, nicht benetzten Siedeverstärker (bei gleichem Randwinkel γ) die Bildungsarbeit von Blasenkeimen geringer, das Rückhaltevermögen für Dampfreste besser und die Blasenabreißdurchmesser wesentlich kleiner. Ferner ist die kritische Überhitzung ΔT_{act} der Keimblasen sehr gering. Deswegen wirkt ein schlecht benetzter feinfaseriger Siedeverstärker, anders als eine Heizflächenbeschichtung gleichen Benetzungsrandwinkels, eher wärmeübergangserhöhend.

An Keimstellen gut benetzter Heizflächen ist leichte Aktivierbarkeit der Blasenbildung nur durch große Keimstellenradien r_K erreichbar; im günstigsten Fall der Blasenablösung mit $r_F = r_K$ beschränkt die Forderung leichter Aktiverbarkeit die Mindestgröße der sich ablösenden Blasen nach unten. Diese Beschränkung wird durch Verwendung von Siedeverstärkern überwunden, deren elastisch verformbare Keimstellen bei der Aktivierung der Keimblasen weiter geöffnet sind als bei der Ablösung, deshalb ist an Siedeverstärkern leichtere Keimstellenaktivierung in Verbindung mit kleineren, für den Wärmeübergang i.a. günstigeren Abreißdurchmessern möglich als an "starren" Keimstellen der Heizfläche selbst. Da die wirksame Überhitzung des Fluids im Siedeverstärker jedoch geringer ist als an der Heizfläche, wird durch einen Siedeverstärker insbesondere bei hoher Wärmestromdichte nicht immer eine Wärmeübergangsverbesserung erreicht. Bei steigender Wärmestromdichte bewirken der zunehmende Temperaturgradient in der thermischen Grenzschicht und die zunehmende Aktivierung von Keimstellen der Heizfläche, daß der Anteil der Siedeverstärkerkeimstellen an der Blasenbildung und die wärmeübergangserhöhende Wirkung des Siedeverstärkers abnehmen. Beim Sieden von Flüssigkeiten geringer Oberflächenspannung ist die deformierende Wirkung der Kapillarkräfte gering, deshalb wird bei hohen Wärmestromdichten oft keine Wärmeübergangsverbesserung mehr durch den Siedeverstärker erzielt. Die Erhöhung der Keimstellendeformation durch größere Maschenweiten ist nur begrenzt anwendbar, da die Keimstellendichte $n = 1/\Lambda^2$ des Siedeverstärkers hierbei abnimmt.

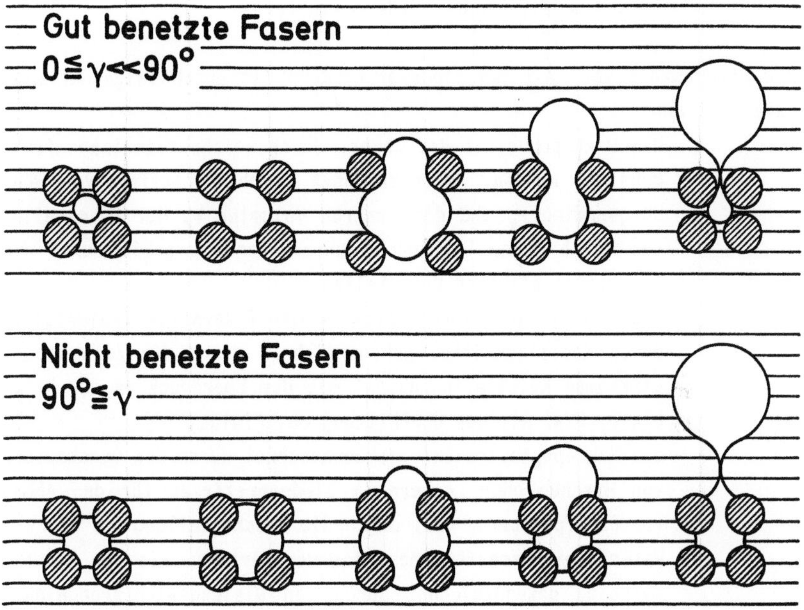

Bild 7-17 Aktivierung von Keimblasen in gut bzw. in nicht benetzten Garnen, schematisch dargestellt durch jeweils 4 Fasern

7.7. Anforderungen an effiziente Siedeverstärker

Die Wirksamkeit von textilen Siedeverstärkern ist durch folgende Merkmale bestimmt:

- die Mikroporosität des Garns, durch welche Keimblasen festgehalten werden, gekennzeichnet durch die effektiven Mündungsradien r_K und die inneren Volumina V_K der Keimstellen und durch deren Verbindung untereinander, sowie durch die Anzahl potentieller Keimstellen;
- die elastische Deformierbarkeit der Fasern bzw. Keimstellen durch Kapillarkräfte, gekennzeichnet durch die Zunahme des wirksamen Keimstellenradius' mit dem Überdruck in der Keimblase, bzw. mit der Überhitzung des Fluids;
- die Makroporenstruktur, gekennzeichnet durch den Durchmesser von Maschen oder Löchern im Siedeverstärker für den Abbau von Dampfpolstern, bzw. durch die Maschenteilung Λ.
- Materialeigenschaften des Siedeverstärkers, wie die Benetzbarkeit, gekennzeichnet durch den Gleichgewichtsrandwinkel γ, den Elastizitätsmodul E und die Zugfestigkeit bzw. die Lebensdauer unter Biegewechselbelastung.

Bei der Kennzeichnung der Mikroporosität ist zu berücksichtigen, daß eine langgestreckte Keimstelle eine Mündungsweite erfordert, die etwa halb so groß ist, wie der Mündungsradius einer rotationssymmetrischen Keimstelle bei gleicher Überhitzung. Die vorwiegende Keimstellenform hängt von der Art der porösen Struktur des Siedeverstärkers - Festbett kugelförmiger, zylindrischer oder sonstiger Partikel, Sinterstruktur, offenporiger Schaum, Gewebe, etc. - ab.

Um den Wärmeübergang bei geringer Überhitzung einer Heizfläche zu erhöhen, müssen die Keimblasen in Keimstellen der Siedeverstärker wesentlich leichter aktivierbar sein als solche in Keimstellen der Heizfläche, da die mittlere Überhitzung im Siedeverstärker geringer ist als die der Heizfläche. Die Porenstruktur eines Siedeverstärkers muß offen sein, jedoch darf die Keimstelle beim Ablösen einer Blase nicht von unten geflutet werden. Der Abstand der Keimstellen voneinander soll nicht wesentlich größer als der Blasenabreißdurchmesser $D_{B,sep}$ sein, mindestens von gleicher Größe soll aber auch die lichte Weite der Maschen oder Makroporen für die Dampfabführung sein.

Gewebe und Gewirke aus feinfaserigem Garn gestatten es, die Forderungen hinsichtlich der Mikro- und Makrostruktur von Siedeverstärkern besser mit der Forderung elastisch deformierbarer Keimstellen zu verbinden als andere Strukturen. Wesentlich ist es, eine lockere, parallele Anordnung der Fasern im Faden sicherzustellen, insbesondere kein gezwirntes Garn zu verwenden. An feinfaserigen PTFE-Geweben werden Blasenabreißdurchmesser von etwa der halben Laplace-Länge beobachtet: $D_{B,sep}/L \simeq 0{,}5$. Die günstigste Maschenweite ist durch die Größe $\Lambda \simeq D_{B,sep} \simeq L/2$ des Blasenabreißdurchmessers bestimmt. Die notwendige Anzahl von Fasern im Garn ist nach Versuchen von Lösing /306/ mit ca 20 erreicht. (zum Vergleich: quadratische Faseranordnung mit 21 Fasern im Querschnitt in Bild 7-09). Faserige Siedeverstärker haben gegenüber porösen Heizflächenstrukturen den wesentlichen Vorteil, daß die Keimstellengröße bei Aktivierung einer Keimblase größer ist, als bei der Blasenablösung. Durch die elastische Deformation werden sowohl die Keimblasenaktivierung als auch die Ablösung begünstigt.

Der maximale Faserquerschnitt ergibt sich aus der Forderung nach Fasern, die unter der Wirkung der Kapillarkräfte ausreichend dehnbar und biegeweich sind. Durch Umstellung von Gl. 7.18 erhält man:

$$A_{fib} \le \frac{3\,\Lambda_0^4\,\Pi}{64\,E_{fib}\,y_0^3} \qquad (7.22)$$

Die notwendige Auslenkung y_0 der Fasern ist nach Gl. 7.20 abhängig vom geforderten kritischen Keimblasenradius R_K bzw. von der zulässigen Überhitzung im Siedeverstärker:

$$y_0 = (R_K - R_{K,o})/\sin(\phi/2) \simeq (R_K - R_{K,o})\,\sqrt{Z} \qquad (7.23)$$

Bei Annahme dichtester Packung der Fasern im undeformierten Garnquerschnitt ($a' = d_{fib}$) erhält man mit der Forderung extrem leichter Aktivierung der Keimblasen des Siedeverstärkers

$$\Delta T = 0{,}001\ T_c\ ;\quad R_{act} = 24\ \mu m\ ;\quad \Lambda \geq L/2$$

für PTFE-Fasern in H_2O bei 1 bar, $\gamma_r = 80^0$, $z = 20$, den maximalen Faserquerschnitt ausreichender Dehnbarkeit aus Gl. 7.22 nach Iteration von y_o:

$$y_o = 92\ \mu m\ ;\quad A_{fib} \leq 41\ 10^{-12}\ m^2$$

$$d_{fib} \leq 7{,}2\ \mu m$$

Derart dünne Fasern werden durch die heftige Konvektion bei hohen Wärmestromdichten leicht zerstört. Ein Kompromiß zugunsten dickerer, mechanisch stabilerer Fasern ist durch eine geringe Erhöhung von ΔT_{act} bzw. durch Senkung von R_{act} erreichbar.

Eine anderer Kompromiß zugunsten dickerer Fasern ist die Vergrößerung des Fadenabstandes bzw. der Maschenweite Λ bei Hinnahme einer Senkung der Dichte wirksamer Keimstellen $n \sim \Lambda^{-2}$.

Die Voraussetzung biegeweicher Fasern nach Gl. 7.18 ist bei Kreisquerschnitt erfüllt für

$$I_{fib}{}^3/A_{fib} = \frac{\left[\pi\ d_{fib}{}^4/64\right]^4}{\pi\ d_{fib}{}^2/4} \leq 0{,}38\ 10^{-6}\ \frac{\Pi\ \Lambda_o^8}{E_{fib}{}^2} \tag{7.24}$$

$$d_{fib} \leq 6\ 10^{-6}\ \Lambda_o \left[\frac{\Pi}{E_{fib}\ \Lambda_o}\right]^{1/3} \leq 7{,}2\ 10^{-6}\ \Lambda_o \left[\frac{\sigma_{LV}}{E_{fib}\ \Lambda_o}\right] \tag{7.25}$$

Für PTFE/H_2O, $\Lambda \simeq L/2$, ergibt dies:

$$d_{fib} \leq 42\ \mu m$$

Unterhalb des kleineren Wertes der durch die Ungleichungen 7.22 und 7.25 gegebenen Grenzen ist es sinnvoll, die Faserstärke möglichst groß zu wählen, um einen robusten, langlebigen Siedeverstärker zu erhalten. Die Möglichkeit, die Deformierbarkeit der Keimstellen von Siedeverstärkern durch Verwendung von dünneren Fasern zu erhöhen, ist durch das Risiko der Zerstörung der Siedeverstärker begrenzt.

8. Ergebnisse und Schlußfolgerungen

Empirische Korrelationen verschiedener Autoren für den Wärmeübergang beim Sieden berücksichtigen die Rauhigkeit der Heizfläche, meist gekennzeichnet durch die Glättungstiefe R_p, als einzige Heizflächeneigenschaft quantitativ. Der Einfluß der Rauhigkeit wird übereinstimmend durch eine Potenz der Glättungstiefe R_p (oder der Rauhtiefe R_z) wiedergegeben. Die in verschiedenen Quellen angegebenen Exponenten unterscheiden sich deutlich in ihrer Größe; dies wird auf unterschiedliche Größenverteilungen der Keimstellen der von verschiedenen Autoren verwendeten Heizflächen zurückgeführt. Die Unterscheidung verschiedener Formen der Heizfläche - horizontale Platte oder Rohr - bei der Aufstellung von Wärmeübergangskorrelationen durch Stephan wird von anderen Autoren, trotz der Abhängigkeit der Blasenablösung und Konvektion von der Form der Heizfläche, nicht übernommen. Die Steigung der Siedecharakteristik von rohrförmigen Heizflächen ist jedoch im Durchschnitt etwas geringer als die von ebenen Heizflächen (Platten).

Die drei Aktivierungsschwellen der Blasenbildung - der Dampfkeimbildung, des Blasenwachstums und der Blasenablösung - sind durch entsprechende Aktivierungsenergien gekennzeichnet, welche sich aus einer Betrachtung von Dampfblasen im thermischen und statischen Gleichgewicht bestimmen lassen. Schlechte Benetzbarkeit reduziert die Aktivierungsenergien der Keimbildung und der Keimblasenaktivierung, erhöht aber die Aktivierungsenergie der Blasenablösung. Jede Erniedrigung einer der genannten Aktivierungsenergien, die ohne Erhöhung der Heizwandüberhitzung erreicht wird, begünstigt die Blasenbildung und kann den Wärmeübergang beim Sieden erhöhen.

Die Berechnung der Blasenkonturen von haftenden Blasen im statischen Gleichgewicht zeigt, daß die empirische Gleichung von Fritz für den Blasenabreißdurchmesser bei eingeprägtem Randwinkel und die Näherungslösung von Chesters für das Blasenvolumen bei eingeprägtem Blasenfußradius brauchbare Näherungen zur Bestimmung des Maximalvolumens statisch haftender Blasen auch bei großen Randwinkeln bzw. bei großen Blasenfußradien, d.h. auch bei starken Abweichungen von der Kugelform, darstellen.

Bei sehr hohen Heizwandtemperaturen $T > 0,9\ T_c$, nahe dem Kritischen Punkt, leistet homogene Dampfkeimbildung in überhitzten thermischen Grenzschichten den dominierenden Beitrag zur Blasenbildung und damit zum Wärmeübergang beim Sieden. Dabei ist homogene Keimbildung nur in einem kleinen Bruchteil der Dicke der Temperaturgrenzschicht wirksam. Die Einflüsse der Struktur und Benetzbarkeit der Heizfläche treten in den Hintergrund, da Flüssigkeiten nahe ihrem Kritischen Punkt Festkörper vollständig benetzen. In einigem Abstand vom Kritischen Punkt, für Heizflächentemperaturen $T_W < 0,86\ T_c$, ist der Betrag der homogenen Keimbildung zur Blasenbildung beim Sieden vernachlässigbar gering.

Heterogene Dampfkeimbildung ist an schlecht benetzten Oberflächen, insbesondere in Porenräumen mit schlecht benetzten Wandungen, gegenüber der hommogenen Keimbildung stark begünstigt. In kleinen, schlecht benetzten Poren und Vertiefungen kann heterogene Keimbildung bereits bei relativ geringen Überhitzungen zur Bildung von Keimblasen führen und so Siedeverzüge begrenzen. Kontaktstellen schlecht benetzter Partikel oder Fasern, wie sie in Kornhaufwerken, Vliesen und Geweben existieren, sind besonders wirksame, leicht zu erzeugende Keimstellen. Solche Keimstellen mit geringer oder verschwindender Keimbildungsarbeit werden jedoch bevorzugt von permanenten Keimblasen besetzt, welche die heterogene Keimbildung unterbinden, so daß die Aktivierung dieser Keimblasen an die Stelle der heterogenen Neubildung von Dampfkeimen tritt. Deshalb begrenzt heterogene Keimbildung an schlecht benetzten Oberflächen zwar Siedeverzüge und die Hysterese der Siedecharakteristik bei beginnendem Sieden, trägt aber zum stationären Sieden nicht nennenswert bei.

Dynamische Blasenablösung bei hohen Jakobzahlen d.h. bei schnellem Blasenwachstum sowie unter Schwerelosigkeit wird durch die existierenden physikalischen Modelle oder Berechnungsverfahren nicht befriedigend beschrieben. Das Abreißvolumen bestimmt die Wachstumsdauer einer Blase; bei großem Abreißvolumen wächst eine Blase gegen Ende der Wachstumszeit deutlich langsamer als $D_B \sim t^{1/2}$. Der Blasenabreißdurchmesser nimmt an horizontalen Heizflächen bei hohen Jakobszahlen unter Gravitation mit einer Potenz der Jakobszahl zu, deren Exponent etwa 1 oder größer ist. Eine Reduzierung des Abreißdurchmessers bewirkt häufigere Erneuerung der instationären Temperaturgrenzschicht und läßt eine höhere maximale Keimstellendichte zu. Kleine Blasenabreißdurchmesser ermöglichen guten Wärmeübergang bei hoher Wärmestromdichte.

Die Blasenfrequenz beim Sieden hängt vom Blasenabreißdurchmesser und von der Überhitzung der Heizfläche bzw. von der Jakobzahl ab. Eine experimentelle Untersuchung ergibt für die Blasenfrequenz eine Beziehung der Form

$$f\, D_{B,sep}{}^2/a_L = k\, Ja^2 ,$$

wobei die Konstante k von Eigenschaften der Heizfläche abhängen kann. Für den mittleren an einer Keimstelle einer horizontalen Heizfläche übertragenen Wärmestrom $\dot{Q}_K$ folgt hieraus:

$$\dot{Q}_K \sim \Delta T^2$$

Die Blasenbildung beim Sieden läßt sich nur bei kleinen Wärmestromdichten quantitativ beobachten. Der monotone Verlauf der Siedekennlinie erlaubt es aber, die aus Beobachtungen bei kleinen Wärmestromdichten gewonnenen Berechnungsmodelle wenigstens qualitativ auch auf höhere Wärmestromdichten anzuwenden.

Druckunterschiede innerhalb einer thermisch wachsenden Blase eines reinen Fluids sind vernachlässigbar. In einem reinen Fluid ist die Blasenoberfläche praktisch isotherm und Marangonikonvektion tritt nicht auf. Der Temperaturausgleich innerhalb einer Blase wird jedoch durch Spuren von Inertgasen und grenzflächenaktiven Stoffen stark gehemmt.

Die Berechnung der Strömungs- und Temperaturfelder um Dampfblasen und der Blasenkonturen durch gekoppelte Lösung der Erhaltungsgleichungen mittels FD-Verfahren ist grundsätzlich geeignet, Werte des Blasenabreißvolumens, der Wachstumszeit oder Ablösefrequenz und der konvektiv transportierten Wärme der Driftströmung zu bestimmen. Für die Zunkunft erscheint es aussichtsreicher, diese Größen, die für die Entwicklung eines vollständigen Wärmeübergangsmodells des Blasensiedens nötig sind, durch eine numerische Simulation von Blasenbildung und -ablösung zu bestimmen als durch weitere experimentelle Untersuchungen. Bereits entwickelte numerische Rechenverfahren beschreiben die Blasenkontur und die Driftströmung bei der Ablösung haftender und beim Aufsteigen abgelöster Blasen wesentlich besser als Kugelmodelle. Numerische Ergebnisse zeigen, daß unterhalb der Blase bei der Ablösung viel höhere Geschwindigkeiten auftreten als die Aufstiegsgeschwindigkeit des Blasenschwerpunktes.

Die Größenverteilungen der Keimstellen bestimmen sowohl die Abhängigkeit der Wärmestromdichte von der Glättungstiefe verschieden rauher Heizflächen bei gegebener Überhitzung als auch die Steigung der Siedecharakteristiken einzelner Heizflächen. Unter der Annahme der Strukturähnlichkeit einer "Familie" ähnlich hergestellter Heizflächen kann eine typische dimensionslose Größenverteilung der Keimstellen ermittelt werden. Die Größenverteilung der Keimstellen rauher Heizflächen ist i.a. eine steil fallende Funktion des Keimstellenradius'. Der steile Verlauf der Siedekennlinie nach Einsetzen des Blasensiedens wird vorwiegend durch die starke Zunahme der Zahl aktiver Keimstellen und nur zum geringeren Teil durch schnelleres Wachstum der Blasen mit zunehmender Wandüberhitzung verursacht. Von den Rauhigkeitsvertiefungen geeigneter Größe wirkt nur ein kleiner Teil als Siedekeimstellen.

Bei Annahme der Strukturähnlichkeit ähnlich erzeugter, verschieden rauher Heizflächen folgt aus verschiedenen empirischen Wärmeübergangsgleichungen für den mittleren Wärmestrom $\dot{Q}_K$ einer Keimstelle näherungsweise:

an ebenen Platten	an horizontalen Rohren
$\dot{Q}_K \sim \Delta T^2$	$\dot{Q} \sim \Delta T$

Guter Wärmeübergang beim Blasensieden erfordert kleine Blasenabreißdurchmesser, d.h. kleine Keimstellenradien bei voll benetzter Heizfläche und maximaler Keimstellendichte. Leichte Aktiverbarkeit der Blasenbildung erfordert hingegen große Keimstellen. Im günstigsten Fall des Blasenwachstums mit konstanten Blasenfußradius $r_F = r_K = R_K$ wird bei einer Überhitzung ΔT der beste Wärmeübergang mit Keimstellen desjenigen Radius' erreicht, bei dem die Blasenbildung mit $\Delta T = \Delta T_{act}$ gerade aktiviert wird. Dieser Fall bestimmt die Grenze möglicher Wärmeübergangsverbesserung ohne Siedeverstärker.

Schlechte Benetzbarkeit einer Heizfläche begünstigt einerseits die heterogene Keimbildung und die Aktivierung von Keimblasen, hemmt aber andererseits die Blasenablösung und erhöht die Wachstumsdauer und damit die thermischen Widerstände der instationären Wärmeleitung. Einander widersprechende Ergebnisse verschiedener Autoren bezüglich der Wirkung benetzungshemmender Schichten werden auf diese gegenläufigen Einflüsse der Benetzbarkeit und darauf zurückgeführt, daß mit der Benetzbarkeit einer Heizfläche i.A. auch die Oberflächenstruktur verändert wird. Schlechte Benetzbarkeit von Keimstellen begünstigt Blasensieden bereits bei geringer Heizwandüberhitzung. Schlechte Benetzbarkeit der umgebenden Heizfläche verzögert die Blasenablösung und beeinträchtigt den Wärmeübergang bei hoher Wärmestromdichte.

Gute Wärmeleitfähigkeit einer Heizfläche erhöht den Wärmeübergang beim Sieden durch schnelleren Ausgleich instationärer Temperaturschwankungen der Heizwandoberfläche. In den meistverwendeten empirischen Beziehungen wird die Wärmeleitfähigkeit der Heizwand jedoch nicht berücksichtigt. Eine Berücksichtigung wird auf der Basis der Beziehungen von Cooper für das Blasenwachstum mit Mikroschicht an schlecht wärmeleitenden Heizflächen vorgeschlagen.

Siedekeimstellen müssen weder Teil der Heizfläche noch mit ihr fest oder wärmeleitend verbunden sein. Ein auf eine Heizfläche aufgespanntes Gewebe oder Gewirke aus feinfaserigem PTFE-Garn - Siedeverstärker - verstärkt die Blasenbildung beim Sieden erheblich. Durch Aufbringen eines solchen Siedeverstärkers auf eine Heizfläche kann der Wärmeübergang beim Blasensieden stark erhöht und die Mindestüberhitzung der Heizfläche reduziert werden. Feinfaserige Siedeverstärker gewährleisten gleichförmiges Sieden mit Bildung relativ kleiner Blasen auch bei tiefen Siededrücken.

Die Dichte eines Siedeverstärkergewebes hat beim Sieden von Wasser unter Umgebungsdruck hinsichtlich des Wärmeübergangs ein Optimum, welches bei einem Fadenabstand (Gewebe-, Maschenteilung) von der halben Laplace-Länge liegt. Dieser Fadenabstand ist etwa ebenso groß wie der Durchmesser der sich vom Siedeverstärker ablösenden Blasen.

Die Größe der Keimstellen in einem Siedeverstärker ändert sich während des Blasenzyklus. Die Deformation der Fasern durch Kapillarkräfte bewirkt, daß die Keimstellen bei der Keimblasenaktivierung größer als bei der Blasenablösung sind, so daß leichte Aktivierung des Blasenwachstums und kleine Abreißdurchmesser bei hohen Blasenfrequenzen miteinander besser vereinbar sind als für die starren Keimstellen der Heizfläche. Die günstigste Faserstärke ergibt sich aus der Forderung, daß die Fasern für Kapillarkräfte bei der optimalen Maschenweite biegeweich und ausreichend elastisch dehnbar sein sollen.

Durch Anwendung von Siedeverstärkern werden die Einflüsse von Struktur und Stoffeigenschaften der Heizfläche auf die Siedecharakteristik abgeschwächt. Wärme wird der Heizwand vorwiegend durch die Driftströmung der am Siedeverstärker entstehenden Blasen entzogen. Die Driftströmung führt verstärkt überhitzte Flüssigkeit an die Keimstelle des Siedeverstärkers heran und unterstützt, stärker als an einer Keimstelle der Heizfläche, die erneute Aktivierung der Keimblase. Spezielle Heizflächenstrukturen, welche oft kostspielig sind und Korrosion und Verkrustungen begünstigen, sind bei Anwendung von Siedeverstärkern entbehrlich. Anstelle der thermisch gut leitenden aber weichen reinen Metalle Kupfer oder Aluminium, können Heizflächen ohne Nachteil aus deren schlechter leitenden, mechanisch oder chemisch beständigeren Legierungen hergestellt werden, soweit der thermische Durchgangswiderstand der Heizwand dies nicht verbietet. Siedeverstärker können in Form gewirkter Schläuche auf Verdampferrohre aufgebracht werden.

Quellenhinweise

zu Kapitel 1

/101/ **Leiner, W. und Lösing, K.H.:**
Verbesserung des Wärmeübergangs beim Sieden durch Auflegen schlecht benetzbarer Keimbildner auf die Übertragungsfläche, Chemie-Ingenieur-Technik 56 (1984), S. 942 und Synopse MS 1298 84

/102/ **Cooper, M.G.:**
The Microlayer and Bubble Growth in Nucleate Pool Boiling, Int. J. Heat Mass Transf. 12 (1969), S. 915-933

/103/ **Han, C.Y. und Griffith, P.:**
The Mechanism of Heat Transfer in Nucleate Pool Boiling, I + II, Int. J. Heat Mass Transf. 8 (1965), S. 887-904

/104/ **Beer, H.; Durst, F.:**
Mechanismen der Wärmeübertragung beim Blasensieden und ihre Simulation, Chemie-Ing. Techn. 40 (1968), S. 632-638

zu Kapitel 2

/201/ **Stephan, K.:**
Beitrag zur Thermodynamik des Wärmeübergangs beim Sieden, Abh. d. Deutschen Kältetechnischen Vereins Nr. 18. 1964, C.F. Müller, Karlsruhe

/202/ **Abdelsalam, M.:**
Berechnung des Wärmeübergangs bei der Blasenverdampfung reiner Stoffe mit Hilfe einer Regressionsanalyse, Diss., Ruhr-Universität Bochum, 1977

/203/ **Fritz, W.:**
Berechnung des Maximalvolumens von Dampfblasen, Phys. Zeitschr. 36 (1935), S. 379-384

/204/ **Gorenflo**, D.:
Behältersieden, "VDI-Wärmeatlas", 4. Aufl., Teil Ha, VDI-Verlag, Düsseldorf 1984

/205/ **Danilowa**, G.N.:
Correlation of Boiling Heat Transfer Data, Heat Transf. -Soviet Research, vol, 2, No. 2, March 1970, S. 73-83

/206/ **Nishikawa**, K. et al.:
Effect of surface roughness on the nucleate boiling over a wide range of pressure, Proc. VIIth Int. Heat Transf. Conf. 1982, München, vol. IV, S. 61-66

/207/ **Jakob**, M. und **Fritz**, W.:
Versuche über den Verdampfungsvorgang, Forsch. Ing. Wes. 2 (1931), S. 435-447

/208/ **Fedders**, H:
Messungen des Wärmeübergangs beim Blasensieden von Wasser an metallischen Rohren, KFA Jülich GmbH, Bericht Jül-740-RB1, 1971

/209/ **Tanes**, M.Y.:
Zum Einfluß der Oberflächenbeschaffenheit auf den Wärmeübergang beim Sieden, Diss., Univ. Karlsruhe (TH), 1976

/210/ **Bier**, K.; **Gorenflo**, M.; **Tanes**, I. und **Salem**, M.:
Pool Boiling Heat Transfer and Size of Active Nucleation Centers for Horizontal Plates with Different Surface Roughness, Proc. VIth Int. Heat Transf. Conf. 1978, Toronto, vol. 1, S. 151-156

/211/ **Blöchl**, R.:
Zum Einfluß der Oberflächenstruktur unterschiedlich bearbeiteter Heizflächen auf die Wärmeübertragung beim Blasensieden, Diss. Univ. Karlsruhe, 1986

/212/ **Gorenflo**, D.:
Behältersieden, VDI-Wärmeatlas, 5.Aufl., Teil Ha, VDI-Verlag Düsseldorf, 1988

/213/ **DIN 4762, T1**:
Oberflächenrauhigkeit, Begriffe; Ausgaben Aug. 1960 und Mai 1978

zu Kapitel 3

/301/ **Wolf**, K.L.:
Physik und Chemie der Grenzflächen, Band I und II, Springer 1957, 1959.

/302/ **Defay**, R. und **Prigogine**, I. et al.:
Surface Tension and Adsorption, Langmans, Green & Co. LTD, London, 1966

/303/ **Neumann**, A.W. und **Sell**, P.J.:
Z. Phys. Chem. 227 (1964), S. 187-194.

/304/ **Driedger**, O.; **Neumann**, A.W. und **Sell**, P.J.:
über die grenzflächenergetische Zustandtsfunktion I + II, Kolloid-Z. und Z. f. Polymere 201 (1965), Heft 1, S.52-57 und 202 (1965), Heft 1/2, S.101-105.

/305/ **Renzow**, D.; **Tanner**, W.; **Leiner**, W.; **Sell**, P.J.:
Nomogramm zur Bestimmung der Oberflächenspannung pulverförmiger Festkörper, Farbe und Lack 79/12 (1973), S. 1158-1160.

/306/ **Lösing**, K.-H.:
Einfluß schlecht benetzbarer Beschichtungen von Heizflächen und aufgespannter Gewebestrukturen auf Blasenbildung und Wärmeübergang beim Behältersieden. Dissertation, Bochum 1985. VDI-Fortschr. Ber., R. 3, Nr. 113

/307/ **Kottowski**, H.M.:
The mecanism of nucleation, superheating and reducing effects of the activation energy of nucleation, Progr. in Heat and Mass Transfer 7 (1973), S. 299-324, Pergamon Press, Oxford

/308/ **Bankoff**, S.G.:
The entrapment of gas in the spreading of a liquid over a rough surface, Am. Inst. Chem. Engrg. J. 4 (1958), S.24-26

/309/ **Hartland**, S. und **Hartley**, R.W.:
Axisymmetric Fluid Interfaces, Elsevier, Amsterdam 1976.

/310/ **Leiner**, W.; **Böhnisch**, S.:
Untersuchung des Blasenwachstums an konischen Keimstellen verringerter Benetzbarkeit, Wärme- und Stoffübertragung 18 (1984), S. 231-235.

/311/ **Chesters**, A.K.:
Modes of Bubble Growth in the Slow Formation Regime of Nucleate Pool Boiling, Int. J. Multiphase Flow 4 (1978), S. 279.

zu Kapitel 4

/401/ **Frenkel**, J.I.:
Kinetische Theorie der Flüssigkeiten, VEB Deutscher Verlag der Wissenschaften, Berlin 1957

/402/ **Becker**, R., **Döhring**, W.:
Kinetik der Keimbildung in überhitzen Dämpfen, Ann. Phys. 24 (1935), S. 719-752

/403/ **Katz**, J.L., **Blander**, M.:
Condensation and Boiling: Correction to Homogeneous Nucleation Theory for Nonideal Gases. J. Colloid-Interface Sc. 42 (1973), S. 496

/404/ **Thormälen, I.:**
Grenze der Überhitzbarkeit von Flüssigkeiten, Diss., T.U. München 1985, VDI- Fortschr. Bericht, Reihe 3, Nr. 104

/405/ **Blander, M., Katz, J.L.:**
Bubble Nucleation in Liquids, AICHE-J. 21 (1975), S. 833-848

/406/ **Thormälen, I.:**
Superheating of Liquids at the Onset of Boiling, Proc. VIIth Int. Heat Transf. Conf. 1986, San Francisco, vol. 4, S. 2001-2006

/407/ Straub, J. et al.:
Oberflächenspannung von leichtem und schwerem Wasser, Wärme- und Stoffübertragung 13 (1980), S. 241-252

Straub, J., Rathjen, W:
Die Temperaturabhängigkeit der Oberflächenspannung von reinen Kältemitteln von Tripelpunkt bis zum Kritischen Punkt, Wärme- und Stoffübertragung 14 (1980), S. 59-75

zu Kapitel 5

/501/ **Beer, H.:**
Das dynamische Blasenwachstum beim Sieden von Flüssigkeiten an Heizflächen, Forsch. Ing. Wes. 37 (1971), Nr. 3, S. 85-90

/502/ **Beer, H.:**
Interferometry and Holography in Nucleate Boiling in: "Boiling Phenomena", Hrsg. D. van Strahlen, R. Cole, vol. 2, S. 821-844

/503/ **Forster, H.K., Zuber, N.:**
Growth of Vapor Bubbles in a Superheated Liquid, J. Appl. Physics 25 (1954) S. 493-500

/504/ **Plesset**, M.S. und **Zwick**, S.A.:
The Growth of Bubbles in Superheated Liquids, J. Appl. Physics 25 (1954), S. 474-478

/505/ **Scriven**, L.E.:
On the Dynamics of Phase Growth, Chem. Engrg. Sci. 10 (1959), S. 1-13

/506/ **Nagasaka**, H.:
Influence of Nonequilibrium Effects on Bubble Growth, Heat Transfer, Jap-Research 7 (1978), 28-38

/507/ **Snyder**, N.W.:
Summary of the Conference on Bubble Dynamics and Boiling Heat Transfer, J PL memo 20-137, Jet Propulsion Lab., Cal. Inst. of Technology, 1956

/508/ **Moore**, F.D. und **Mesler**, R.B.:
The Measurement of Rapid Surface Temperature Fluctuations during Nucleate Boiling of Water, AIChe J. 7 (1961), S. 620-624

/509/ **Cooper**, M.G.:
The Microlayer and Bubble Growth in Nucleate Pool Boiling, Int. J. Heat Mass Transf. 12 (1969), S. 895-913

/510/ **Cooper**, M.G. und **Lloyd**, A.J.P.:
The Microlayer and Bubble Growth in Nucleate Pool Boiling, Int. J. Heat Mass Transf. 12 (1969), 915-933

/511/ **Cooper**, M.G. und **Vijuk**, R.M.:
Bubble Growth in Nucleate Boiling, Proc. IIIrd Heat Transfer Conf. 1970, Paris, vol. V, paper B 2.1, Elsevier, Amsterdam 1970

/512/ **Beer**, H.:
Beitrag zum Wärmeübergang beim Sieden, Progr. in Heat and Mass Transfer 2, S. 311. Pergamon, Oxford 1969

/513/ **Cole**, R. und **Shulman**, H.L.:
Bubble Growth Rates at High Jakobs Numbers, Int. J. Heat Transf., 9 (1966), S. 1377-1390

/514/ **Klein**, H. und **Feuerbacher**, B.:
Blasenbewegung aufgrund von Marangonikonvektion, Wärme- und Stoffübertragung 17 (1983), S. 115-119

/515/ **Keshok**, E. G. und **Siegel**, R.:
Forces Acting on Bubbles in Nucleate Boiling under Normal and Reduced Gravity Conditions, Lewis Research Center Clevland Ohio, NASA Report

/516/ **Atkins**, P.W.:
Physical Chemistry, 2nd ed. 1984, Oxford Univ. Press

/517/ **Andreev**, A.P. und **Gurevich**, M.A.:
Rate for evaporation of a liquid into vacuum, Sov. Phys. Tech. Phys., vol. 19, No. 3, Sept. 1974

/518/ **Mayinger**, F.:
Blasenbildung und Wärmeübergang beim Sieden in freier und erzwungener Konvektion, Chemie-Ing. Tech. 47 (1975), S. 737-748

/519/ **Dussan**, E.B.:
On the Spreading of Liquids on Solid Surfaces, Static and Dynamic Contanct Angles, Ann. Rev. Fluid Mechanics, 11 (1979), S. 371-400

Dussan, E.B.:
The Moving Contact Line: The Slip Boundary Condition, J. Fluid Mech. 77 (1976) S. 665-684

/520/ **Huh**, C. und **Scriven**, L.E.:
Hydrodynamic Model of Steady Movement of a Solid/Liquid/Fluid Contact Line, J. Coll. Interface Sc. 35 (1971), S.85-101

/521/ **Davis**, S.H.:
Contact Line Problems in Fluid Mechanics, J. Appl. Mechanics 50 (1983), S. 977-982

/522/ **v. Strahlen**, S. J. D. und **Zijl**, W.:
Fundamental Developments in Bubble Dynamics, Proc. VIth Int. Heat. Transf. Conf., Toronto, 1978, vol. VI, S. 429-450

/523/ **Cole**, R.:
Bubble Frequencies and Departure Volumes at Subathmospheric Pressures, AICHE-J. 13 (1967), S.779-783

/524/ **Cole**, R. und **Rohsenow**, W.M.:
Correlation of Bubble Departure Diameters for Boiling of Saturated Liquids, Chem. Eng. Progr. Symp. Ser. 92, Vol 65, 1969, S.211-213

/525/ **Cooper**, M.G. und **Chandratilleke**, T.T.:
Growth of Diffusion Controlled Vapor Bubbles at a Wall in a Known Temperature Gradient, Int. J. Heat Mass Transfer 24 (1981), S.1475-1492

/526/ **Vogel**, H. und **Straub**, J.:
Wärmeübergang beim Sieden unter Schwerelosigkeit Vortrag; 2. Blasenworkshop, Bochum, Juli 1988

/527/ **Siebert**, M.:
Untersuchung zum Einfluß des Wandmaterials und des Rohrdurchmessers auf den Wärmeübergang von horizontalen Rohren an siedende Flüssigkeiten, Diss. Univ. Karlsruhe, 1987

/528/ **Jakob**, M..
Heat Transfer, vol. 1, John Wiley, New York 1958

/529/ **Zuber**, N.:
A.E.C.U.-4439, S.82, 1959, zitiert nach /530/

/530/ **Mc. Fadden, P.W. und Grassman, P.:**
The Relation between Frequency and Diameter During Nucleate Pool Boling, Int. J. Heat Mass Transf. 5 (1962), S.169-173

/531/ **van Strahlen, S.J.D.:**
Kap. 9 und 21 in "Boiling Phenomena", van Strahlen und R. Cole, Hemisphere, 1978

/532/ **Esters, F.:**
Untersuchung des dynamischen Randwinkels beim Blasensieden, Diplomarbeit, Institut für Thermo- und Fluiddynamik, Ruhr-Universität Bochum, 1983

/533/ **Walters, J. K. und Davidson, J. F.:**
The initial motion of a gas bubble formed in an inviscid liquid, I + II, J. Fluid Mech. 12 (1969) S. 408-416 und 17 (1963), S. 321-336

/534/ **Burow, P.:**
Die Berechnung des Blasenwachstums beim Sieden von Flüssigkeiten an Heizflächen durch numerische Lösung der Erhaltungsgleichungen, Diss. TH Darmstadt, 1979

/535/ **Rystein, G. und Leal, L.:**
Numerical solution of free-boundary problems in fluid mechanics, part I, II, III, J. Fluid Mec. 148 (1984), S. 1-43

/536/ **Kang, I.S. und Leal, L.G.:**
Numerical solution of axisymmetric, unsteady free boundary problems at finite Reynolds number, I. Finite-difference scheme and its application to the deformation of a bubble in an uniaxial straining flow. Physics of Fluids 30 (1987), S. 1927-1940

/537/ **Claes, D.:**
Berechnung des Strömungsfeldes und der Konturen von Blasen durch Lösen der Erhaltungsgleichungen, Vortrag, 2. Blasenworkshop, Bochum, Juli 1988

/538/ **Bhaga**, D. und **Weber**, M. E.:
Bubbles in Viscous Liquids, Shapes, Wakes and Velocities, J. Fluid Mech. 105 (1981), S. 61-85

/539/ **Claes**, D. und **Leiner**, W.:
Computing of Viscous Free Surface Flows around a Single Bubble, Proc. VIIIth GAMM-Conf. on Numerical Methods in Fluid Mechanics 1989, Notes on Numerical Fluid Mechanics Vol. 29, Vieweg 1990

/540/ **Zysin**, L.V. et al.:
Allowance for Optical Distortion Produced by Temperature Gradients, Heat Transfer, Sov. Res. 12 (1980), No. 2, S 6-10

/541/ **Claes**, D.:
Numerische Simulation von instationären Strömungen mit freien Oberflächen am Beispiel ablösender und aufsteigender Blasen, Diss. Ruhr-Universität Bochum, 1990

zu Kapitel 6

/601/ **Micic**, B.B. und **Rohsenow**, W.M.:
A new correlation of pool boiling data including the effect of heating surfaces characteristics, J. Heat Transf. 91 (1969), S. 245-250

/602/ **Salem**, M.I.:
Wärmeübergang beim Blasensieden und Größenverteilung von stabilen Blasenkeimen sowie von Rauhigkeitsvertiefungen der Heizfläche, Diss. Univ. Karlsruhe (TH), 1979

/603/ **Knabe**, V.:
Zum Einfluß der Heizflächenrauhigkeit auf den Wärmeübergang und die maximale Wärmestromdichte beim Blasensieden, Forschungsber. d. DKV Nr. 10, 1984

/604/ **Bier**, K.:
Bestimmung der Größenverteilung aktiver Blasenkeimstellen aus Wärmeübergangsmessungen, Vortrag, 2. Blasenworkshop, Bochum 1988

/605/ **Shoukri**, M. und **Judd**, R.L.:
On the Influence of Surface Conditions in Nucleate Boiling - the Concept of Bubble Flux Density, Transact. ASME, J. Heat Transfer, 100 (1978), S. 619-623

/606/ **Körner**, W. und **Photiadis**, G,:
Pool Boiling Heat Transfer and Bubble Growth on Surfaces with Artificial Cavities for Bubble Generation, in: Heat Transer in Boiling, ed. E. Hahne, U. Grigull, Hemispere 1977

/607/ **Nakayama**, W.:
Enhancement of Heat Transfer, proc. VIIth Int. Heat Transf. Conf. München, 1982, vol. 1, S. 223-240

/608/ **Mitrovic**, I.:
Intensivierung des Wärmeübergangs bei Verdampfung in freier Strömung, VDI-Fortschr. Ber. R. 6, Nr. 146, 1984

/609/ **Eddington**, R.I. und **Kenning**, D.B.R.:
The Effect of Contact Angle on Bubble Nucleation, Int. Heat Mass Transf. 22 (1979), S. 1231-1236

/610/ **Boyes**, A.P. und **Ponter**, A.B.:
Wettability of Copper and Polytetrafluorethylene Surfaces with Water..., Chemie-Ing.-Technik 45 (1973), S.1250-1256

/611/ **Horshemke**, A.:
Die Benetzbarkeit metallischer Oberflächen durch Wasser. Diss. Univ. Hannover 1980

/612/ **Wu**, Souheng:
Polymer Interfaces and Adhesion, Marcel Decker Inc., New York

/613/ **Diesselhorst**, T., **Grigull**, U. und **Hahne**, E.:
Hydrodynamic and Surface Effects on the Peak Heat Flux in Pool Boiling, Heat Transfer in Boiling, ed. E. Hahne, U. Grigull, Hemisphere 1977

/614/ **Beer**, H., **Burow**, P. und **Best**, R.:
Bubble Growth, Bubble Dynamics and Heat Transfer in Nucleate Boiling, Viewed with a Laser Interferometer, Heat Transfer in Boiling, ed. E. Hahne, U. Grigull, Hemisphere 1977

/615/ **Magrini**, U. und **Nannei**, E.:
On the Influence of the Thickness and Thermal Properties of Heating Walls on Heat Transfer Coefficients in Nucleate Pool Boiling, ASME - J. Heat Transfer, vol. 97 (1975), S. 173-178 und Korrekturen S. 405

/616/ **Pavlov**, J., **Pothekin**, S.A. und **Frolova**, G.M.:
Study of the Mechanism of Helium Boiling with the aid of High Speed Filming, Thermal Engineering vol 27 (1980), S. 16-18

zu Kapitel 7

/701/ **Leiner**, W. und **Lösing**, K.-H.:
Heat Transf. Improvement in Nucleate Boiling through Application of poorly Wettalble Nucleation Activators., Proc. VIIth Int. Heat Transf. Conf. San Franscisco, 1986, vol 6, S. 2951

/702/ **Goetz**, J.:
Entwicklung und Erprobung einer Normapparatur zur Messung des Wärmeübergangs beim Blasensieden, Diss. Univ. (T.H.) Karlsruhe, 1980

/703/ **Boiting**, B.:
Vergleich der Druckabhängigkeit des Wärmeübergangs mit und ohne aufgezogenen PTFE-Strickstrumpf, Studienarbeit, Institut für Thermo- und Fluiddynamik, Ruhr-Universität Bochum, 1986

/704/ **Farmakis, I.:**
Messung des Wärmeübergangs beim Blasensieden von Kältemittel R 11 an horizontalen Rohren bei verschiedenen Siededrücken, Studienarbeit, Institut für Thermo- und Fluiddynamik, Ruhr-Universität Bochum, 1987

/705/ **Grote, J, und Schmitz, M.:**
Messung des Wärmeübergangs beim Blasensieden von Kältemitteln R113 und von Ethanol an horizontalen Rohren mit und ohne PTFE-Siedeverstärker, Diplomarbeit, Inst. für Thermo- und Fluiddynamik, Ruhr-Universität Bochum, 1989

/706/ **Dubbel:**
Taschenbuch für den Maschinenbau, 15.Aufl., Springer 1986

/707/ **Rannenberg, M.:**
Die Wärmeübertragung beim Sieden in kapillarporösen Drahtgewebestrukturen, Diss., Univ. (T.H.) Darmstadt, 1980

Register

MIX
Papier aus verantwortungsvollen Quellen
Paper from responsible sources
FSC® C105338

If you have any concerns about our products,
you can contact us on
ProductSafety@springernature.com

In case Publisher is established outside the EU,
the EU authorized representative is:
Springer Nature Customer Service Center GmbH
Europaplatz 3, 69115 Heidelberg, Germany

Printed by Libri Plureos GmbH
in Hamburg, Germany